新工科建设·智能化物联网工程与应用系列教材

# 物联网工程导论

李世明　王禹贺　编著

周国辉　主审

电子工业出版社·
Publishing House of Electronics Industry
北京·BEIJING

## 内 容 简 介

物联网技术是数字经济技术中的重要部分，物联网工程专业的人才培养也一直备受社会关注。我国高等教育改革进入了一个新时代，随着 OBE 理念、工程教育认证、新工科、新产业、新业态等概念的提出，物联网工程专业的深度改革也势在必行，逐步深入。

本书结合 OBE 理念、工程教育认证标准对学生进行认知教育，所涉及技术的难度和深度适中，在知识体系上不一味地追求"大而全"。本书除介绍支撑物联网的核心内容外，重点讲解能够支持专业应用特色方向（工业互联网、物联网安全）和具体场景的知识，力图让学生了解真正的物联网技术。在知识的讲解方面，本书倾向于帮助学生加深对国家政策、技术标准、前沿技术和流行技术的理解，提高团队协作意识和能力。本书的课后习题多以简述、论述、实践为主，重点考查学生对物联网技术的理解。

本书的主要内容包括物联网概论、物联网感知层、物联网网络层、物联网应用层、边缘计算、物联网安全、物联网数据安全、Web 应用安全、我国自主知识产权 CPU。

本书适合应用型物联网工程专业低年级本科生，电气类、电子信息类和计算机类（尤其是计算机科学与技术、软件工程、信息安全等）专业高年级学生，高职高专院校计算机类专业高年级学生，以及其他物联网爱好者使用。

**图书在版编目（CIP）数据**

物联网工程导论 / 李世明，王禹贺编著. —北京：电子工业出版社，2023.3

ISBN 978-7-121-45164-5

Ⅰ. ①物… Ⅱ. ①李… ②王… Ⅲ. ①物联网－高等学校－教材 Ⅳ. ①TP393.4②TP18

中国国家版本馆 CIP 数据核字（2023）第 036279 号

责任编辑：刘　珺　　　　　特约编辑：田学清
印　　刷：北京虎彩文化传播有限公司
装　　订：北京虎彩文化传播有限公司
出版发行：电子工业出版社
　　　　　北京市海淀区万寿路 173 信箱　　　　邮编：100036
开　　本：787×1092　　1/16　　印张：16.25　　字数：416 千字
版　　次：2023 年 3 月第 1 版
印　　次：2024 年 8 月第 3 次印刷
定　　价：59.90 元

凡所购买电子工业出版社图书有缺损问题，请向购买书店调换。若书店售缺，请与本社发行部联系，联系及邮购电话：（010）88254888，88258888。

质量投诉请发邮件至 zlts@phei.com.cn，盗版侵权举报请发邮件至 dbqq@phei.com.cn。

本书咨询联系方式：liuy01@phei.com.cn。

# 前　言

自 2010 年首次新增物联网工程专业以来，教育部已经累计审批 560 多所高校开设物联网工程本科专业。

当数字经济以新经济形态出现后，物联网技术成为数字经济的重要组成部分，不但涉及计算机科学与技术、电子科学与技术、信息与通信工程、控制科学与工程等多个学科，还包括计算机、传感器、网络通信、智能计算、数据处理、自动控制、网络安全等技术，更应用到种植业、养殖业、工业生产制造、轨道交通、电力、水利、零售、旅游、教育等产业。

为响应国家政策及高等教育教学改革要求，加强工科课堂的"思政"建设，践行 OBE 教育理念，推行工程教育认证标准，满足我校物联网工程专业建设及授课需求，我们编写了本书。

"物联网工程导论"是物联网工程专业的必修课程和专业导引课程，也是培养学生专业认知能力的关键课程，其教学目的是让学生了解物联网、工业互联网、物联网安全方面的国家政策、主要技术、发展趋势等，培养学生的家国情怀和使命担当，帮助学生积极做好学业和职业发展规划。

由于该课程所涉及的内容和技术过于庞杂，前沿性知识多，涉及的国家政策、法律法规、各类技术标准等内容广泛，存在教师难教、学生学习兴趣难以持久的现象。为尽量避免此类现象发生，激发学生学习兴趣，本课程采取如下措施。

（1）不断更新授课内容，改变教学思路，不盲目追求知识体系的"大而全"，依托计算机科学与技术学科向物联网的网络层和应用层倾斜，围绕物联网的核心技术，以工业互联网与物联网安全为特色方向来"精减"和梳理课程体系，减轻师生"教"和"学"的负担，激发学生对物联网技术的学习兴趣。

（2）改变教学方式，科学安排学时内容，尽量做到理实结合、课内外结合，赏识教育，充分调动学生的自主学习能力。

（3）改变考核方式，将围绕知识点的试卷考核方式改为充分调动学生能动性的课程论文考核方式，执行"一生一题"，维护公平性。

本书从物联网的初学者角度出发，围绕物联网各层关键技术、工业互联网、物联网安全和我国自主知识产权 CPU 等方面进行内容组织和介绍，全书共分为 9 章。

第 1 章整体介绍物联网的背景、发展趋势、体系结构、关键技术及典型应用领域。

第 2～4 章围绕物联网的感知层、网络层和应用层来介绍关键技术与标准，如 RFID 技术、传感器与智能传感器、WSN、互联网技术、短距离无线通信技术、移动通信技术、NB-IoT 技术、工业互联网通信技术、云计算、数据处理与智能决策等。

第 5 章介绍边缘计算的背景、定义、发展现状、参考架构，雾计算，典型边缘计算平台。

第 6 章先介绍物联网安全整体情况，然后分别介绍感知层、网络层和应用层的安全技术，工业互联网安全及其国家标准等。

第 7 章从数据安全角度介绍物联网的数据安全、密码学知识、数据恢复、工业互联网数据安全等。

第 8 章从物联网应用角度介绍 Web 应用安全、恶意代码、渗透测试等。

第 9 章从国家安全"卡脖子"技术中选择 CPU 进行介绍，包括 CPU 发展概述、我国完全自主研发的 CPU——龙芯处理器、LoongArch 架构及龙芯处理器典型应用案例。

本书采用每学分 16 学时标准进行学时安排，提供三种学时学分分配方案供教师选用或借鉴（教师也可自行设计）。注意：理论学时属于课内学时；实验/实践学时在方案一中属于课外学时，在方案二、三中属于课内学时（同一章在方案二、三中的学时数有差异）；自学部分属于课外学时。总学分为课内（理论课和课内实验/实践）学分之和。各章"学习指导"中的"学时建议"适合三种方案，若有不同之处，则会有单独说明。三种方案介绍如下。

（1）方案一。

设置为 2 学分。学时分配：课内理论 32 学时，累计 32 学时；课外实验/实践 16 学时，课外自主学习 16 学时，建议以第二课堂、竞赛、课外小论文等形式来选择开展课外学时部分。

（2）方案二。

设置为 3 学分。学时分配：课内理论 32 学时，课内实验/实践 16 学时，累计 48 学时；课外自主学习 16 学时。

（3）方案三。

设置为 4 学分。学时分配：课内理论 40 学时，课内实验/实践 24 学时，累计 64 学时；课外自主学习 16 学时。

三种方案各章学时分配如下表所示。

| 章号 | 内容 | 方案一（32 学时） | | | 方案二（48 学时） | | | 方案三（64 学时） | | |
|---|---|---|---|---|---|---|---|---|---|---|
| | | 课内 | | 课外 | 课内 | | 课外 | 课内 | | 课外 |
| | | 理论 | 实验/实践 | 自学 | 理论 | 实验/实践 | 自学 | 理论 | 实验/实践 | 自学 |
| 1 | 物联网概论 | 2 | | 1 | 2 | | 1 | 2 | | 1 |
| 2 | 物联网感知层 | 4 | 2 | 1 | 4 | 2 | 1 | 6 | 2 | 1 |
| 3 | 物联网网络层 | 4 | 2 | 2 | 4 | 2 | 2 | 6 | 4 | 2 |
| 4 | 物联网应用层 | 4 | 2 | 2 | 4 | 2 | 2 | 4 | 2 | 2 |
| 5 | 边缘计算 | 2 | | 1 | 2 | | 1 | 2 | | |
| 6 | 物联网安全 | 4 | 2 | 2 | 4 | 2 | 2 | 4 | 4 | 2 |
| 7 | 物联网数据安全 | 5 | 2 | 2 | 5 | 2 | 2 | 6 | 4 | 3 |
| 8 | Web 应用安全 | 6 | 6 | 4 | 6 | 6 | 4 | 8 | 8 | 5 |
| 9 | 我国自主知识产权 CPU | 1 | | 1 | 1 | | 1 | 2 | | |
| | 总学时合计 | 32 | 16 | 16 | 32 | 16 | 16 | 40 | 24 | 16 |
| | 学分小计 | 2 | — | — | 2 | 1 | — | 2.5 | 1.5 | — |
| | 学分总计 | 2 | | | 3 | | | 4 | | |

本书具有下列特色。

（1）本书遵循适用和够用原则，以物联网为核心，突出工业互联网和物联网安全方向的应用特色，注重主要概念的理解渗透，重在培养学生关心国家政策、技术标准、前沿技术的意识及辩证看待问题、可持续性发展的理念，在知识体系方面，本书不追求"大而全"，满足教学需求（够用）即可。

（2）本书注重教材的理论性、实用性，尽量做到理论阐述简明，注重理实结合，充分考虑学生现状与接受程度。在安全方面，针对 Web 渗透测试安排实践内容，学生可轻易完成实验。在工业互联网方面，暂时没有找到恰当的通用实验方式，故采用设置工业互联网调研题目的方式来弥补此方面的不足。

（3）注重教材时代性。本书在考虑思政、工程教育认证标准、物联网技术等内容占比情况下进行融合，采用"布鲁姆认知模型"对课前学习指导内容加以分层（记忆、理解、应用、分析、评价和创造），课后注重学生能力培养，授课内容融入思政元素。由于时间和编者水平有限，此方面工作尚有许多不足之处，有待提高。

本书适合应用型物联网工程专业低年级本科生，电气类、电子信息类和计算机类（尤其是计算机科学与技术、软件工程、信息安全等）专业高年级学生，高职高专院校计算机类专业高年级学生，以及其他物联网爱好者使用。

本书配套资源会放在电子工业出版社的课程资源平台上，网址为 www.hxedu.com.cn，供读者下载参考。

本书的编写工作是在哈尔滨师范大学计算机科学与信息工程学院大力支持下完成的，在此过程中，得到哈尔滨师范大学高等教育教学改革研究项目 XJGYFW2022004 的资助，得到了同事、同行、学生等多方面的帮助，本书第 1～4 章和第 8、9 章由李世明负责编写，第 5～7 章由王禹贺博士负责编写，全书由李世明统稿。周国辉教授在百忙中针对本书的撰写工作提出许多宝贵的建设性意见，并完成主审工作。在本书撰写过程中，感谢我的贤惠妻子和可爱女儿的理解、支持和生活上的照顾。

受限于编写时间、篇幅和编者水平，书中难免存在不足之处，殷切希望同行、专家和广大读者批评指正。

李世明

于哈尔滨

# 目 录

# 第1章 物联网概论

★ 学习指导

数字经济作为我国深入贯彻国家数字经济发展战略、促进经济转型升级和高质量发展的国家政策，其内涵极其丰富。它不仅包括利用数据实现引导、优化配备及再生资源，还包括促进和推动社会生产力高质量发展的新经济、新业态、新产业。从技术层面上看，数字经济包括人工智能（Artificial Intelligence，AI）、大数据（Big Data）、物联网（Internet of Things，IoT）、云计算（Cloud Computing）、工业互联网（Industrial Internet）、区块链（Block Chain）、工业 4.0（Industry 4.0）、5G 通信等新兴技术。而受到国家大力扶持，围绕 5G 网络、大数据中心、工业互联网等进行的新型基础设施建设（简称"新基建"），本质上就是以新科技、新产业为核心的数字经济建设，目前已经成为拉动我国经济快速增长的新引擎，所催生的各种新业态也成为我国经济的新增长点。

在数字经济中，物联网技术也已经在各个行业领域得到了应用。随着工业 4.0、工业互联网、物联网安全、工控安全及芯片安全等"卡脖子"问题得到重视，我国科技发展进入一个前所未有的特殊时期，具有自主知识产权的高新技术与国产化推进工作提升了我国科技发展的战略地位，重要科技领域及技术发展日新月异。

# 1.1 物联网背景

## 1.1.1 物联网的理解

国内外普遍认为，"物联网"的早期概念是在 1999 年由 MIT Auto-ID 中心 Ashton 教授在研究 RFID 技术时提出来的。现如今，物联网已经成为一个重要研究领域，物联网相关行业的发展也越来越成熟，已经成为计算机类技术发展的重要组成部分。通过智能感知与识别、可靠传输、服务支撑、数据处理及智能决策、数据安全、应用安全、普适计算、泛在网络等技术的融合与综合应用，物联网曾被认为是信息产业发展的"第三次浪潮"。

物联网可简单理解为"物"与"物"相连的互联网，它不仅是"万物"之间互联互通的一种网络规范，还对现存的互联网应用进行了扩展和延伸，其信息交换和通信不再限于"人"，而是扩展到任何物体与物体之间。在物联网发展过程中，对其的定义和理解也随着技术发展而不断更新和完善。

比尔·盖茨曾于 1995 年提及物联网，因受限于当时技术条件而未受到重视，直至 Ashton 教授基于 RFID 技术提出物联网概念时才引起人们的关注。2005 年，《ITU 互联网报告 2005：物联网》发布，正式提出物联网概念，本报告中物联网的定义是：从生物到非生物相连，网络无所不在，并且通过 RFID 技术、传感器、嵌入式技术等物联网核心技术与主流的互联网、通信网络融合。由该定义可以看出，与 RFID 技术相比，物联网的概念已经有了新的发展。

2009 年 9 月，欧盟对物联网概念进行了更加详细且清晰的解释。欧盟认为，物联网是以全球动态网络设施为基础，提供物理世界与虚拟世界相统一的智能接口，实现虚拟与现实中信息网络无缝整合的自组织网络。物联网是构成未来互联网的技术之一。

我国于 2009 年将物联网正式列为国家五大新兴战略性产业之一，并写入政府工作报告，物联网受到的关注程度超过欧美国家。

经过多次演变，我国对物联网的定义已达成基本共识：物联网是一个"万物"互联、以互联网为基础进行延伸和扩展的网络，它将各种感知物理世界的设备通过互联网连接起来，实现不受时间、地点、人、物、方式的互联互通，实现智能化识别、定位、跟踪、监控、处理、管理和决策功能。

## 1.1.2 物联网发展现状

从出现到发展至今，物联网技术经历了由概念提出到实际应用的过程，相关技术已经日趋成熟。物联网技术发展先后经历了不同阶段，而每个阶段都各有其典型特征，如以传感器等感知技术为典型特征的感知阶段，以云计算、大数据、智能硬件、人工智能等智能处理技术为典型特征的智能应用阶段等。在不断发展与创新中，物联网技术得到了快速融合，实现了技术层面的巨大飞跃。

**1．国外发展状况**

目前，国外物联网发展较好，主要集中在西方国家，技术应用已逐步拓展到环境监测等领域。针对物联网技术的巨大应用潜力，各国纷纷采取不同政策、措施来推动物联网的发展。

1）欧盟

欧盟委员会（也叫作欧盟执委会，是欧洲联盟唯一有权起草法令的常设执行机构）始终希望主导物联网，并于 2009 年提出《物联网——欧洲行动计划》（*Internet of Things—An action plan for Europe*）；2015 年 3 月，欧盟委员会推动成立了"物联网创新联盟（Alliance for Internet of Things Innovation）"，旨在推动各方合作共同打造欧洲物联网生态系统。2015 年 5 月，欧盟通过了单一数字市场（Digital Single Market），旨在引领欧洲物联网的加速发展。2015 年 10 月，欧盟正式开展物联网重点研究和大规模试点计划征求提案，范围涉及可穿戴设备、智能照护、智慧交通、智慧城市、智慧农业和水资源管理等领域，总预算为 1 亿欧元。由此可以看出，欧盟非常重视物联网技术及物联网生态的发展。

2）美国

2009 年 1 月，IBM 与美国智库共同向美国政府提交关于利用信息通信技术（ICT）投资来实现短期内提高就业率的报告。具体而言，美国政府只要新增约 800 亿美元的 ICT 投资（包括能源、宽带、医疗 3 个领域），便可以为民众创造出 94.9 万个就业机会，如表 1-1 所示。

表 1-1　2009 年美国振兴经济法案中与 ICT 相关的计划

| 投资领域 | 具体项目 |
| --- | --- |
| 能源<br>（约 500 亿美元） | • 以信息技术改善能源效率<br>• 电力系统：智能电网<br>• 建筑：住宅节能化、建筑物能源使用管理系统<br>• 建设现代化公共基础设施 |
| 宽带<br>（72 亿美元） | • 宽带技术机会计划（Broadband Technology Opportunities Program）：以农村及宽带服务欠缺地区为首要对象，重点支持学校、图书馆、医院、大学等组织，创造就业机会，扩充公共计算机中心的容量<br>• 乡村公共服务计划（Rural Utilities Service Program）：提供宽带基础建设的贷款，尤其是在需要高速宽带服务的农村地区，为当地电信公司、移动运营商宽带基础建设提供贷款服务 |
| 医疗<br>（约 190 亿美元） | • 加速健康信息技术的推广<br>• 加强个人隐私权的保障 |

在奥巴马就任总统后，奥巴马政府希望从能源、科技、医疗、教育等方面着手，通过政府投资、减税等措施来改善经济、增加就业机会，同时带动美国长期发展。其中，鼓励物联网技术发展的政策主要体现在推动能源、宽带与医疗三大领域开展物联网技术的应用。

2015 年，美国电话电报公司 AT&T 将车联网、物联网业务当成未来业务增长点，并于 2016 年第一季度新增 120 万个连接设备，其中包括 100 万台汽车；Google 提出 Project IoT（物联网计划），于 2015 年发布源于 Android 的物联网底层操作系统 Brillo，其支持 ARM、X86、

MIPS 架构的智能硬件；2016 年，美国思科公司为了完善物联网生态体系，斥资 14 亿美元收购 Jasper 全部股权；2016 年 11 月，美国发布《保障物联网安全的战略原则》，美国国土安全部要求物联网制造商必须在产品设计阶段就考虑安全设计，否则可能会被起诉。

3）韩国

自 1997 年起，韩国政府出台了一系列推动国家信息化建设的产业政策，如 2009 年的《物联网基础设施构建基本规划》，其目标是构建世界先进的物联网基础设施，研究、开发物联网新技术。

2011 年 5 月，韩国联合多个部门计划在 2014 年之前向物联网、云计算领域投入 6146 亿韩元（约合 36.88 亿元人民币）；2014 年 5 月，韩国出台《物联网基本规划》，提出"超联数字革命领先国家"的战略远景计划，并培养一批能主导物联网服务与创新产品的中坚企业。2016 年，韩国成为全世界物联网设备普及率最高的国家，市场规模达到 53 000 亿韩元（约合 324 亿元人民币）。

4）日本

20 世纪 90 年代以来，日本政府连续提出 u-Japan、i-Japan 物联网发展战略。此外，日本政府部门等公共事业机构还投入大量资金进行物联网技术研发。2015 年，日本发布中长期信息技术战略发展计划《i-Japan 战略 2015》，建设以人为本的数字化社会，成立物联网推进联盟；2016 年，日本通过物联网技术改进火力发电厂的设备管理，并确定改造后的设备于 2017 年投入使用。

**2．国内发展状况**

为了赶超第三轮世界信息产业浪潮，我国政府高度重视物联网技术研发和产业化工作。在"感知中国"的概念提出后，国务院于 2010 年 10 月发布了《关于加快培养和发展战略性新兴产业的决定》，并明确将物联网列为我国战略发展新兴产业之一。此后，国务院又连续推出多个文件推动物联网产业发展。2017 年，工业和信息化部发布《物联网发展规划（2016—2020 年）》，提出到 2020 年基本形成具有国际竞争力的物联网产业体系；2018 年 6 月，工业和信息化部发布《工业和信息化部办公厅关于开展 2018 年物联网集成创新与融合应用项目征集工作的通知》，征集物联网重点应用领域、物联网关键技术和服务保障建设等项目；2018 年年底，中央经济工作会议明确了 5G、人工智能、工业互联网、物联网等"新型基础设施"建设的定位；2019 年，《工业和信息化部关于开展 2019 年 IPv6 网络就绪专项行动的通知》明确提出，要持续推进 IPv6 的部署及应用，为物联网的快速发展预留充足的地址空间；2020 年 4 月，工业和信息化部办公厅发布《关于深入推进移动物联网全面发展的通知》，提出到 2020 年年底，县级以上城市主城区要全面覆盖 NB-IoT 网络，移动物联网连接数达到 12 亿，打造一批 NB-IoT 应用标杆工程和 NB-IoT 百万级连接规模应用场景。

2021 年 9 月，工业和信息化部等八部门联合发布《物联网新型基础设施建设三年行动计划（2021—2023 年）》，明确提出要提升创新能力，培育产业生态，融合发展应用，优化支撑体系；2021 年 11 月，工业和信息化部发布《"十四五"信息通信行业发展规划》，提出 5 项重点任务，其中包括全面部署 5G、千兆光纤网络、IPv6、移动物联网、卫星通信网络等新一代通信网络设施，积极发展工业互联网和车联网等，发展新基建。

与此同时，国内高校也正积极迅速地开展物联网方面的研究。例如，2009 年 9 月，北京邮电大学与作为"感知中国"中心的无锡市就传感器网络技术研究和产业发展签署合作协议，形成物联网技术研究、成果转化和产业化推广的产学研结合路线。2009 年 12 月 8 日，重庆邮电大学和无锡物联网产业研究院签署合作协议，共同研究物联网技术，共同制定我国物联网标准，推进物联网人才培养。此外，南京航空航天大学、西北工业大学等也加快了物联网技术研究。截止到目前，全国获批物联网工程本科专业的院校已有 560 多所，物联网在我国发展日新月异。

此外，国际电信联盟（ITU）于 2020 年 7 月 9 日做出决议，正式批准 NB-IoT 为 5G 标准，物联网加速器再添动力。而工业和信息化部在其发布的物联网十三五规划中提到，要加快发展 NB-IoT 等低功耗广域网技术。截止到 2020 年 2 月底，国内三大运营商的 NB-IoT 连接数突破 1 亿。2020 年 4 月，阿里云宣布未来三年再投 2000 亿美元，用于云操作系统、服务器、芯片、网络等重大核心技术研发攻坚和面向未来的数据中心建设。2020 年 12 月 16 日上午，华为正式发布了 HarmonyOS 2.0 手机开发者 Beta 版本。Harmony OS 拥有跨终端的能力，可以大大提高效率。

现如今物联网技术已经与社会发展紧密关联，并且在各个领域得到了广泛应用，如智能家居、智慧城市、智慧医疗、智慧交通、智能电网等，我国社会正在逐步实现"万物互联"。

## 1.2　物联网发展趋势

目前，物联网技术正处于与人工智能融合发展的过程中，而物联网的应用也存着诸多新的技术挑战，物联网安全问题、大数据处理问题、物联网对环境的影响问题等正在挑战物联网的应用潜力和发展能力。但是，随着人类技术的不断进步，这些问题自然会逐步得到解决，物联网的快速发展和全面应用不可阻挡。

### 1.2.1　物联网产业规模

互联网数据中心（Internet Data Center，IDC）发布的《2021 年 V2 全球物联网支出指南》预测，全球物联网支出在 2025 年达到 12 000 亿美元；其中，我国市场规模将在 2025 年超过 3000 亿美元，全球占比约 26.1%，随着我国"新基建"的实施，工业互联网、车联网、智慧城市、智慧医疗等前景空间非常大，预计未来几年物联网市场规模占比还会提高。全球移动通信系统协会（GSMA）预测，2025 年全球物联网设备（包括蜂窝及非蜂窝）联网数量将达到约 246 亿个，"万物互联"将成为全球网络未来发展的重要方向。

### 1.2.2　物联网与人工智能

在物联网、云计算、大数据、新产业等快速发展的形势下，人工智能与各个学科领域的深度融合是大势所趋，人工智能已成为未来战略技术之一。

而人工智能技术与物联网技术的结合（简称 AIoT）提升了二者的战略地位。大量物联网节点的管控，以及大量信息数据的采集和传输，尤其是物联网应用层的大数据计算及智能决策，都需要采用人工智能技术进行数据融合、智能处理，这也造就了物联网的个体智能向群体智能方向演进。

中国台湾的研华科技与美国的高通公司也在 2021 年布局 AIoT。2021 年 6 月，高通公司发布了多款人工智能和 IoT 芯片组，如集成了 5G、Wi-Fi 和人工智能的 Qualcomm QCS8250 芯片组。根据 IoT Analytics（物联网、人工智能、云计算和工业 4.0 等方面市场调研和商业战略研究的供应商，总部位于德国）在 2021 年 11 月发布的市场报告，到 2026 年，全球工业 AIoT 市场预计将达到 1020 亿美元。

由此可见，物联网技术和人工智能技术的结合变得越来越重要，物联网巨大的市场规模与人工智能不可替代的技术将为企业带来巨大的市场潜力。由技术和市场培育出来的新需求不仅会促进二者的融合与落地，而且会促进物联网技术和人工智能技术的有机结合。

## 1.2.3　工业 4.0

"工业 4.0"（Industry 4.0）概念最早由德国提出，并在 2013 年 4 月的汉诺威工业博览会上通过发布《实施"工业 4.0"战略建议书》正式推出。该领域随后被德国政府列入《德国 2020 高技术战略》中，用来提升德国工业的国际竞争力，旨在在"第四次工业革命"中抢先占领技术制高点。

前三次工业革命（分别以蒸汽机、电气化和信息化为特征）可理解为工业 1.0～3.0，而"工业 4.0"则被理解为以智能制造为特征的"第四次工业革命"，即通过深入融合信息通信技术和网络空间虚拟技术系统——信息物理系统（Cyber-Physical System，CPS）实现制造业的"智能制造"，其本质是打通制造业数据流通与共享壁垒，优化企业生产规模和效益，构建出可定制化、异构化的制造业模式，进而促进产业结构改革。

"工业 4.0"可对生产过程中涉及的材料供应、产品设计、生产制造、产品销售进行信息化和智慧化的管理，最终建立一套能够快速组织生产、销售效益高且服务质量有保障的高度灵活、过程数字化的生产模式。"工业 4.0"获得德国联邦教研部与联邦经济技术部联手资助，同时上升为德国国家级战略，德国联邦政府为此投入高达 2 亿欧元。

"工业 4.0"项目主要包括以下三部分。

（1）智慧工厂，重点研究企业生产过程及生产系统的网络化、分布式和智能化。

（2）智慧生产，重点研究企业生产过程的物资管理、人机交互、数字孪生技术，整合各类大、中、小企业，研发新一代智能化生产技术并确定技术的引导者和受益者。

（3）智慧物流，重点研究如何利用互联网、物联网、各物流系统进行物流资源智慧化管理，最大化提高物流工作效率，为制造业提供最佳匹配服务。

在商业模式方面，"工业 4.0"能够催生出消费者驱动的商业模式，提高产、销之间的匹配度，促进"互联网+制造业"的智能化、商业化新模式。

## 1.2.4　工业互联网

制造业是经济发展的重要支撑，而"第四次工业革命"涉及世界经济、国家创新体系、产业结构调整与竞争、企业生存与发展，更是工业制造业在云计算、物联网、大数据、人工智能等信息技术突飞猛进过程中的必然走向。其中，工业互联网是"第四次工业革命"的关键支撑和创新战略。

在实体经济与虚拟经济、制造业与服务业关系的影响下，美国通用电气公司（GE）率先意识到数字化转型的重要性，其研发部门最早于 2012 年提出工业互联网（Industrial Internet）的概念，认为工业互联网就是"从机器上捕获数据，并将有价值的思想反馈给客户"，帮助客户优化资产和提高运营效率。

对此的简单理解是：工业互联网将新一代信息技术与制造业深度融合，通过建立产品、生产线、供应商、客户和销售商之间的互联互通，实行网络化、数字化和智能化的跨行业、跨产业链的集成系统，最终提升生产效率、降低生产成本。

我国的工业互联网可以理解为"互联网+工业"，实质是将工业设施、物联网、大数据应用到生产过程中，实现数字化、网络化和智能化，搭建融合互联网与工业创新的云平台，构建产业生态，实现产品的个性化生产。

同样作为全球产业升级和强国战略发展，我国工业互联网较"工业 4.0"内涵更加丰富，覆盖领域更多。工业互联网产业呈现中高速增长，有力支撑经济发展。

我国将工业互联网与 5G 结合起来，利用 5G 技术的低时延、高速率等特点，快速提升工业互联网的发展速度，推进我国制造业的升级，形成"5G+工业互联网"的先导建设模式。从总体产业来看，我国已初步形成工业互联网的产业体系，部分传统产业领域已具备一定的市场竞争力，各领域骨干企业正在加快向工业互联网转型和拓展。以工业互联网创新为突破点，以智能制造为主攻方向，以打造"产业大脑"和"智慧工厂"为核心的全国制造业数字化发展的新局面正在形成。

## 1.2.5　物联网安全威胁

物联网的工作环境复杂多样。从感知层到应用层，其中不仅涉及传输数据安全、网络安全问题，还涉及新的网络安全威胁，而且暴露在无线环境下的信息更容易被恶意捕获。工业互联网的出现，使得物联网安全得到更为广泛的重视。

### 1. 物联网感知层的安全问题

物联网要实现"万物互联"，就需要大量传感器实时采集数据。而在采集过程中，各传感器要面临潜在的自身物理安全（可能丢失、破坏、假冒等）、协议安全、能量供应安全（如电池电量耗尽、恶意断电）等问题，而恶劣的物理环境可能导致上述问题更加严重。随着边缘计算安全的提出，物联网终端安全问题的解决变得更加紧迫，在攻击者容易接触到终端设备的情况下，找到既不影响设备的正常使用又能够解决设备安全问题的最优方法或方案是当务之急。

### 2．物联网网络层的安全问题

物联网的网络环境复杂，物联网网络层面临的安全风险更高。同时，由于不同架构的网络需要互联互通，各类网络技术（如计算机网络、蓝牙、Wi-Fi、4G、5G 等）的综合使用，以及安全认证、设备访问控制、异构数据安全检测等方面都面临巨大的安全挑战。综合主要情况，可以认为：物联网网络层面临的主要安全问题有拒绝服务攻击（Denial of Service，DoS）、假冒攻击、中间人攻击和协议攻击等。此外，物联网中的异构数据严重降低了数据安全的可检测性，不同环境中网络带宽的不理想与大量数据传输需求之间存在矛盾，都可能造成现有安全机制和技术难以适应的现象，物联网网络层的安全问题的解决道路较长。

### 3．物联网应用层的安全问题

物联网应用层与具体业务相关性较大，数据中心和计算中心的安全性往往更高。但是，复杂、庞大且多样化的物联网平台需要一个统一的安全管理平台来降低安全管理成本，提高安全性，但物联网平台在现实中很难实现这一点。物联网应用层主要面临的安全问题有数据安全、用户隐私安全、安全溯源、数字取证、渗透攻击、数据库安全等。

## 1.3 物联网体系结构

### 1.3.1 体系结构概述

物联网涉及多个学科，技术面广，那么如何构建物联网体系结构来描述一个物联网系统各部分之间的关系呢？目前，多个国际标准化组织及技术联盟提出了各自的物联网参考体系，如 ISO/IEC JTC1/WG10、ITU SG20、IEEE P2413、IIC、IoT-A、OneM2M 等。各个体系结构从不同角度进行描述，如机器对机器通信（Machine to Machine，M2M）角度、泛在网角度、互联网角度、传感网角度、移动网角度等。因此，对物联网体系结构的描述形式始终无法统一。现以 ITU-T 在 2005 年进行泛在网的研究时提出的物联网体系结构为例进行介绍，如图 1-1 所示。

ITU-T 提出的模型将物联网体系结构分为传感网、中间件和应用层三部分。与目前的物联网技术发展情况相比，该模型的描述能力显然不够，但对于物联网体系结构初期研究具有较高的参考价值。

此外，欧洲电信标准组织（European Telecommunications Standards Institute，ETSI）专门成立了一个专项小组（M2M TC）从 M2M 的角度进行总体架构方面的研究。电气电子工程师学会（Institute of Electrical and Electronics Engineers，IEEE）则注重对物联网感知层的研究，如 ZigBee 技术就基于 IEEE 802.15.4 标准。当然，还有其他组织也在研究物联网体系结构，本书不一一列举。

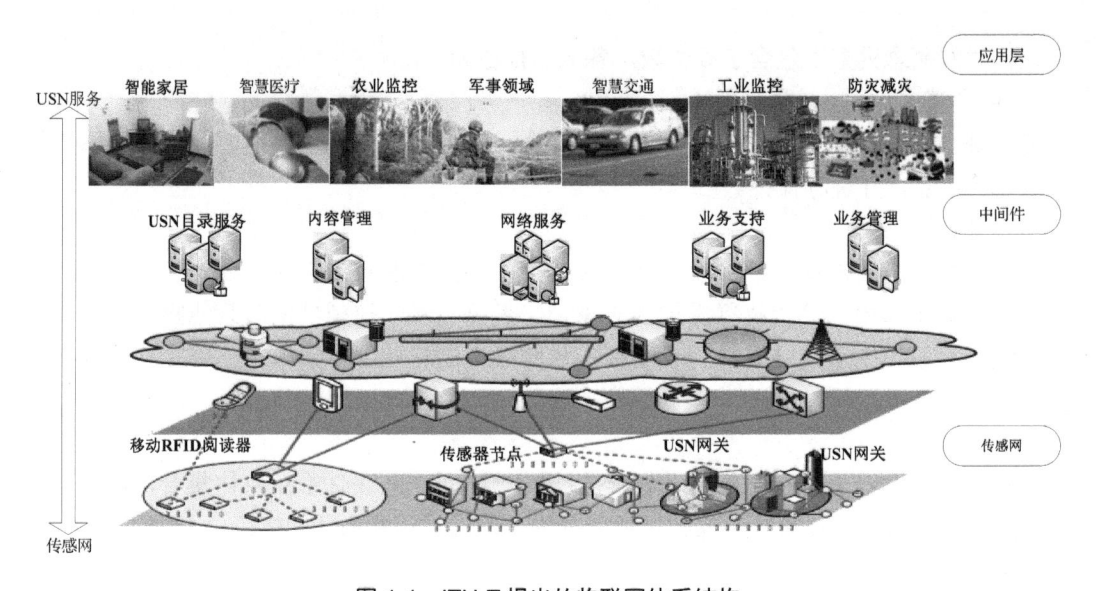

图 1-1　ITU-T 提出的物联网体系结构

## 1.3.2　我国物联网体系结构

在物联网体系结构的研究方面，我国于 2016 年 12 月 30 日发布国家标准 GB/T 33474—2016，该标准对物联网体系结构进行了中国式定义和设计，于 2017 年 7 月 1 日正式实施。

### 1. 物联网概念模型

为便于理解物联网用户需求，设计物联网系统功能，同时考虑物联网生态体系建设，GB/T 33474—2016 标准采用递进和分开的思路进行模型设计，根据不同类别的物联网应用系统抽象出物联网概念模型，如图 1-2 所示。

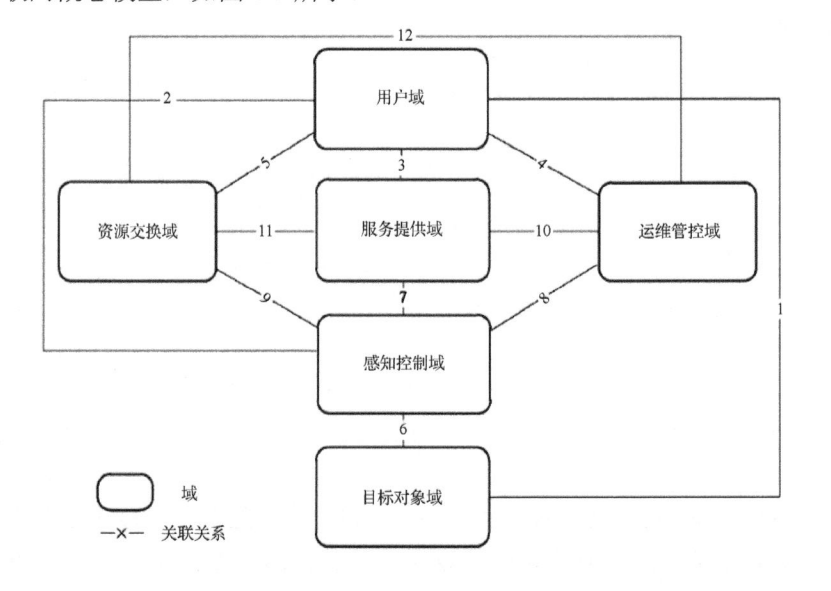

图 1-2　物联网概念模型

该物联网概念模型中包含了 6 个域，各域的描述如下。

1）用户域

用户域是物联网用户和用户系统的实体集合，用户通过系统及其他域的实体来感知物理世界对象的信息，并进行操控。

2）目标对象域

目标对象域是用户期望感知相关信息或执行相关操控的对象实体集合。它包括用户期望感知信息的对象和用户期望执行操控的对象，二者可与感知控制域中的其他实体（如传感器网络系统、标签识别系统、智能化设备接口系统等）进行通信传输数据，绑定物理世界与虚拟世界之间的接口。

3）感知控制域

感知控制域是用于感知对象信息与操控被控制对象的软/硬件系统实体集合，可实现物理世界中感知信息的本地化协同和操控，并对外提供远程管理和服务的接口。

4）服务提供域

服务提供域是实现物联网的基础服务与业务服务方面的软/硬件系统实体集合。也就是说，服务提供域可以对相关数据进行感知、传输、加工、处理和协同，为用户提供感知和操控服务的接口。

5）运维管控域

运维管控域是实现物联网的运行、维护、法律要求的监管功能的软/硬件系统实体集合，可保障物联网的设备安全、系统安全、可靠运行、系统中实体行为符合法律等。

6）资源交换域

资源交换域是实现物联网系统内外之间信息共享与交换，以及信息和服务集中交易的软/硬件系统实体集合，可获取外部信息资源或对外提供信息资源，以及保障物联网系统的信息流、服务流、资金流交换。

**2. 物联网系统参考体系结构**

本参考体系结构以物联网概念模型为基础，按从上到下的思想从系统顶层架构开始设计，如图 1-3 所示。

该模型有利于分解系统功能，保证不同物联网应用系统之间的兼容性、互操作性和资源共享性。在使用本参考体系结构进行项目开发时，项目设计者可根据实际需求对参考体系结构中的业务功能域和实体进行全部或部分选用、组合、拆分，也可以补充未涉及的相关业务功能域或实体。各个域包含的实体的描述如下。

1）用户系统

用户系统是支撑物联网用户接入物联网系统、使用物联网服务的接口系统。从物联网用户角度总体来划分，用户系统可包括政府用户系统、企业用户系统、公众用户系统等。

2）物联网网关

物联网网关是支撑感知控制系统与其他系统互联、实现感知控制域本地管理的实体。物联网网关能够提供协议转换、地址映射、数据处理、信息融合、安全认证、设备管理等功能，它可以集成到其他设备中或独立作为设备。

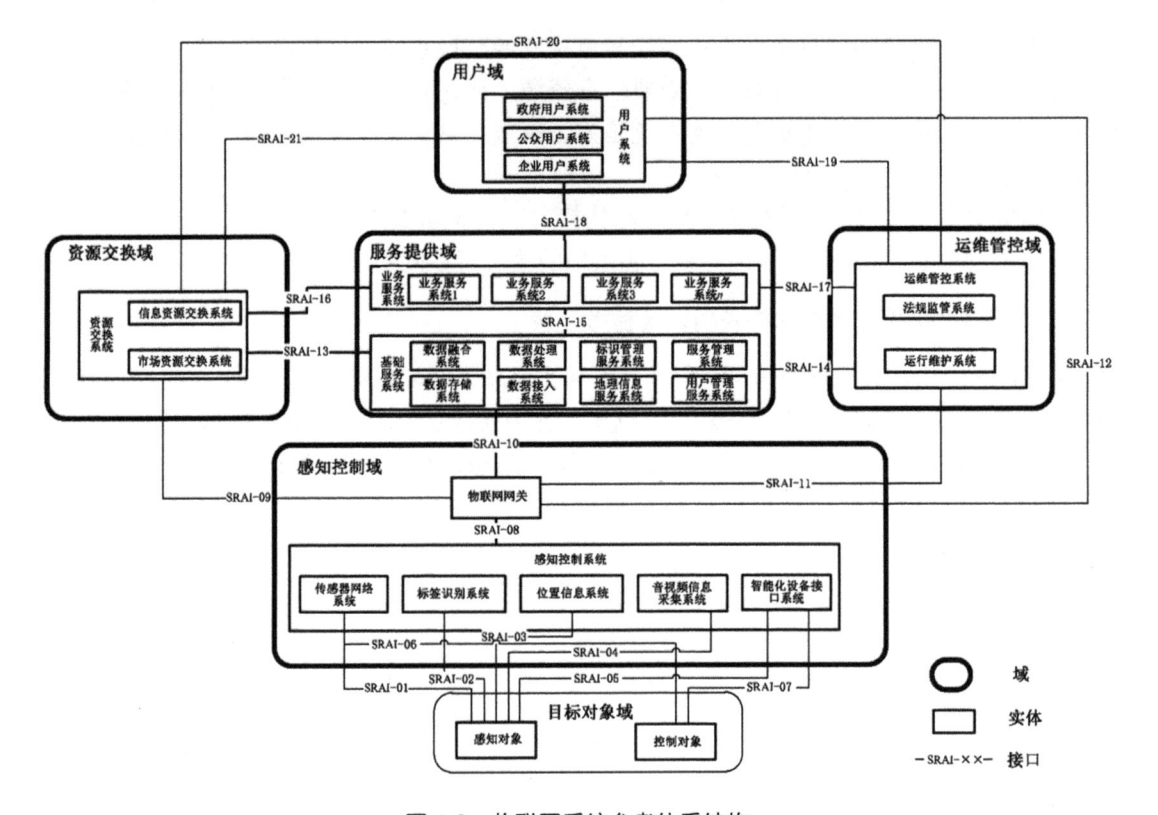

图 1-3　物联网系统参考体系结构

3）感知控制系统

感知控制系统通过对关联对象进行信息感知和执行控制操作，能够进行本地协同信息处理和融合。感知控制系统包括传感器网络系统、标签识别系统、位置信息系统、音视频信息采集系统和智能化设备接口系统等。

4）基础服务系统

基础服务系统提供物联网的基础支撑服务系统，保障正常提供各类业务服务。它包括数据接入系统、数据处理系统、数据融合系统、数据存储系统、标识管理服务系统、地理信息服务系统、用户管理服务系统、服务管理系统等。

5）业务服务系统

业务服务系统是为特定用户提供物联网业务服务的系统。它提供对象信息统计查询、分析对比、告警、预警、操作控制、协调联动等功能。

6）运维管控系统

运维管控系统能够管理和保障物联网中设备和系统安全可靠运行并符合相关法律法规，可分为运行维护系统和法规监管系统。运行维护系统提供系统接入管理、系统安全认证管理、系统运行管理、系统维护管理等功能；法规监管系统提供相关法律法规查询、监督、执行等功能。

7）资源交换系统

资源交换系统能够完成物联网系统内外之间信息资源共享与交换、系统信息和服务集中交易，根据功能可分为信息资源交换系统和市场资源交换系统。信息资源交换系统是为满足特定用户服务需求来获取外部系统的必要信息资源，或为外部系统提供系统间的信息资源交换和共享服务的系统。市场资源交换系统是为了有效提供物联网应用服务，实现物联网相关信息流、服务流和资金流交换的系统。

该模型中提供了 21 个系统参考体系结构接口（System Reference Architecture Interface，SRAI），限于篇幅，本节不予详细介绍，感兴趣的读者可参阅国家标准 GB/T 33474—2016。

**3. 面向 Web 开放服务的物联网系统参考架构**

由于物联网在发展过程中信息"碎片化"和"孤岛化"现象严重，我国于 2022 年 5 月 1 日开始实施国家标准 GB/T 40778.1—2021，以实现各物联网系统之间数据的流通，达到"物物互联"的目的。该国家标准适用于面向 Web 开放服务的物联网系统顶层设计，如图 1-4 所示。

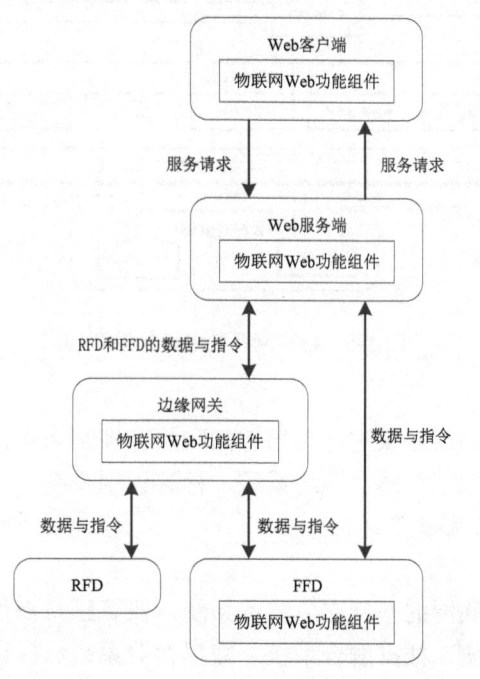

图 1-4　面向 Web 开放服务的物联网系统顶层设计

其中，各部分描述如下。

（1）RFD（Reduced-Function Device，受限功能设备）因自身功能受到限制而本身不安装各类组件，需要借助边缘网关与 Web 服务器实现数据传输功能。

（2）FFD（Full-Function Device，全功能设备）不受自身功能限制，可以通过本身安装的 Web 功能组件与边缘网关及 Web 服务器实现数据传输功能。

（3）边缘网关是部署在网络边缘的网关设备，可与 RFD、FFD 及 Web 服务器实现数据传输功能。

（4）Web 客户端主要指 Web 浏览器（Browser）。其主要功能是将用户向服务器请求的 Web 资源呈现出来，显示在浏览器窗口中。

（5）Web 服务端是使用 HTTP（超文本传输协议）和其他协议来响应通过万维网发出的

Web 客户端请求的软件和硬件。

物联网 Web 功能组件如图 1-5 所示。

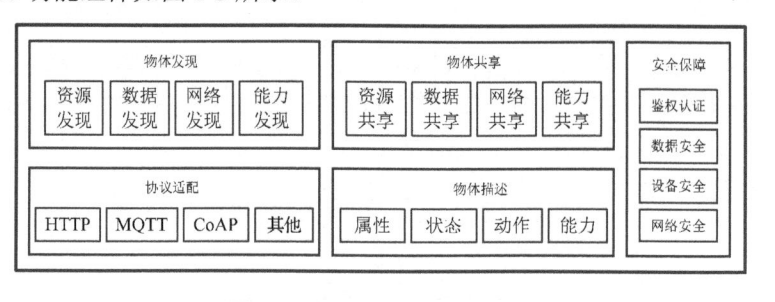

图 1-5　物联网 Web 功能组件

### 4．典型物联网体系结构

物联网作为一种复杂系统，涵盖的技术涉及很多领域。从物联网的提出到目前发展来看，比较常见的物联网体系结构分为感知层、网络层和应用层，如图 1-6 所示。

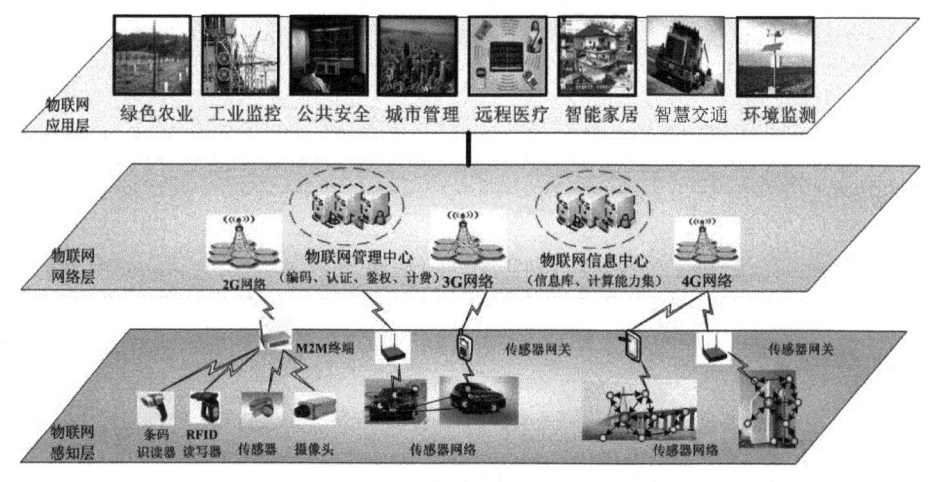

图 1-6　典型物联网体系结构

后期业界研究人员在三层结构的基础上进行了细化和扩展，提出了细化后的物联网体系结构，如图 1-7 所示。

1）感知层

物联网的目标之一是实现"物与物"和"人与物"之间的通信，感知层技术作为实现物联网感知能力的核心和物联网关键技术之一，其关键在于对物品的更精确、更全面的感知能力，其作用类似于人的眼、耳、鼻、喉和皮肤等感官或神经末梢，能够完成对物理世界实体的信息采集、捕获和识别。感知层由各种传感器及传感器网关构成。传感器是指能按照一定的规律将感知到的被测量转换成可用输出信号（模拟量或数字量）的器件或装置，是感知延伸层获取数据的一种设备。常见的传感器包括温度传感器、湿度传感器、压力传感器、加速度传感器、气敏传感器、二氧化碳浓度传感器、超声波测距传感器、摄像头、GPS 终端等。

2）网络层

物联网的网络层是物联网信息的基础承载网络，它建立在现有的移动通信网和互联网基础上，主要完成信息的传送，实现人与人、人与物、物与物之间的通信，主要包括接入网络和核心网络二层结构。

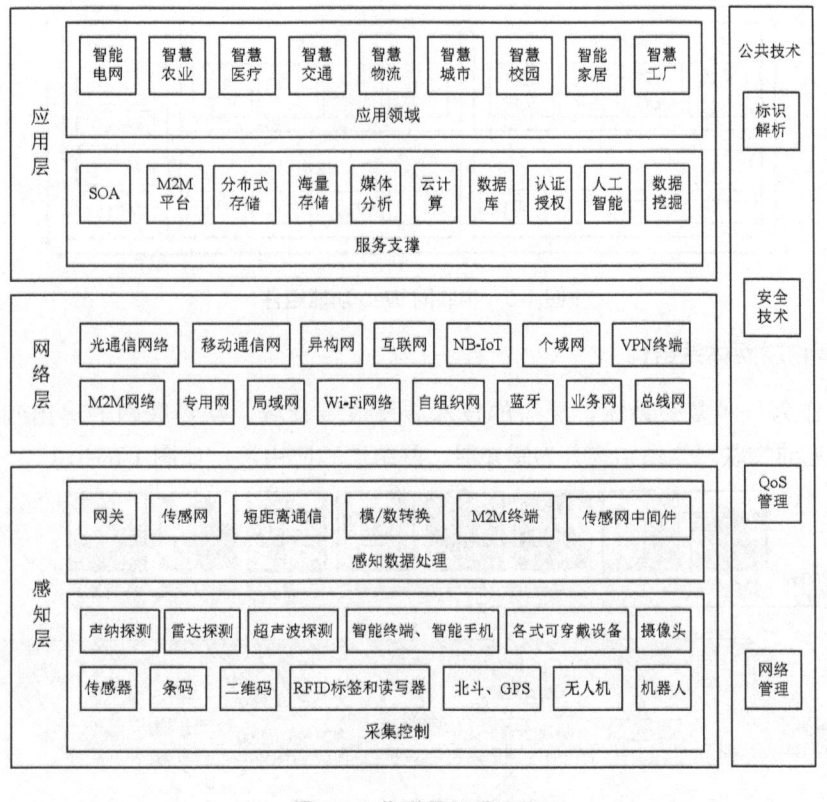

图 1-7 物联网体系结构

3）应用层

物联网的应用层是物联网和用户（包括人、组织和其他系统）之间的接口，是实现物联网技术与行业需求密切结合并智能应用的功能层。

应用层能够实现信息存储、数据挖掘和智能决策等功能。它涉及海量信息智能处理、分布式计算、中间件、信息发现等多种技术，目前已经应用到多个领域。

# 1.4 物联网关键技术

**1. 物联网技术特征**

物联网的核心是物与物，以及人与物之间的信息交互。从通信对象和通信过程来看，物联网技术特征可概括为全面感知、可靠传送和智能处理。

1）全面感知

物联网系统中的首要环节是对物理世界的信息进行时效性采集，要求传感器（或 RFID）等采集设备能够被嵌入需要采集信息的地点、物体及系统中，利用采集技术和方法实时高效采集目标信息，并对其进行整合处理。

2）可靠传送

可靠传送是指对采集到的数据进行安全加密，并采用各类有效的协议进行安全传输，以保证数据的高可靠性、安全性及准确性。可采用的通信技术包括 4G/5G、Wi-Fi、计算机网络、卫星通信等。

3）智能处理

智能处理是指利用计算机技术、大数据处理技术、人工智能技术对接收到的物联网大数据进行加工、处理，为最终智能决策和控制服务。

根据国家标准 GB/T 33474—2016 中关于物联网技术框架的描述，物联网涉及的主要技术分为感知层技术、应用层技术、网络层技术和公共技术。该框架代表着物联网信息技术的集合，如图 1-8 所示。

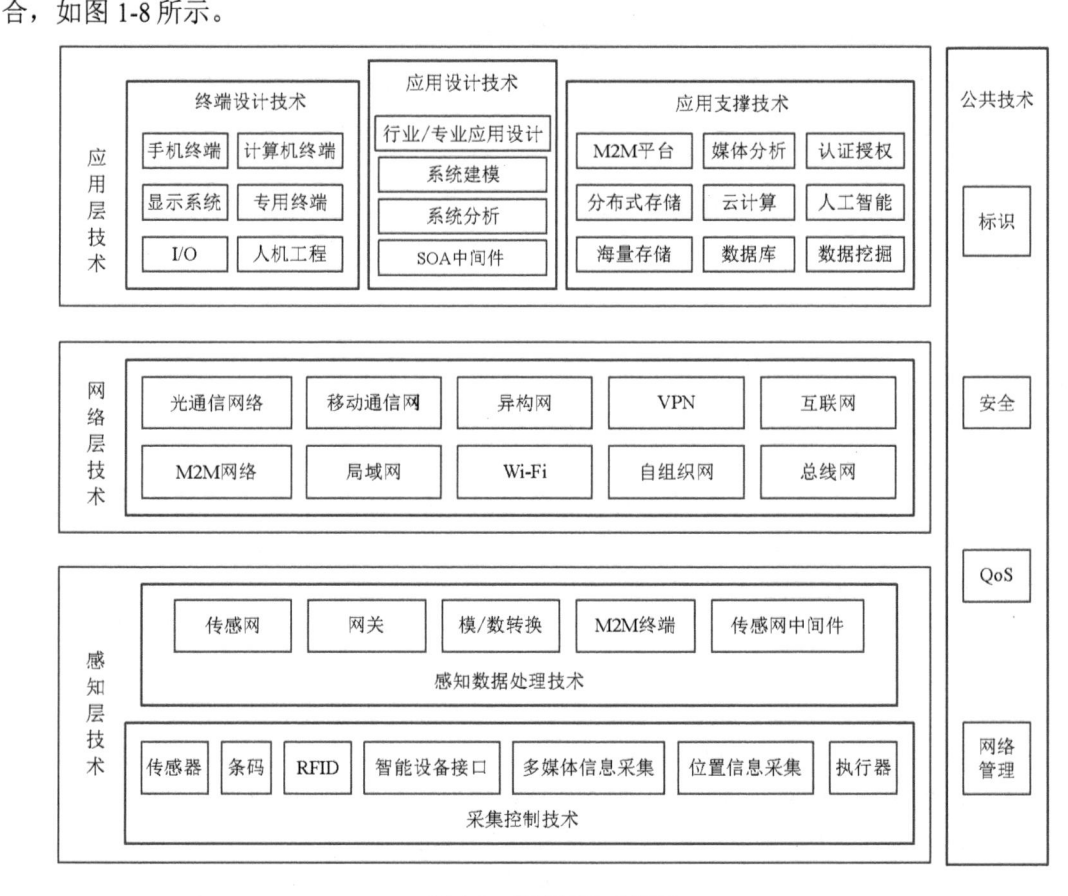

**图 1-8　物联网技术框架**

### 2. 感知层关键技术

感知层技术是物联网系统应用的基础，主要完成对物理世界对象信息的感知与识别，具体涉及信息采集、处理、传送或控制功能，分为采集控制技术和感知数据处理技术。

采集控制技术采用与感知对象绑定或连接的方式完成数据采集或控制，包括传感器技术、条码技术、RFID 技术、智能设备接口技术、多媒体信息采集技术、位置信息采集技术

（北斗、GPS）、执行器技术。

感知数据处理技术对采集到的数据进行加工处理，包括传感网技术、模/数转换技术、网关技术、M2M 终端技术、传感网中间件技术。

感知层的条码、二维码、RFID 标签等技术可以利用标识和解析功能识别每个感知对象，就是对物理实体、通信实体和应用实体赋予或提取其本身固有的属性进行正确解析。目前，我国已经推出相关标识系列国家标准，如物联网标识体系（GB/T 37032—2018）、物联网标识体系　数据内容标识符（GB/T 38606—2020）、物联网标识体系 Ecode 标识系统安全机制（GB/T 38660—2020）、物联网标识体系 Ecode 标识体系中间件规范（GB/T 38663—2020）、交通运输　物联网标识应用分类及编码（GB/T 37377—2019）等。

### 3. 网络层关键技术

由感知层技术采集的数据被网络层传输给应用层，或应用层数据经过网络层再向感知层传输，需要利用物联网通信技术完成传输操作。根据国家标准的物联网概念模型，网络技术涉及域内和域间实体通信连接和信息交换，每种网络技术都各有其优点和不足，对实际应用需求满足情况也不同。

网络层关键技术有光通信网络技术、移动通信网技术（如 3G、4G、5G）、互联网技术、局域网技术、Wi-Fi 技术及自组织网技术等。

### 4. 应用层关键技术

应用层技术实现数据的接收、存储、计算、决策、授权等，并对客户提供不同应用型服务。应用层技术分为终端设计技术、应用设计技术和应用支撑技术。

终端设计技术包括手机终端、计算机终端、显示系统、专用终端、I/O 和人机工程等技术。

应用设计技术包括行业/专业应用设计、系统建模、系统分析、SOA 中间件等技术。

应用支撑技术包括 M2M 平台、媒体分析、认证授权、分布式存储、云计算、人工智能、海量存储、数据库和数据挖掘等技术。

应用物联网技术的目的就是使"物体"具有智慧功能，能够"开口说话"。例如，通过植入的各种自动识别标志（如传感器、电子标签和二维码等）及时获取指定物体的各种属性信息（如状态、位置等）。然而，这些"智慧物体"产生的信息量是庞大的。假设每个传感器节点每分钟采集 1KB 数据，那么 1000 个这样的节点每天可产生大约 1.4GB 数据，而在部署物联网应用系统时涉及的传感器数量更多，每个传感器产生的数据量可能更大，系统每年运行产生的数据总量将是一个天文数字，形成"海量数据"和物联网大数据。

显然，采用传统的数据库技术无法解决"海量数据"的存储与处理问题，因此这涉及分布式数据处理技术的应用。

再如数据挖掘（Data Mining，DM）。它是从大量的、不完全的、有噪声的、模糊的及随机的实际应用数据中，通过算法挖掘出隐含的、未知的、对决策有潜在价值的数据的过程。由于物联网产生的海量数据中隐含着某些令用户感兴趣的数据，而这些数据必须使用海量数据中的数据挖掘技术才有可能被找到。采用数据挖掘技术对数据进行统计、分析、综合、归纳和推理，揭示事件及数据间的潜在关系，预测未来趋势，为决策者提供决策支撑。常见的数据挖掘算法包括聚类及关联分析、分类、回归及时间序列分析等。

综上所述，应用层技术涉及学科多、交叉性强，能够为物联网系统的具体应用提供支撑服务，实现跨行业、跨应用、跨系统的信息协同、共享、互通。

### 5．公共技术

公共技术是管理和保障物联网整体性能的技术，它涉及各层，主要有标识技术、安全技术、QoS 技术和网络管理技术。

从本质上讲，公共技术部分不属于单独的层次，因为它所涉及的技术在感知层、网络层和应用层 3 个层次中都有体现。具体而言，公共技术的安全在感知层体现为边缘计算安全，在网络层体现为网络安全，在应用层体现为数据安全、系统安全，而且有些内容贯穿多个层次，所以公共技术部分属于 3 个层次共有。

例如，物联网的安全性是影响物联网技术应用的重要因素之一，系统的高安全性可防止或减少系统运行中数据丢失、隐私泄露、系统被恶意控制等恶性事件的发生。随着物联网技术的应用，配有物联网感知器件的"智慧体"被广泛部署在生活中的各个领域。但是，物联网在大大提高社会自动化程度的同时也带来了巨大的安全隐患。因此，大力推广物联网技术和提升物联网安全意识必须同时进行。物联网的安全隐患主要源于终端安全威胁、网络安全威胁和业务安全威胁等，从这几方面加强对安全隐患的设防十分关键。

目前，我国已经推出物联网方面的国家安全标准，如信息安全技术　物联网数据传输安全技术要求（GB/T 37025—2018）、信息安全技术　物联网安全参考模型及通用要求（GB/T 37044—2018）、信息安全技术　物联网感知终端应用安全技术要求（GB/T 36951—2018）、信息安全技术　物联网感知层网关安全技术要求（GB/T 37024—2018）、信息安全技术　物联网感知层接入通信网的安全要求（GB/T 37093—2018）、公安物联网感知终端安全防护技术要求（GB/T 35318—2017）、公安物联网感知终端接入安全技术要求（GB/T 35592—2017）、公安物联网感知设备数据传输安全性评测技术要求（GB/T 37714—2019）、公安物联网系统信息安全等级保护要求（GB/T 35317—2017）等。

此外，服务质量（Quality of Service，QoS）是网络的一种安全机制，是解决网络的有限带宽、延迟、阻塞和丢包等问题的一种技术。随着物联网应用范围越来越广泛，存储需求之间的区别也越来越明显，这就需要为不同的应用需求提供不同的服务，并且尤其注重数据存储的服务质量。因此，如何为用户提供满足其应用需求的存储服务就成为物联网技术发展中密切关注的一个要点。

## 1.5　物联网典型应用领域

物联网的应用领域非常广阔，从个人居家生活到工业自动化生产，从城市建设、交通管理到国家军事安全与反恐，物联网都有非常大的应用发展空间。尤其是与互联网、移动通信网（如 4G、5G 等）相连并解决传输速度瓶颈、安全可靠性等问题后，在结合人工智能技术、大数据技术实现智能化信息处理的领域，物联网的应用前景将更加引人注目。

### 1.5.1 智能电网

智能电网（见图 1-9）是指在现有电网和集成、高速双向通信的基础上，通过先进的传感与测量技术、设备技术、控制技术和决策支持技术进行改造升级，来实现电网的可靠、安全、经济、高效的管理与运营。

图 1-9　智能电网

智能电网关系我国能源安全、工农业发展和民生工程。在目前国际政治形势下，智能电网的国家发展战略意义更加重大，已引起了世界各国的高度重视，特别是智能电网安全问题，更引起了从政府到民众的广泛关注。

### 1.5.2 工业互联网

工业互联网（见图 1-10）的主要应用集中在制造业供应链管理、生产过程工艺优化、产品设备监控管理、环保监测及能源管理、工业安全生产管理上。

图 1-10　工业互联网

### 1.5.3 智慧农业

智慧农业（见图 1-11）是物联网的一个典型应用，它通过实时采集大棚（或温室）内的温度、湿度、光照度、土壤温湿度、$CO_2$ 浓度、叶面湿度、露点温度等参数，根据智能管理系统尽最大努力来自动管理农业物联网系统的运行。

图 1-11　智慧农业

此外，我国在 2021 年 12 月 31 日发布国家标准农业物联网应用服务（GB/T 41187—2021）并于 2022 年 7 月 1 日实施，对农业物联网应用服务进行分类，如图 1-12 所示。该分类适用于农业物联网应用层的服务设计、提供和使用。

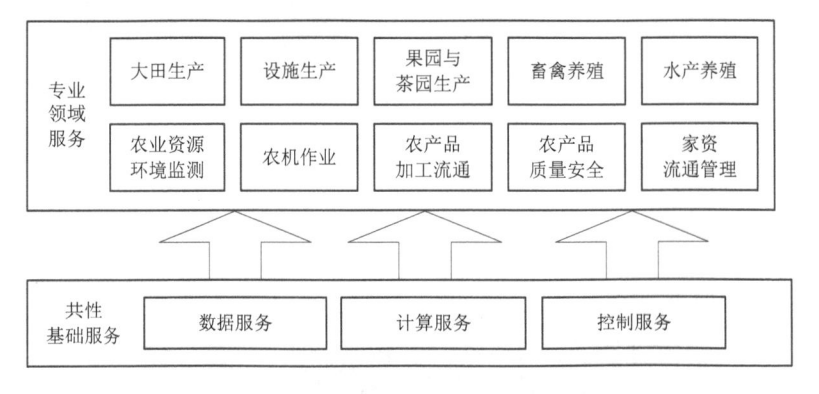

图 1-12　农业物联网应用服务总体分类

## 1.5.4　智慧医疗

智慧医疗（见图 1-13）是指借助家庭医疗传感设备对家中患者或老人的生理指标进行自动检测，并通过网络系统传输给远程护理人、医生或医疗单位来实现线上医疗，有利于优化医疗资源配置，提高医疗资源的利用效率。

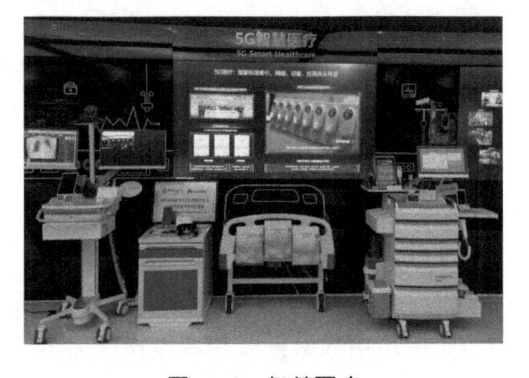

图 1-13　智慧医疗

### 1.5.5 智慧交通

智慧交通（见图 1-14）是指通过各物联网技术实现公共交通的监控、管理、报站、电子票务等系列活动，目的是方便人们日常出行，优化和管控交通流量。同时，智慧交通还可以根据对车辆的北斗或 GPS 定位来提高公共安全治理能力和水平。

图 1-14　智慧交通

### 1.5.6 智慧物流

智慧物流（见图 1-15）是指利用计算机、条码、传统物流和车辆导航监控等技术手段打造的信息，实现电子商务、物流配载和仓储管理等服务于物流功能的物流模式。

图 1-15　智慧物流

### 1.5.7 智慧城市

智慧城市（见图 1-16）是指利用各种信息技术及创新理念，围绕城市系统和服务进行设计、集成或开发，来实现城市资源运用效率提升和城市管理优化，有助于提升城市服务质量和人民生活水平。智慧城市的建设还可以通过新技术的运用来实现城市信息化、工业化与城镇化的深度融合和精细化、动态化管理。

图 1-16 智慧城市

## 1.5.8 智能家居

智能家居（见图 1-17）是指以人们家庭住宅为基础，综合利用布线技术、网络通信技术、智能技术、网络安全技术、安全防火防盗技术、自动检测与控制技术、音频视频技术等对必要生活设施进行升级改造，利用各类传感器、设备或设施对家居环境进行智能化升级。

图 1-17 智能家居

从 2017 年开始，我国就不断发布和实施智能家居的系列国家标准，如物联网智能家居 图形符号（GB/T 34043—2017）、物联网智能家居—数据和设备编码（GB/T 35143—2017）、物联网智能家居—用户界面描述方法（GB/T 39189—2020）、物联网智能家居—设计内容及要求（GB/T 39190—2020）等。

## 1.5.9 智慧校园

智慧校园是指采用物联网技术对校园开展管理、教学、科研、学习和生活等活动的智慧型场所。在系列优化和管理过程中，智慧校园围绕各种应用服务进行设计，使得校园生活得到充分融合。

2019 年 1 月 1 日，我国实施国家标准智慧校园总体框架（GB/T 36342—2018），其明确指出智慧教学环境、智慧教学资源、智慧校园管理、智慧校园服务、信息安全体系等系统架构及基本要求。按照该标准的理解，智慧校园是物理空间和信息空间的有机衔接，任何人在任何时间和任何地点都能便捷地获取资源和服务。智慧校园是数字校园的进一步发展和升级，是教育信息化的更高级形态。

# 1.6 本章小结

在万物互联的时代，物联网技术的应用及普及改变了人们的生活方式，也带来了新的技术风险和挑战。本章围绕着物联网的基本状况进行讲解，介绍了物联网的背景、发展趋势、体系结构、关键技术及典型应用领域。

## 习题

1.1（单选）物联网的英文缩写为（　　）。

    A. WWW       B. IoT       C. HTTP       D. TCP

1.2（单选）无线传感器网络的英文缩写为（　　）。

    A. WSN       B. WSNs       C. NFC       D. CAN

1.3（单选）人工智能的英文缩写为（　　）。

    A. DNS       B. IoT       C. AI       D. QoS

1.4（单选）蓝牙技术不能用于（　　）。

    A. 数据传输       B. 室内定位

    C. 连接设备       D. 存储数据

1.5（单选）下列选项中不属于感知层技术的是（　　）。

    A. 传感器       B. RFID

    C. 二维码       D. 数据挖掘

1.6（单选）下列选项中不属于应用层技术的是（　　）。

    A. 海量存储       B. M2M 平台

    C. 云计算       D. 异构网

1.7（单选）物联网 RFID 技术中，能够读取标签中信息的设备是（　　）。

    A. 天线       B. 标签

    C. 读写器       D. 应答器

1.8（单选）物联网 RFID 技术中，支持物体身份标识的技术是（　　）。

    A. 天线       B. 标签

    C. 读写器       D. 应答器

1.9 简述物联网的技术特征。

1.10 简述工业互联网的战略意义。

1.11 简述智能家居的功能。

1.12 物联网结构由哪三层构成？每层的功能是什么？

1.13 简述工业 4.0 的主要内容。

1.14 简述物联网技术框架的组成。

1.15 简述物联网的概念。

1.16 我国的数字经济涉及哪些方面？

# 第 2 章　物联网感知层

★ 学习指导

- 学时建议：理论 4 学时（方案三 6 学时），实验/实践 2 学时，自学 1 学时。
- 教学目标：使学生能够说出传感器的概念、智能传感器的概念和特点、WSN 的概念和特点；能够复述感知层、RFID 和 WSN 的关键技术；能够叙述传感器、RFID 的工作原理；能够列举智能传感器的分类与应用实例，说明传感器的结构、RFID 系统组成、智能传感器的结构及检测应用系统、WSN 的结构及应用领域等。
- 主要内容：感知层关键技术，RFID 的工作原理、关键技术、标准、系统组成、应用案例，传感器的组成与工作原理、分类、示例、选用原则，智能传感器的概念、分类、结构、特点、实例和智能检测系统，WSN 的概念、特点、关键技术、应用领域等。
- 重点难点：感知层关键技术，RFID 的工作原理、系统组成，传感器的工作原理、选用原则，智能传感器的概念、结构、特点，WSN 的概念、特点、应用领域等。

　　物联网能够感知物理世界的信息离不开各类传感器。感知层作为物联网应用的基础，能够完成信息采集功能，执行对相关部件的控制动作，是物联网系统直接感知物理世界信息的"触手"。

　　本章主要从物联网应用的角度介绍感知层所涉及的技术，以常见的温湿度传感器为例介绍传感器的基本功能、工作原理和过程，并介绍智能传感器、智能检测技术及其应用，以及感知层的数据处理技术等。

## 2.1　感知层概述

### 2.1.1　感知层简介

　　感知层是物联网三层体系结构中的底层，完成对物理世界中物理量的采集。因此，感知层汇集和使用了大量功能和性能各异的传感器，用于完成对声、光、电、力、位置、媒体等属性信息的采集。作为物联网系统感知信息的"触手"或"五官"，感知层关键技术是物联网实现的基础。想要设计一个物联网系统，首先要分析系统功能并确定需要测量哪些物理量，各物理量的测量范围、精度及各传感器的工作环境等，然后才能根据这些信息确定具体传感器的选用。

感知层技术能够采集物体与环境等信息并在处理后发送给网络层，网络层再利用各类网络传输技术将信息传输到应用层，最终实现物联网数据的处理和应用。

物联网感知层模仿了人类的部分"感官功能"，有的功能和性能指标甚至已经超越了人类生理极限，如检测冶炼钢铁时铁水的温度、监测太空中宇宙飞船的飞行姿态等。当然，人类的一些特殊能力无法用传感器来直接获得，如人类内心的真实情感、直觉或第六感等。

## 2.1.2　感知层关键技术

综合来看，感知层关键技术主要通过各种不同类型的传感器对物理世界不同对象的属性信息、状态信息进行感知与识别，然后对信息进行数据处理、传送或接收控制命令。感知层关键技术分为采集控制技术和感知数据处理技术，如图 2-1 所示。

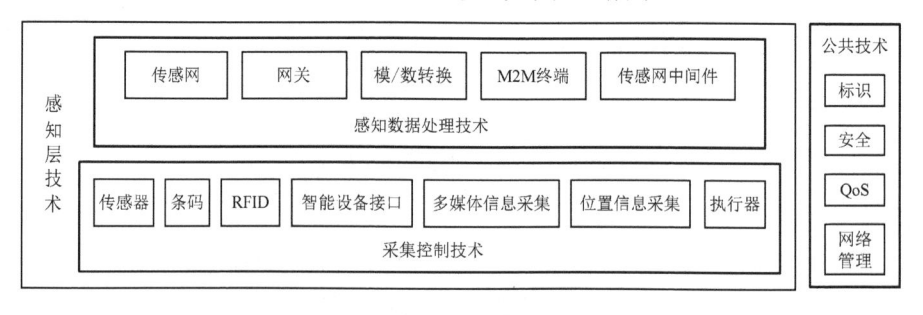

**图 2-1　感知层关键技术**

采集控制技术采用直接或间接技术手段实现与被感知对象的一一绑定关系，使采集的信息能够唯一代表被感知的对象，从而便于后续工作。具体技术包括传感器技术、条码技术、RFID 技术、智能设备接口技术、多媒体信息采集技术、位置信息采集技术（北斗、GPS）、执行器技术等。

感知数据处理技术对采集到的数据进行处理，由于感知层的计算能力与具体设备有关，多数设备（如传感网、物联网网关等）的计算能力是受限制的，因此对数据的处理要求不能过高，主要技术包括传感网技术、网关技术、模/数转换技术、M2M 终端技术、传感网中间件技术。本章中只介绍简单的、常规性的关键技术。

### 1．标识和解析

物联网标识体系总则（GB/T 37032—2018）是我国于 2018 年发布并于 2019 年 7 月 1 日起实施的国家标准。该标准适用于物联网系统的设计、建设和应用，由全国物品编码标准化技术委员会（SAC/TC 287）和全国信息技术标准化技术委员会（SAC/TC 28）提出并归口管理，由中国物品编码中心和中国电子技术标准化研究院起草制定，分为编码、采集与识别、信息服务三部分，如图 2-2 所示。

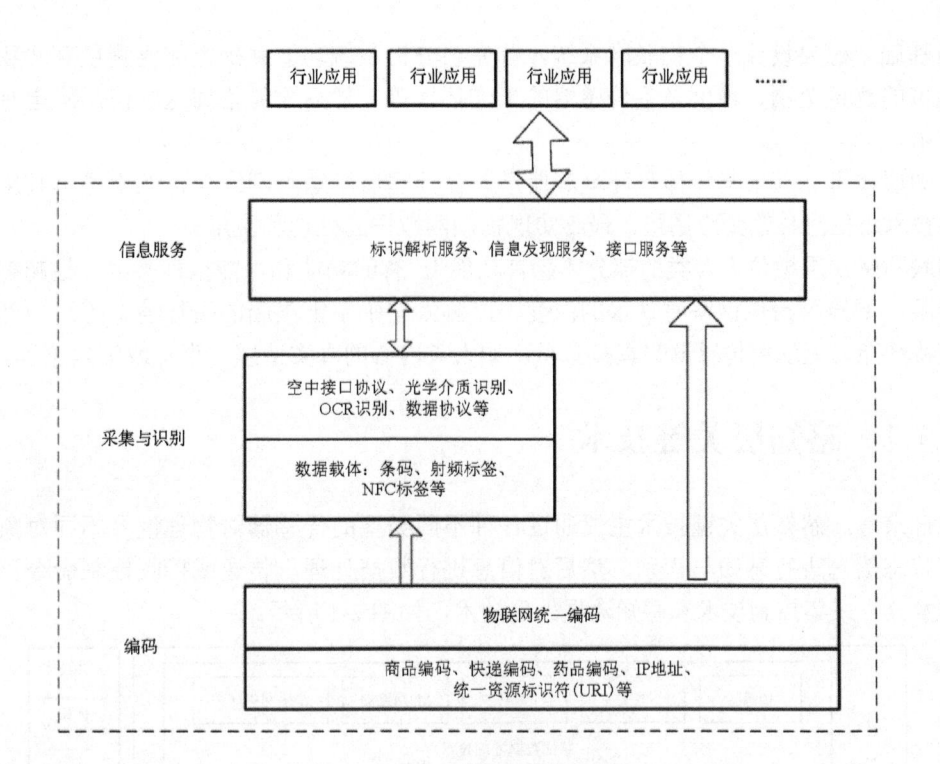

图 2-2　物联网标识体系框架

1）编码

物联网采用统一编码方式，对物联网中所有对象的物理实体或虚拟实体进行全局性、唯一性代码编制，同时对现有的物联网系统提供或建立全局性、唯一性的代码兼容方案，保证代码不冲突（通过编码体系标识实现编码的兼容性）。此外，编码要具有开放性，保证在不同应用系统中的同一编码能够被正常识别。

2）采集与识别

采集与识别是指按照数据协议将编码存入数据载体，通过读写设备对数据载体进行自动识别，读取编码信息并提供给信息服务进行处理。

数据载体包含但不限于条码、射频标签、NFC 标签等。选择不同的数据载体要遵循不同的数据协议，如 ISO/IEC15961、ISO/IEC15962、ISO/IEC15434 等。

无须数据载体的编码可直接在信息服务进行与编码相关的解析服务和发现服务操作，如统一资源标识符、IP 地址等。

采集与识别要具有兼容性，即能够通过识别数据载体的特征判断是何种编码；同样，采集与识别及标签的通信要具有开放性，保证不同应用系统能够采集和识别同一载体，不同设备之间可实现互联互通。

3）信息服务

信息服务包含标识解析服务、信息发现服务和接口服务等。其中，标识解析服务能够提供编码对应实体的静态信息查询服务；信息发现服务能够提供实体在物品流通过程中每个环节的动态信息查询服务；接口服务能够为其他行业应用或第三方应用平台提供接入服务。信息服务要具有一定的兼容性，即在信息传输时附加编码体系；同时，信息服务要具有开放性和安全机制，以保证不同应用之间的数据可以安全地共享和交换。

物联网标识体系要具备必要的安全机制，能够保障物品标识编码在分配、注册和解析过程中的数据安全。

### 2. 条码

条码（又称条形码）技术是根据条码理论将光电技术、计算机技术、图像处理技术、条码印制技术集于一体的识别技术。条码具有识别速度快、准确率高、成本低、安全可靠性高、使用周期长等特点，常被广泛应用于各个领域。条码是一组规则排列的"条""空"及相应的数字。条码标签和条码扫描器如图 2-3 所示。

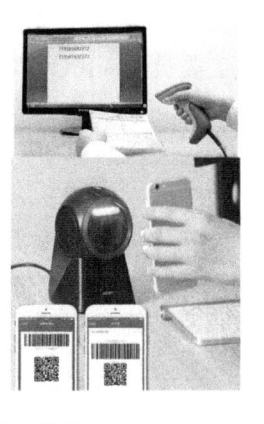

图 2-3　条码标签和条码扫描器

条码一般打印在纸张上，然后粘贴在唯一代表的物体表面供扫描。目前，条码（尤其是二维码）已经与我们的日常生活紧密联系在一起，如微信中通过扫描二维码加入微信群、加好友、关注公众号、移动支付等。

### 3. RFID

RFID（无线射频识别）是一种非接触式的自动识别技术，直接继承了雷达的概念。当采用 RFID 系统后，系统会自动高速识别标签并读出标签内部数据。采用 RFID 技术可大幅提高管理工作效率，降低时间成本。RFID 标签如图 2-4 所示。

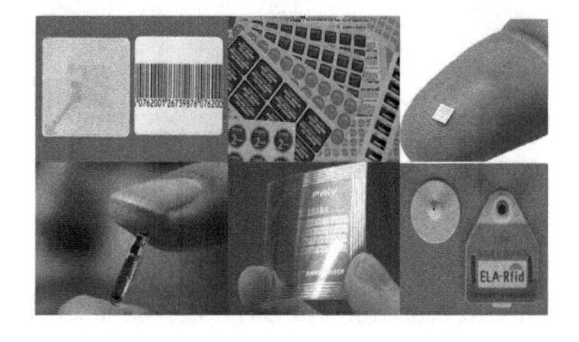

图 2-4　RFID 标签

此外，小区入住人员通过"钥匙扣"（RFID 标签）验证身份并打开小区门、物流系统中通过扫描物品上粘贴的"二维码"自动记录物流轨迹、电子不停车收费（Electronic Toll Collection，ETC）系统、产品自动识别与计数系统等都是 RFID 的典型应用案例。

随着 RFID 技术的不断完善、发展和成熟，RFID 的应用领域越来越广泛，不限于物流、供应链、动物监测与管理、车辆识别、门禁系统、图书管理、智慧交通系统、自动收费、工业互联网等领域，RFID 产业将发展成一个新兴的高技术产业群，成为国民经济增长的新亮点。

### 4．传感器与智能传感器

传感器（Sensor/Transducer）是物联网感知层的重要部分。它是能够利用物理、化学和生物等学科的某些效应或机理来感知规定的被测量，并将其按照一定规律转换成可用输出信息的测量装置。国际电工委员会（IEC）对传感器的定义为"传感器是测量系统中的一种前置部件，它将输入变量转换成可供测量的信号"。国家标准 GB/T 7665—2005 对传感器的定义为"能感受被测量并按照一定的规律转换成可用输出信号的器件或装置，通常由敏感元件和转换元件组成"。

各类传感器的具体实现原理及构造可能完全不同，甚至测量同一物理量（如温度）的不同型号传感器之间的差异也非常大，但传感器的核心功能是相同的，它们都能感知到被测量的信息，并能将这些信息按照一定的规律转换成可用输出信号（模拟量或数字量）或其他所需的信息输出形式，以满足信息的传输、处理、存储、显示、记录和控制等要求。常见的传感器有温度传感器、湿度传感器、压力传感器、光照度传感器、加速度传感器、气敏传感器、超声波传感器等，详细分类可参考国家标准 GB/T 7665—2005。典型的传感器如图 2-5 所示。

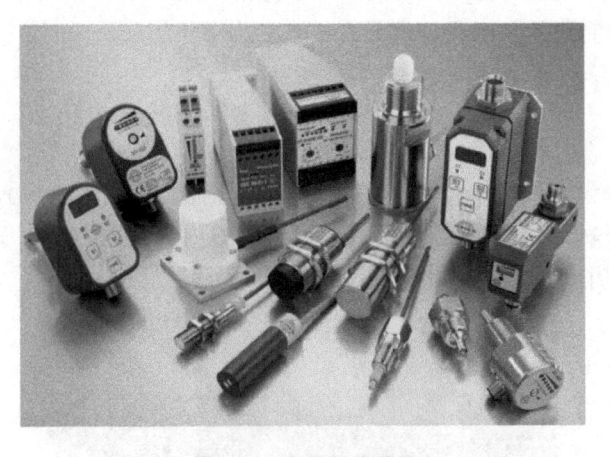

**图 2-5 典型的传感器**

随着传感器技术的不断发展，传感器朝着微型化、数字化、智能化、网络化和多功能方向发展，传统意义上的传感器已经不能满足工农业生产和人们日常生活需求。特别是当人们需要处理一些实时性较强并且数据量庞杂的信息时，就需要能实现传感器与计算机一体化的灵巧传感器，智能传感器由此应运而生。

### 5. 位置信息采集

位置定位是物联网中感知位置的重要技术，可以分为室外定位和室内定位。室外定位技术主要为导航技术，室内定位技术有 RFID 定位技术、蓝牙定位技术等，现只介绍用于室外定位的导航技术。

室外定位获取的空间位置信息通常指移动终端所处的经度、纬度和高度信息，通常通过移动终端和无线通信技术相互配合来确定移动用户的实际位置信息。

移动定位技术原理：通过计算移动目标与多个已知定位坐标的地面固定基站或空中基站（定位卫星）之间的测量参数值，得到移动目标的空间坐标位置。测量参数一般包括无线电波的传输时间、相位、幅度和到达角度等。目前定位系统主要有我国的北斗卫星导航系统、美国的 GPS、俄罗斯的 GLONASS 和欧盟的伽利略卫星导航系统。

#### 1）北斗卫星导航系统

北斗卫星导航系统（BDS）是我国自主研发设计的全球卫星导航系统，是我国重要空间基础设施和全球性公共资源，已于 2020 年 7 月 31 日正式开通，可在全球范围内独立运行并提供全天候、全天时、高精度、高可靠的定位、导航、授时服务。北斗卫星导航系统具备短报文通信能力，定位精度为分米、厘米级别，测速精度为 0.2m/s，授时精度为 10ns。

北斗卫星导航系统已经被广泛应用于交通运输、海洋渔业、气象预报、测绘地理信息、森林防火、应急搜救等领域，深入了人们生活和社会生产活动中，产生了显著的经济效益和社会效益。

2022 年，全面国产化的长江干线北斗卫星地基增强系统工程建成并投入使用，长江干线 1.5 万余艘船舶用上北斗卫星导航系统。

#### 2）其他导航系统

全球卫星定位导航系统（GPS）是美国开发并用于军事目的，后期转为民用、科研和商用，并为全球提供服务的导航系统。GPS 空间部分使用 24 颗卫星，高度达 20 200km，分布在不同的轨道上，每条轨道布置 4 颗卫星，各轨道卫星之间以一定角度相隔，保证全球任何地方都可以同时看到 4 颗卫星。

格洛纳斯（GLONASS）是俄罗斯研发的全球卫星导航系统（Global Navigation Satellite System）。该系统最早开发于苏联，后期由俄罗斯继续开发，1993 年开始在俄罗斯境内独自服务，2007 年开始运营，2009 年服务范围拓展到全球，在轨运行 30 颗卫星，后期计划再增加卫星。2022 年 2 月 4 日，俄罗斯总统普京出席北京冬奥会开幕式并访问我国，双方有关部门和企业签署了《中国卫星导航系统委员会（中华人民共和国）与俄罗斯国家航天集团（俄罗斯联邦）关于北斗和格洛纳斯全球卫星导航系统时间互操作的合作协议》。

伽利略卫星导航系统是由欧盟研制和建立的全球卫星导航定位系统，于 2016 年 12 月投入使用，发射卫星 18 颗。

### 6. 无线传感网

无线传感网也叫作无线传感器网络（Wireless Sensor Network，WSN），是通过在监测区域内部署大量低成本、资源受限、具有计算和无线通信功能的传感器节点形成的一种具有多跳自组织能力的网络系统。

最早的无线传感器网络可追溯到越南战争时期。当时，为了利用电子屏障来切断越军的补给线，在卫星和航空侦察效果被大大削弱的密林环境中，美军在"胡志明小道"上投放了几十万个具有音频和振动感知功能的无线传感器，用来实现与侦察机的点对点通信。但这时的传感器尚不具备节点计算和节点通信功能。1980 年，美国国防部启动了分布式无线传感器网络项目的研究，引起了各国关注。

从 20 世纪 90 年代开始，美国各大学（如麻省理工学院、加州大学伯克利分校、加州大学洛杉矶分校、南加州大学、康奈尔大学、伊利诺斯大学等）就对无线传感器网络的基础理论和关键技术进行了研究。1993 年，加州大学洛杉矶分校和罗克韦自动化中心共同开发了无线集成网络传感器；1996 年，麻省理工学院承担了 μAMPS（Micro-Adaptive Multi-domain Power aware Sensors）项目；2004 年，Boston 大学与 BP、Honeywell、Inetco Systems、Invensys、Millennial Net、Radianse、Sensicast Systems 等公司联合创办了无线传感器网络协会，旨在促进无线传感器网络技术的开发。

我国的无线传感器网络及其应用研究几乎与发达国家同步启动，一些大学和科学研究机构也已经着手研究，如中国科学技术大学、清华大学、中科院计算所、上海微系统所等。

无线传感器网络采用协作方式实时感知、采集和处理被监测目标（或对象）的信息并发送给观察者，以实现某一特定任务。单独一个传感器每次采集并发送的数据可以采用中低速短距离无线通信技术来传输，这不仅降低了成本，而且便于部署节点，还形成了一个集信息采集、信息处理和信息传输于一体的综合智能信息系统。一个完整的无线传感器网络通常包括三要素：传感器节点、感知对象（感知区域中的各种被测对象）和用户，如图 2-6 所示。

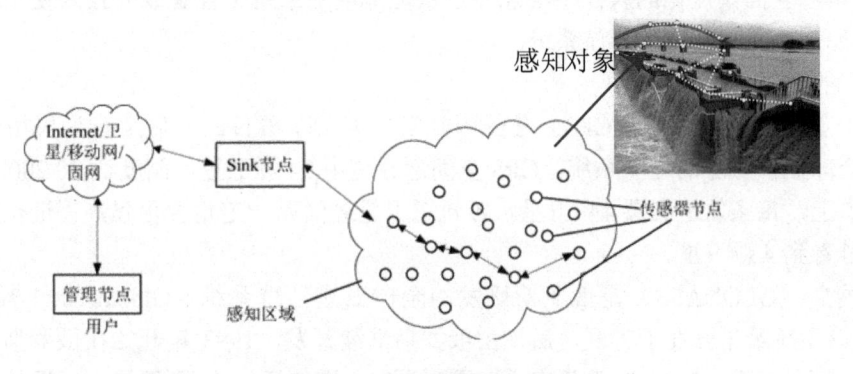

图 2-6　无线传感器网络抽象图

（1）传感器节点自身相当于一个微型计算机，它由电源、感知器件、嵌入式处理器、存储器、通信部件和软件等组成，通过多跳、中继、自组织的网络通信方式传输数据，采用嵌入式系统对信息进行智能计算，最后达到信息传送的目的。

（2）感知对象是部署在无线传感器网络感知区域中的被监测目标，如环境中的温度、湿度、光照、噪声、振动等信息或其他被监测对象，如车辆等各种物体。

（3）用户是无线传感器网络信息的使用者。

三者之间通过无线传感器网络建立通信，完成数据协作感知、多跳传输、数据处理、发布信息等功能，实现物理世界、计算世界及人类社会的"无处不在的计算"。

#### 7．中间件

中间件是介于操作系统和应用软件之间的程序或组件，是两级程序的连接"管道"。信息技术　中间件术语（国家标准 GB/T 33847—2017）和物联网标识体系 Ecode 标识体系中间件规范（国家标准 GB/T 38663—2020）对中间件的定义为"位于系统软件之上，用于支持分布式应用软件，连接不同软件实体的支撑软件"；又将中间件分为事务处理中间件、通信中间件等 20 个。除上述标准外，国家还发布和实施了信息安全技术　鉴别与授权　访问控制中间件框架与接口、制造过程物联信息集成中间件平台参考体系、信息技术　工作流中间件　参考模型和接口功能要求、信息技术　数据集成中间件等标准。

中间件利用各类协议向下传输数据，向上可以提供数据资源和服务，经过这样处理后，上层应用软件可以共享其下各层资源、交换信息。而物联网中间件需要应对物联网中的异构设备和异构数据等复杂情况，具备较强的独立性和兼容性，实现与上层多个应用程序交互，同时兼容不同厂商、不同型号、不同软件的异构性，采集数据，完成应用层业务逻辑，支持标准化协议。物联网中间件示意图如图 2-7 所示。

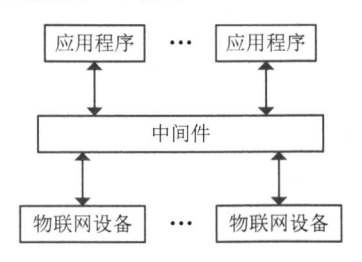

图 2-7　物联网中间件示意图

#### 8．物联网网关

任何一个完整的物联网应用系统都离不开物联网网关，因为它在数据实时采集、实时传输、设备控制等操作中起着至关重要的作用。多数情况下，物联网网关从与直接连接或间接连接的感知节点（如传感器等）获取多源异构数据，经过初步处理后通过网络传输到物联网数据服务中心（如云平台）；反之，物联网网关从物联网数据服务中心转发各种控制指令给各执行器（如继电器、步进电机等），从而产生不同的动作（如智能家居中开灯或关灯、打开窗帘或关闭窗帘等）。常见的物联网网关有智能家居网关、工业互联网网关等。

1）智能家居网关

智能家居是相对成熟的物联网应用领域，智能家居网关连接家庭的各类智能终端，如智能手机、智能电视、智能热水器、智能空调、智能冰箱、智能水表、智能电表、智能摄像头、智能门锁等；连接技术可以支持 Wi-Fi、蓝牙、IEEE 802.11、3G/4G/5G 和以太网。常见的智能家居网关包括机顶盒等。

2）工业互联网网关

工业互联网是物联网技术在工业领域的应用，是国家发展战略之一。工业互联网网关（见图 2-8）可以实现传统工业的升级，实现工业网络及工业协议的互通，获取和传输工业数据，及时响应工业系统请求，是工业互联网中的极其重要的设备。

图 2-8　工业互联网网关

3）物联网网关应用示例

除上述物联网网关外，还有 M2M 网关、智能手机网关、Wi-Fi 网关、ZigBee 网关、蓝牙无线网关等。在设计物联网应用系统时，可以根据应用领域、技术特点、功能需求和设备选择使用不同类型的物联网网关。物联网网关应用示意图如图 2-9 所示。

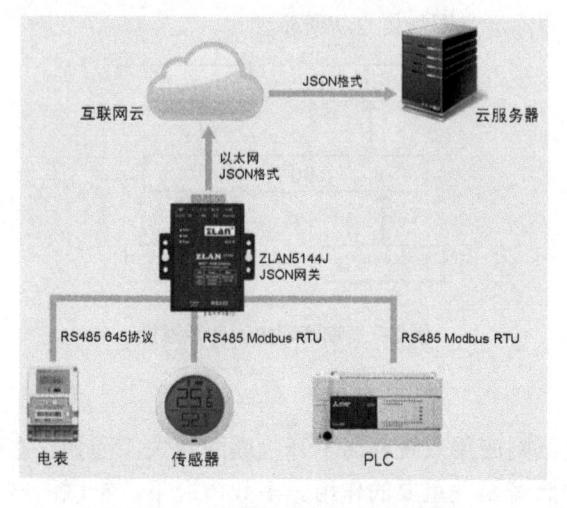

图 2-9　物联网网关应用示意图

**9. 群智感知**

随着智能终端（如手机、可穿戴设备、智能汽车、平板电脑、笔记本电脑、智能传感器、智能门锁等）和其他嵌入式产品的大量普及及物联网技术的快速发展，人们不断探索物联网应用新模式，群智感知就是在这种情况下应运而生的。严格来讲，群智感知没有标准或官方定义，应用领域不同，其定义也就不同。此处，群智感知是指通过大量具有感知功能和计算能力的移动设备进行数据收集，然后经过数据传输聚合到数据服务平台，并由数据使用者提出请求，平台进行数据分析和共享知识的一种物联网数据感知和服务模式。

该模式中，物联网群智感知分为数据感知（数据收集）、数据聚合、数据使用者（用户）和数据服务平台。数据收集是指以高效方式（如分布式）从分布在不同地理位置的物联网感知节点收集数据；数据聚合是指将收集到的数据通过移动通信或其他通信方式传输，或者通过雾节点、边缘计算形式逐步实现数据集合；数据服务平台是指数据中心（或云平台）对接收到的数据进行数据处理，对数据使用者提供查询等服务。物联网群智感知系统架构如图 2-10 所示。

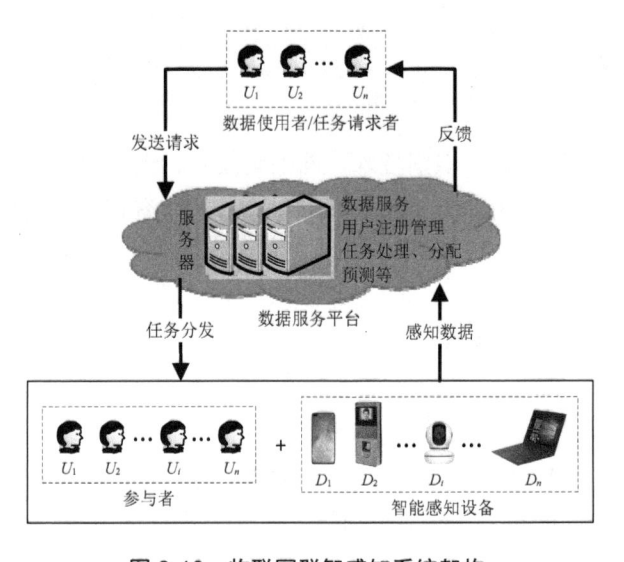

图 2-10 物联网群智感知系统架构

由于结合了人的感知判断能力、移动设备的感知能力，所以群智感知能够为物联网应用（如社会公共安全、智慧城市、智慧医疗等）提供更多有价值的数据，具有部署成本低、方式灵活、感知异构数据、数据源多样、应用广泛、容易扩展等特点。由于存在新的优势，群智感知是目前学术界和工业界研究与关注的一个热点。

**10．语音识别**

语音识别是目前流行的技术之一，它先将人类语音转换成电信号，然后用模/数转换技术和编码技术转换成可存储、可处理的数据，结合人工智能技术识别出不同人的声音。语音识别技术应用非常广泛，如汽车驾驶、智能手机语音呼叫、考勤管理、物流仓储等。

**11．生物识别**

生物识别也叫作生物特征识别，是指利用设备对人体生物特征进行采集并经过计算机技术处理后形成唯一识别个体的数据。这里的生物特征是指人的指纹、掌纹、虹膜、脸、手势、步态、DNA 等。生物识别技术具有不可复制性等特点，所以经常作为身份认证手段而广泛应用于金融、海关、门禁、考勤等领域。常见的生物识别设备如图 2-11 所示。

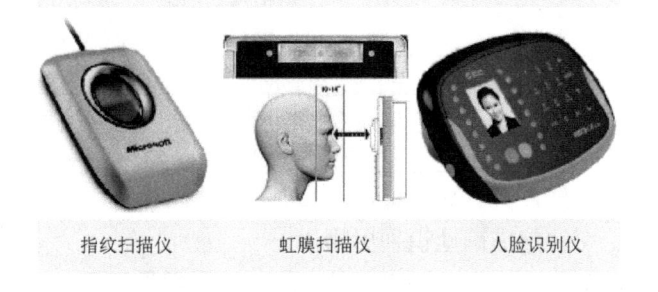

指纹扫描仪　　　　　虹膜扫描仪　　　　　人脸识别仪

图 2-11 常见的生物识别设备

## 2.2 RFID 技术

RFID 作为一种非接触的自动识别技术，同条码技术、光学识别技术和生物识别（包括虹膜、脸、声音和指纹等）技术相比，具有抗干扰能力强、可存储信息、使用寿命长并且可在非视觉范围内进行读/写操作等优点，在识别过程中无须人工干预，适用于自动化系统。

### 2.2.1 RFID 工作原理

#### 1．RFID 标签

RFID 标签由耦合元件和微电子芯片构成，使用时可以依附在物体表面，也可以嵌入物体之中（金属除外）。RFID 标签中存储要识别的信息。常见的 RFID 标签内部结构和 RFID 标签生产现场如图 2-12 所示。RFID 标签由天线及 RFID 芯片等组成，每个 RFID 芯片都含有唯一的识别码，粘贴在待识别物体的表面来唯一代表该物体。

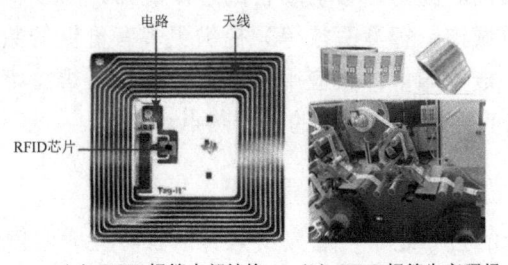

（a）RFID 标签内部结构　　（b）RFID 标签生产现场

图 2-12　常见的 RFID 标签内部结构和 RFID 标签生产现场

在过去的半个多世纪中，RFID 技术的发展阶段如表 2-1 所示。

表 2-1　RFID 技术的发展阶段

| 年　代 | 发展历程及主要表现 |
| --- | --- |
| 1941—1950 年 | 根据雷达技术衍生 RFID 技术，1948 年奠定 RFID 理论基础 |
| 1951—1960 年 | RFID 探索阶段，研究理论和技术 |
| 1961—1970 年 | RFID 理论发展阶段，尝试应用 |
| 1971—1980 年 | RFID 快速发展阶段，出现 RFID 应用 |
| 1981—1990 年 | RFID 开始商业应用，并具有一定规模 |
| 1991—2000 年 | 开始着手 RFID 标准化工作，RFID 技术已经得到广泛应用 |
| 2001 年至今 | 公布 RFID 技术标准，产业发展迅猛，RFID 技术应用随处可见 |

RFID 技术经过多年发展，具有如下特点。

（1）识别精度高，可快速准确地识别出物体。

（2）采用无线电射频绕开障碍物并穿透外部材料读取数据，可工作于恶劣环境。

（3）可以同时对多个物体进行识读。

（4）储存信息量大且可加密，是普通条码存储信息量的几十倍，甚至上百倍。

RFID 标签设计比较简单，一般由标签天线和标签专用芯片（包含数千个逻辑门电路）组成。一个标签设计得好坏，可以从能量需求、工作频率、计算能力、封装形式、存储容量、数据传输速率和安全性等方面分析。能量需求是指标签是否有单独电源供电（有源标签和无源标签）。目前，RFID 的工作频率主要分为低频、高频和超高频。不同频率范围内的标签对应不同标准产品，而且会有不同的特性。

### 2. RFID 工作过程

#### 1）工作原理

利用射频信号或空间耦合（电感或电磁耦合）的传输特性，实现对标签的读取或写入。现以有源标签为例进行说明，RFID 工作原理如图 2-13 所示。

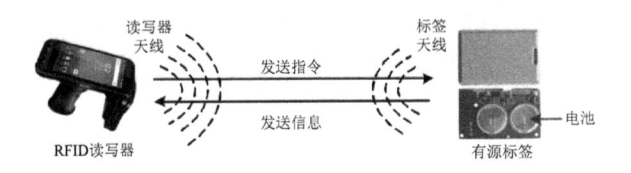

**图 2-13　RFID 工作原理（以有源标签为例）**

#### 2）工作过程

开始工作时，读写器向标签发送指令，标签回送应答信息来建立双向通信通道，读写器通过天线向标签发射携带操作指令的无线信号，标签接收指令并完成指令要求的任务后，再将标签标识和执行结果以无线方式回送给读写器，也可能直接存储在 RFID 标签中。

当大量标签同时与读写器进行通信时往往容易发生碰撞冲突，需要研究如何解决该问题，操作时用户往往习惯通过多次识别方式来解决，直到全部识别完毕为止。

## 2.2.2　RFID 关键技术

RFID 关键技术主要集中在 RFID 频率选择、天线技术、低功耗技术、防冲撞技术、封装技术、RFID 中间件技术、安全技术、定位与跟踪技术等方面。

### 1. RFID 频率选择

RFID 工作的频率不同则特性不同，适合的应用领域也不同。

#### 1）低频

低频 RFID 工作频率为 125kHz～135kHz，该频率的应用和推广非常广泛，具有穿透力强（除金属外）、不会降速、频段无许可限制、封装形式多、读写区域均匀、传输速率低等特点，主要应用于智慧畜牧业、自动停车收费等领域。

#### 2）高频

高频 RFID 工作频率为 13.56MHz，天线的制作通过腐蚀或者印刷方式来完成，通常以电子标签式封装使用，具有穿透力强（除金属外）、会降速、频段无特殊限制、读写区域均匀、防碰撞冲突（可同时读取多个电子标签）、可写数据到标签、传输速率高于低频等特点，主要应用于图书管理、商场物品管理、各类生产线产品管理、物流系统管理、水电收费系统管理、人员管理、资产管理、医药物流管理、智能超市等领域。

3）超高频

超高频 RFID 工作频率为 860MHz～960MHz。该频段读取距离比较远，无源可达 10m，具有如下特性。

（1）各国对该频段使用不同，如欧洲和部分亚洲国家使用频段为 868MHz，北美国家使用频段为 902MHz～905MHz，日本使用频段为 950MHz～956MHz。

（2）该频段功率输出美国为 4W，欧洲为 500mW。

（3）穿透力较弱，尤其是不能通过水，以及灰尘、雾等悬浮颗粒物质。

（4）电子标签天线设计可满足不同应用需求。

（5）读取距离较远，但对读取区域定义模糊。

（6）数据传输速率很高，在很短时间内可读取大量电子标签。

## 2. 天线技术

RFID 根据应用领域不同的具体需求来选择频率，设计天线，甚至要考虑是否需要嵌入检测对象内部。不同的天线设计对数据发送和接收的效果也是不同的，目前研究主要集中在环境对不同天线的影响，以及根据这些影响展开不同的天线设计等。

## 3. 低功耗技术

低功耗是 RFID 模块的基本要求，低功耗技术是提升识别距离、降低功耗和推广应用的关键技术。

## 4. 防冲撞技术

当 RFID 读写器同时读/写多个电子标签时，经常发生碰撞冲突现象，导致无法读/写部分电子标签中的数据。为了解决该问题，人们将计算机网络中的防碰撞冲突算法及原理经过改进应用到 RFID 技术中，但因为计算能力不同、标签响应时间要求不同，算法效果不是很理想，所以需要针对 RFID 来研究解决碰撞冲突问题。

## 5. 封装技术

RFID 标签在封装时，需要考虑应用环境、频率范围、传感距离、穿透要求、封装材料、封装后标签尺寸等因素。常见的 RFID 标签如图 2-14 所示。

钮扣式　钥匙链式　卡片式　耳钉式　脚环式　手表式　手链式　手环式

智慧餐盘标签　抗金属标签　公章植入式　标签贴纸　防水标签　扎带标签　2.4G有源电子标签

图 2-14　常见的 RFID 标签

### 6．RFID 中间件技术

RFID 中间件作用于 RFID 读写器和 RFID 应用软件之间，是 RFID 系统的神经中枢，可使应用开发者不用再关心 RFID 的底层实现细节，而将重点放在应用需求本身上，从而将应用开发者从复杂的物联网环境中解放出来。应用软件通过一组由 RFID 中间件所提供的应用程序接口将读写器从标签读取的数据收集过来，然后进行计算或存储，即使后期应用软件或数据库发生功能变化也不需要改变读写器等部分，避免了复杂设备变更问题，解决了不同读写器设备之间的兼容问题。

### 7．安全技术

RFID 标签中存储数据的安全性非常重要，如标签丢失后容易被恶意复制、读取、破解。此外，RFID 标签的设计、制作、封装等决定着标签的物理安全，读写器与 RFID 标签之间的通信安全、读写器自身的安全等决定着 RFID 系统的整体安全性。

### 8．定位与跟踪技术

RFID 技术可以用于空间定位与跟踪服务，利用标签对物体的唯一标识，依据读写器与标签之间射频信号的强度来测试空间位置，可以用于 GPS 系统难以应用到的室内定位领域。

## 2.2.3　RFID 标准

国际标准是科技发展的制高点。全球有很多 RFID 标准体系，目前有五大 RFID 标准组织：EPC Global、UID、ISO/IEC、AIM Global 和 IP-X。其中，EPC Global、ISO/IEC 和 UID 是实力最强的射频识别标准组织。这些不同的标准组织各自推出了自己的 RFID 标准体系，这些标准在频段和电子标签数据编码格式上有所不同。标准会根据技术发展、需求变更进行增加、更新或废止。

### 1．国家标准

我国已经发布了许多 RFID 国家标准，现行的部分 RFID 国家标准如表 2-2 所示。

表 2-2　我国现行的部分 RFID 国家标准

| 序号 | 标准号 | 是否采标 | 标准名称 | 类别 | 发布日期 | 实施日期 |
|---|---|---|---|---|---|---|
| 1 | GB/T 35660.3—2021 | 采 | 信息与文献　图书馆射频识别（RFID）第 3 部分：分区存储 RFID 标签中基于 ISO/IEC 15962 规则的数据元素编码 | 推标 | 2021-11-26 | 2021-11-26 |
| 2 | GB/T 38333—2019 | | 铅酸蓄电池用射频识别（RFID）电子标签技术规范 | 推标 | 2019-12-10 | 2020-07-01 |
| 3 | GB/T 38059—2019 | | 气瓶射频识别（RFID）应用　充装控制管理要求 | 推标 | 2019-10-18 | 2020-05-01 |

续表

| 序号 | 标准号 | 是否采标 | 标准名称 | 类别 | 发布日期 | 实施日期 |
|---|---|---|---|---|---|---|
| 4 | GB/T 37886—2019 | | 气瓶射频识别（RFID）读写设备技术规范 | 推标 | 2019-08-30 | 2020-03-01 |
| 5 | GB/T 37026—2018 | | 服装商品编码与射频识别（RFID）标签规范 | 推标 | 2018-12-28 | 2019-07-01 |
| 6 | GB/Z 36442.1—2018 | | 信息技术　用于物品管理的射频识别实现指南　第1部分：无源超高频 RFID 标签 | 推标 | 2018-06-07 | 2019-01-01 |
| 7 | GB/Z 36442.3—2018 | 采 | 信息技术　用于物品管理的射频识别实现指南　第3部分：超高频 RFID 读写器系统在物流应用中的实现和操作 | 推标 | 2018-06-07 | 2019-01-01 |
| 8 | GB/T 35290—2017 | | 信息安全技术　射频识别（RFID）系统通用安全技术要求 | 推标 | 2017-12-29 | 2018-07-01 |
| 9 | GB/T 35412—2017 | | 托盘共用系统电子标签（RFID）应用规范 | 推标 | 2017-12-29 | 2018-07-01 |
| 10 | GB/T 35660.1—2017 | 采 | 信息与文献　图书馆射频识别（RFID）第1部分：数据元素及实施通用指南 | 推标 | 2017-12-29 | 2017-12-29 |
| 11 | GB/T 35660.2—2017 | 采 | 信息与文献　图书馆射频识别（RFID）第2部分：基于 ISO/IEC 15962 规则的 RFID 数据元素编码 | 推标 | 2017-12-29 | 2018-07-01 |

### 2. 国际标准

国际标准化组织（International Organization for Standardization，ISO）是标准化领域中的一个国际性非政府组织，负责世界上绝大部分领域的标准化活动。ISO 前后累计发布 160 多个关于 RFID 的各类标准，如 ISO 11784 RFID 畜牧业的应用－编码结构、ISO 11785 RFID 畜牧业的应用－技术理论、ISO 14223-1 RFID 畜牧业的应用－空气接口、ISO 14223-2 RFID 畜牧业的应用－协议定义、ISO 18000-2 定义低频的物理层、防冲撞和通信协议等。

各类标准应用于各个领域中，如供应链、生产线自动化、航空包裹、集装箱、智慧农牧业、人员管理、资产管理、后勤管理等领域。

## 2.2.4　RFID 系统组成

RFID 在自动识别标识物体过程中，利用射频信号传输特性实现对被识别物体所携带信息的自动化提取和识别。

尽管 RFID 应用领域之间差异很大，但通用 RFID 系统的结构、功能及硬件组成基本是相同的，一般由标签、读写器和应用服务管理系统三部分构成，如图 2-15 所示。

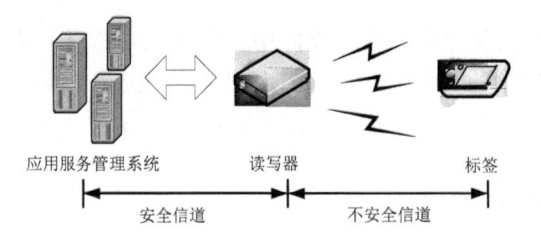

应用服务管理系统　　　　读写器　　　　　　标签

安全信道　　　　不安全信道

图 2-15　RFID 系统基本组成

### 1. 标签

根据应用领域需求，RFID 系统可选用不同指标的标签，如有源或无源、标签频率、标签尺寸大小、封闭材料等。

### 2. 读写器

读写器也叫作阅读器或扫描器，是用来读取或写入标签数据的电子设备，一般设计成手持式或固定式，外观与结构不统一，样式较多，如图 2-16 所示。

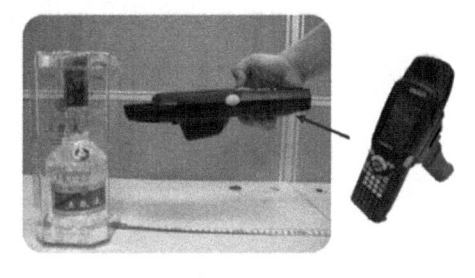

图 2-16　读写器

读写器是 RFID 系统的主要部件之一，一端采用接触或非接触式识别标签，另一端通过网络或数据线与计算机系统连接，从而实现数据通信功能。

### 3. 应用服务管理系统

读写器读取标签数据并传输标签数据到后台计算机的数据库中，实现数据的存储、查询、删除、更新等处理功能，为 RFID 的应用提供管理服务。一个典型的 RFID 应用服务管理系统主要由 RFID 中间件、RFID 应用软件和后台数据库组成。

1）RFID 中间件

RFID 中间件能够兼容不同的读写器和标签数据，使开发者无须关心 RFID 底层细节，从而降低开发难度。

2）RFID 应用软件

RFID 应用软件是为解决应用领域中的具体问题而开发的软件，对 RFID 标签信息进行统计、计算、管理等。例如，图书管理系统、固定资产管理系统、门禁系统、自动收费管理系统等都属于 RFID 应用软件。

3）后台数据库

后台数据库可直接存储 RFID 信息。读写器读取的标签信息及解析后的数据、用户及身份认证信息、管理数据等都要存储在后台数据库中，便于应用服务管理系统的综合使用。

RFID 系统是 RFID 技术的典型应用，云计算技术出现后，人们将 RFID 技术与云计算技术结合起来，扩大了 RFID 系统的应用范围，如全国 ETC 自动收费等。

## 2.2.5  RFID 应用案例

目前，RFID 技术的应用前景非常好，成为新的经济增长点。

### 1. 安全防护领域

1）门禁安保

RFID 技术在门禁安保领域的应用非常普遍，如工作证、出入证、住宿卡、身份证等。使用 RFID 技术可以快速识别人员身份，简化流程，提高信息安全级别。

2）汽车防盗

将 RFID 技术集成到汽车钥匙中，提高汽车防盗性能，其工作原理是将读写器安装在汽车点火器上，当汽车钥匙插入点火器后，读写器自动读取钥匙中的标签信息，根据识别结果决定是否发动汽车引擎。

3）商品防盗

为防止商品被盗，可在商品内部或表面粘贴 RFID 标签，当商品经过出口处时，读写器会自动识别并报警。

### 2. 商品生产销售领域

1）生产流水线产品管理

将 RFID 标签粘贴在产品上，在生产流水线上能够自动识别，达到自动监视、节约管理成本、改进生产方式和提高生产效率的目的。例如，在汽车装配流水线上，正确识别零部件的型号及安装位置会花费员工大量时间，通过 RFID 技术可以提高汽车装配效率和准确度，甚至可以最大限度生产用户定制的汽车。

2）仓储管理

在智能仓储管理过程中，清点货物是一项费时费力的工作。先将 RFID 标签提前粘贴在货物上，然后通过手持读写器进行扫描，就可以立即知道仓库中货物的存储情况，从而提高管理效率。

3）产品防伪

产品防伪是任何企业都面临的问题。可以将 RFID 标签提前封装在产品中，然后通过读写器读取并提交到企业官网，从而查询智能产品的真伪。

4）RFID 卡收费

RFID 可以取代目前一些不太安全的收费卡，如磁卡等。通过 RFID 技术可实现非接触式收费，不存在磁卡、IC 卡磨损问题。

此外，在管理与数据统计领域，RFID 使用更加广泛，如畜牧业中养殖对象的管理、体育动作的计时和计数等，交通运输领域中高速公路自动收费、集装箱管理、城市停车场收费等。

# 2.3　传感器

## 2.3.1　传感器组成与工作原理

作为一种检测装置，传感器一般是利用物理、化学和生物等学科的某些效应或机理，按照一定的工艺和结构研制出来的，因此各类传感器的具体实现原理及构造可能完全不同，甚至测量同一物理量（如温度）的不同型号传感器之间的差异也非常大。但传感器的核心功能是相同的，它们都能感知到被测量的信息，并能将这些信息按照一定规律变换成电信号或其他所需的信息输出形式，以满足信息的传输、处理、存储、显示、记录和控制等要求。

### 1. 传感器组成

传感器是实现自动检测和自动控制的首要环节，是感知延伸层获取数据的一种设备。它通常由敏感元件、转换元件和测量电路组成，如图 2-17 所示。

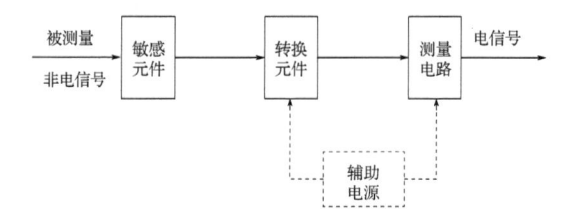

图 2-17　传感器组成框图

1）敏感元件

敏感元件是传感器中能直接感受被测量的变化，并输出与被测量构成确定关系（某个函数）的某个物理量的元件。它是传感器的核心，是完成信息采集的初始部分。

2）转换元件

转换元件是传感器中能将敏感元件感受或响应的被测量转换成传输或测量的电信号的部分。当输出为规定的标准信号时，传感器称为变送器。

3）测量电路

测量电路是将转换元件输出的电信号进行进一步转换和处理的部分，如放大、滤波、线性化、补偿等。传感器可以制作得很简单，也可以制作得很复杂。

### 2. 传感器工作原理

传感器的工作过程是首先通过敏感元件将感受的变化量传送给转换元件进行转换，然后通过测量电路将转换结果进行处理，最后将转换完成的电信号传送出去。

例如，应变式压力传感器是由弹性膜片和电阻应变片组成的，其中弹性膜片就是敏感元件，当它承受压力时会发生弹性形变，这种形变反映到电阻值的变化上，通过电阻值的变化来反映压力的变化。

由于传感器技术涉及多门学科，涉及内容庞杂，技术实现原理多样。为便于进一步深入理解传感器，现将传感器与人的感官进行对比。

（1）光传感器类似于人的眼睛。

（2）声音传感器类似于人的耳朵。

（3）温度传感器和压力传感器类似于人的触觉。

（4）味觉传感器类似于人的味觉。

（5）嗅觉传感器类似于人的嗅觉。

传感器尽管能够感知大量物理世界信息，但它并不是万能的。例如，传感器技术目前无法直接精准识别人类感知上的"酸甜苦辣咸""喜怒哀乐悲恐惊"，更无法识别人的"贪嗔痴"；如果一定要借助传感器最大努力实现上述识别，那么人们需要借助多种传感器和人工智能技术进行一定概率的智能识别。此外，应用于宏观（如探索宇宙、超高/低温、超高压、超强/弱磁场、超光速、超音速等）方面的传感器技术，需要人类不断地研究和探索，一旦适用或支撑某个研究领域的传感器获得了突破性发展，则该领域就极有可能取得革命性成果。

鉴于传感器技术的重要性，世界各发达国家都将传感器技术视为竞争力的关键。例如，日本在 20 世纪 80 年代就将传感器技术研究提到重要位置，美国等西方国家也将传感器技术列为重点国防技术。我国也在 20 世纪 80 年代后将传感器技术列为国家高新重点发展技术。

## 2.3.2 传感器性能指标

在设计、生产传感器时要考虑其性能指标，以保证传感器能够为物联网系统采集正确的数据。传感器主要有如下性能指标。

### 1. 线性度

线性度是指传感器的输出与输入之间数量关系的线性程度。输出与输入关系可分为线性特性和非线性特性。从传感器的性能看，希望其具有线性关系，即理想输入/输出关系，但实际遇到的传感器大多为非线性。线性度如图 2-18 所示。

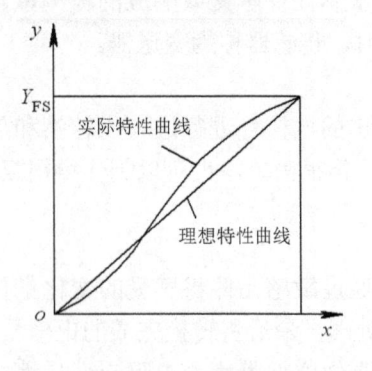

图 2-18　线性度

在实际使用中，为了标定和数据处理的方便，希望得到线性关系，因此引入各种非线性补偿环节，如采用非线性补偿电路或计算机软件进行线性化处理，从而使传感器的输出与输入关系为线性或接近线性。

### 2．测量范围

测量范围是指在符合线性情况下正确输出值的范围，也是传感器非常重要的性能指标。

### 3．精度

精度是传感器能实现的测量精确度。作为传感器的一个重要性能指标，精度直接关系整个测量系统。传感器的精度越高，其价格越昂贵。

### 4．灵敏度

在保持传感器线性情况下，人们希望传感器的灵敏度越高越好，以保证快速反映出测量值的变化。但是，传感器的灵敏度高，噪声也大，会影响测量精度。

### 5．重复度

重复度是指传感器在输入量按同一方向做全量程连续多次变化时，所得的特性曲线不一致的程度，如图 2-19 所示。

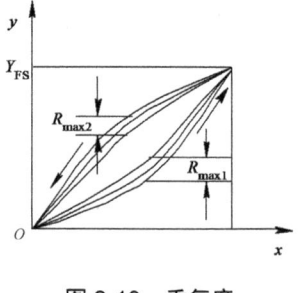

图 2-19  重复度

### 6．迟滞度

由于自身存在能量消耗或器件摩擦等原因，传感器会出现迟滞，迟滞度即检测系统在正向（输入量增大）和反向（输入量减小）行程期间，输入特性曲线和输出特性曲线不一致的程度，如图 2-20 所示。

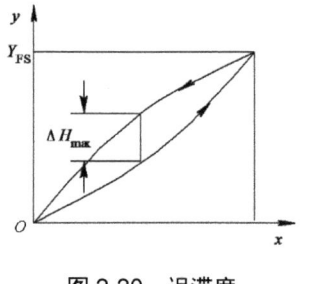

图 2-20  迟滞度

### 7．漂移

漂移是指在传感器输入量不变的情况下，传感器输出量随着时间变化的现象。产生漂移的原因有两方面：一是传感器自身结构参数变化；二是周围环境（如温度、湿度等）变化。

最常见的漂移是温度漂移，即由于周围环境温度变化而引起输出量的变化。温度漂移主要表现为温度零点漂移和温度灵敏度漂移。

## 2.3.3　传感器分类

传感器是感知层的重要检测装置，是自动化检测与智能控制系统的重要部件，人们利用它的检测功能来完成各类感知信息的获取，每种传感器的功能、测试的精度都对整个物联网系统有重要影响，甚至影响系统最后的决策结果。

目前，传感器涉及的应用领域较多，从民用到国防，传感器都发挥着不同的作用，如物联网、工业互联网、科研或教学实验室、宇宙探索、海洋探测与开发、军事国防、环境监测、智慧医疗、智慧城市、无人驾驶、生物工程、公共安全、文物保护等。

从宏观角度考虑，传感器可分为电量传感器和非电量传感器两大类。因为非电量传感器采用非电量的方法来测量，已经无法适用于现代自动检测技术，所以我们常说的传感器是指以电量为输出的传感器。传感器不仅功能强大，而且在工作原理、类型、加工材料上各有特色。我国对传感器分类建立了体系表，根据工作原理、检测对象、输出信号类型及能源供应的不同，从不同角度对传感器分类。

### 1．按工作原理分类

按工作原理分类，传感器可分为物理量传感器、化学量传感器和生物量传感器三大类。

（1）物理量传感器。

物理量传感器主要有力学量传感器、热学量传感器、光学量传感器、磁学量传感器、电学量传感器、声学量传感器、核辐射传感器。

（2）化学量传感器。

化学量传感器主要有气体传感器、离子传感器、湿度传感器。

（3）生物量传感器。

生物量传感器主要有生化量传感器和生理量传感器。

### 2．按检测对象分类

检测对象有力学量、热学量、流体量等，所以对应的传感器可以称为力学传感器、热学传感器、流体传感器等。

### 3．按输出信号类型分类

按输出信号类型分类，传感器可分为模拟传感器、数字传感器和膺数字信号传感器。

1）模拟传感器

模拟传感器是输出信号为模拟信号的传感器。

2）数字传感器

数字传感器是输出信号为数字信号的传感器。

3）膺数字信号传感器

膺数字信号传感器是输出信号有点接近于数字信号的传感器。

### 4．按能源供应分类

1）有源传感器

有源传感器是工作时需要外部能量供应的传感器，如电阻、电感、电容等电路参量的传感器。

2）无源传感器

无源传感器是工作时不需要使用外部能量供应的传感器，如压电效应、热电效应、光电效应、霍尔效应等原理构成的传感器。

此外，还有按材料分类、按结构分类、按功能分类等。

## 2.3.4　传感器示例

由于传感器类型太多，现围绕温度物理量来介绍传感器。温度是与人类生活、生产和工作密切相关的物理量。测温和控温技术已广泛应用于许多领域，已成为发展速度快、应用范围广的技术之一。温度传感器的发展先后经历了传统的分立式温度传感器、模拟集成温度传感器和智能温度传感器三个阶段。

### 1．温度传感器分类

温度传感器是感受温度并将其转换成可用输出信号的传感器。根据传感器使用方法的不同，温度传感器基本可以分为接触式温度传感器和非接触式温度传感器。现介绍如下。

1）接触式温度传感器

接触式温度传感器通过与被测物体直接接触来测量物体的温度。在其工作过程中，由于检测部分与被测对象以物理接触的方式连接起来，温度传感器可通过传导或对流的方式达到热平衡，从而能够使检测部分直接显示被测对象的温度。

目前，市场中该类温度传感器主要包括膨胀式温度传感器（基于物体受热体积膨胀原理）、热电阻式温度传感器（基于导体或半导体电阻值随温度变化原理）和热电偶温度传感器（基于热电效应原理）三种。常见的接触式温度传感器如图 2-21 所示。

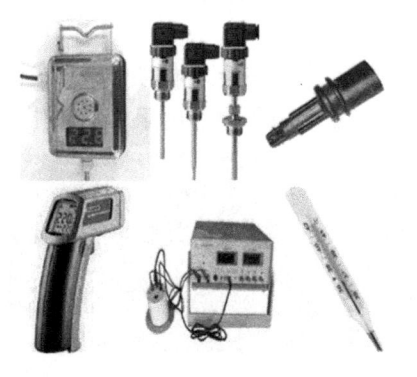

图 2-21　常见的接触式温度传感器

由于此类温度传感器具有结构简单、工作可靠、精度高、稳定性好和价格低廉等优点，因此它被广泛应用于工业、农业、商业等领域。

2）非接触式温度传感器

非接触式温度传感器的敏感元件不与被测对象接触，依靠物体热辐射产生的红外线来测量温度，达到"隔空测量"的目的。非接触式温度传感器主要有光电高温传感器、红外辐射温度传感器和光纤高温传感器等。

由于非接触式温度传感器在理论上不存在接触式温度传感器的测量滞后和在温度范围上的限制，因此它更适用于测量高温、腐蚀性、有毒、运动的固体和液体表面温度以及温度变化迅速、体积小和热容量小等测试环境，也可用于测量温度场的温度分布。尽管该类温度传感器具有不干扰被测温度场和方便测量物体相对温度的特性，但也存在精度较低（需要增加温度补偿操作来提高精度）、结构复杂和成本较高等特点，在使用上较为不便。

随着相关新技术的进步，人们不断发明和制造了许多新型温度传感器，如微波测温温度传感器、噪声测温温度传感器、温度图测温温度传感器、热流计、射流测温计、核磁共振测温计、低温超导转换测温计等。这些新型温度传感器正在逐渐地被人们认知并应用到不同的行业或领域中。

### 2. 常用的温度传感器

由于温度传感器的种类繁多和篇幅有限等原因，此处无法一一列举，仅从接触式与非接触式两类温度传感器中分别选择一种较为常见的温度传感器进行介绍。

1）热电阻式温度传感器

由于金属（包括合金）导体或金属氧化物半导体的电阻值具有随温度变化而改变的特性，因此可通过测量其电阻值来推算出被测物体的温度，热电阻就是利用此原理来设计和构造的。

热电阻具有测量范围宽、精度高和稳定性好等优点，常被用来测量-200~850℃区间内的温度。一般情况下，制造热电阻的金属材料应具有如下特性。

（1）高且稳定的电阻温度系数，电阻值与温度之间具有良好的线性关系。

（2）热容量小、反应速度快。

（3）材料的复现性和工艺性好，便于批量生产，降低成本。

（4）在使用范围内，其化学和物理性能稳定。

2）热电阻典型产品

目前，制造热电阻的材料中，使用纯金属材质的有铂（Pt）、铜（Cu）、镍（Ni）和钨（W）等。工业中应用最广的金属热电阻是铜热电阻和铂热电阻，如图2-22所示。

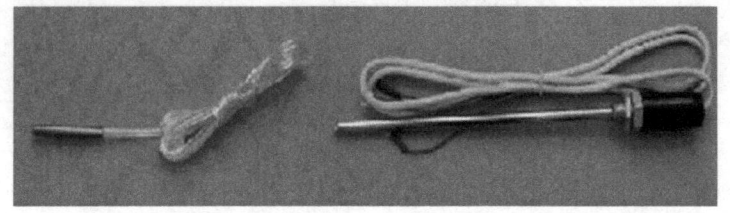

图2-22 铜热电阻（左）和铂热电阻（右）

（1）铂热电阻。

铂热电阻的测温范围为-200～850℃，主要有 Pt10（电阻值为 10Ω）和 Pt100（电阻值为 100Ω）两种。其中，Pt10 热电阻感温元件是用较粗的铂丝绕制而成的，主要用于 650℃ 以上的测温领域。

另外，通常将铂电阻值制成 100Ω，称为 Pt100 温度传感器，其电阻值在一定温度范围内可以随着温度线性变化，可用于-200～650℃的测温领域，其参数如表 2-3 所示。

表 2-3 Pt100 温度传感器参数

| 参 数 | 值 | 单 位 |
| --- | --- | --- |
| 测温范围 | −200～650 | ℃ |
| 电阻变化率 | 0.3851 | Ω/℃ |
| 最大热响应时间 | 30 | s |
| 最大通过电流 | 5 | mA |

Pt100 温度传感器具有精度高、线性好、测温范围宽、稳定性强、复现性好、抗振动和耐高压等优点，被广泛应用于工业制造领域的温度检测与控制。Pt100 温度传感器实物及连接方法如图 2-23 所示。

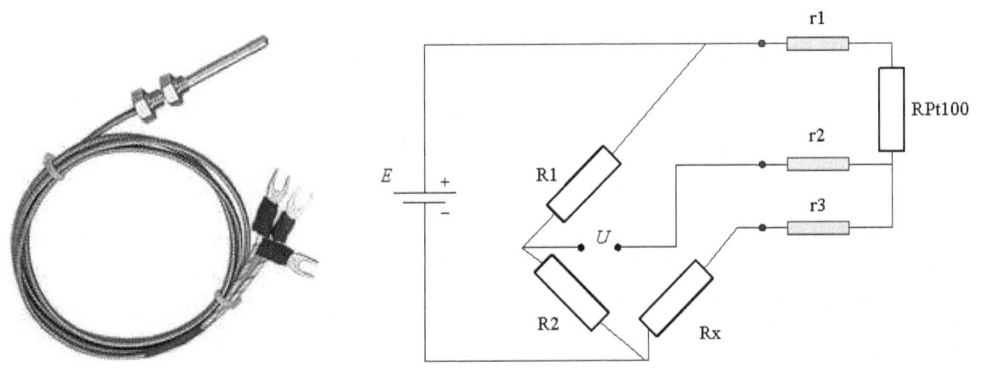

图 2-23 Pt100 温度传感器实物及连接方法

（2）铜热电阻。

铜热电阻的测温范围为-140～140℃，有 Cu50（电阻值为 10Ω）和 Cu100（电阻值为 100Ω）两种。铜热电阻线性好、价格低，但电阻率小，因而体积大、热响应慢。铜热电阻主要用于检测液体、气体（如蒸气）介质和固体表面温度。

注意：电阻率是用来表示各种物质电阻特性的物理量，也是反映物质（不是物体）对电流阻碍作用的属性，即电阻率小，导电性能好，反之导电性能差。

3）红外辐射温度传感器

在自然界中，由于内部热运动的存在，当物体温度高于绝对零度时会不断地向四周辐射电磁波，其中就包含了 0.75～100μm 波段的红外线。物体温度越高，辐射出来的红外线越多，红外辐射能量越大。红外辐射温度传感器就是利用辐射热效应来探测物体温度的，其结构一般包括光学系统、检测系统和转换电路。光学系统按结构不同，分为热敏检测元件和光电检测元件。热敏检测元件多数采用热敏电阻，光电检测元件常用光敏元件，如光敏电阻、光电池或热释电元件。

目前，红外辐射温度传感器主要基于热电堆、非接触式来测量温度，不仅价格低，而且测量精度高。红外辐射温度传感器如图 2-24 所示。

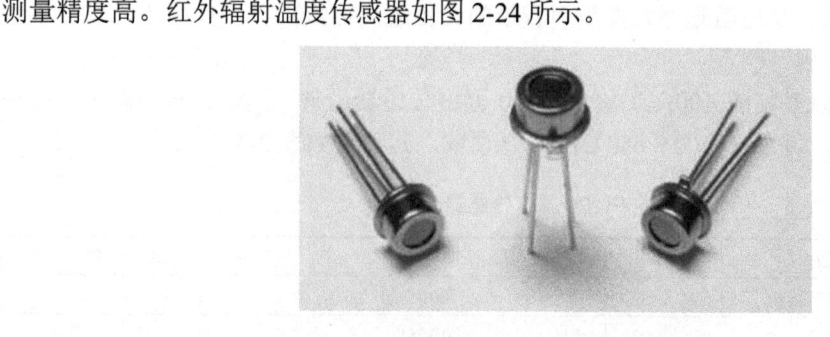

图 2-24  红外辐射温度传感器

红外辐射温度传感器相对于接触式的温度传感器，具备反应速度快、测温准确度高及测温范围宽等优点，可以用于高速运动物体、带电体、高温及高压物体的温度测量。

## 2.3.5  传感器选用原则

传感器的选用是物联网系统设计与开发中的一个关键问题。由于传感器在原理、结构、适用环境、稳定性、精度、成本价格等方面千差万别，从宏观方面，要考虑传感器满足各项需求，关键之处要优先考虑。

（1）要充分考虑传感器的实际应用环境，充分考虑各项感知功能。

（2）要从系统总体分析和明确选用传感器的目的、功能的必要性、各项指标及性价比。

（3）要详细考虑项目中重要的、核心的传感器指标是否能够保障在一定使用时间内满足项目需求，如性能、测量范围、精度、稳定性、测量方式等，任何一个指标都可能影响物联网系统的稳定运行。

传感器的指标可从以下几方面进行判断和选择。

1）测量环境

不同应用环境对传感器的要求会相差很大。例如，测量人体温度和炼钢厂铁水温度，此时选用的温度传感器的量程范围、类型、工作原理等都会有很大不同。

2）精度

在传感器的精度满足整个测量系统的精度要求情况下，考虑将来系统升级可以适当提高指标要求，但要视项目资金、系统使用周期等情况来决定。

3）稳定性

部分传感器在使用一段时间后其性能可能发生变化，即稳定性差。影响传感器稳定性的主要是传感器的使用环境。因此，要使传感器具有良好的稳定性，传感器必须有较强的环境适应能力。在选择传感器之前，应调查其使用环境，并根据具体的使用环境选择合适的传感器，或采取适当的措施来减小环境的影响，传感器要能够经受住长时间工作的考验。

此外，还有线性度、灵敏度、迟滞性等都是选用传感器时需要仔细考虑的。

# 2.4　智能传感器

## 2.4.1　智能传感器概念

所谓智能传感器，是指具有与外部系统双向通信的手段，用于发送测量、状态信息，接收和处理外部命令的传感器（国家标准 GB/T 33905.3—2017 的定义）。

也就是说，智能传感器是一种能够感知并智能化处理物理世界信息的电子设备。与传统传感器相比，智能传感器具备信息检测、数据处理、信息存储、故障诊断、自行校正、智能计算和人机通信等功能。

智能传感器是传感器发展的未来方向，物联网传感器终端也变成了智能终端，进而成为边缘计算中的"端"角色，占据了感知层中的重要位置，方便人们在借助各种智能传感器进行高精准信息采集和智能处理时，提高工作效率和质量。智能技术涉及传感器技术、控制技术、人工智能等多种技术，是当今国内外竞相研究开发的跨世纪前沿科技。智能传感器安装现场如图 2-25 所示。

图 2-25　智能传感器安装现场

## 2.4.2　智能传感器分类

传感器技术发展具有数字化、智能化、微型化和网络化特征。智能传感器发展为大势所趋，本节直接列出智能传感器的基本分类，如表 2-4 所示，非智能传感器可直接参考国家标准 GB/T 7665—2005。

表 2-4　智能传感器的基本分类（国家标准 GB/T 33905.3—2017）

| 分类依据 | 二级分类 | 三级分类 | 四级分类 | 具体被测量或名称 |
| --- | --- | --- | --- | --- |
| 被测量 | 物理量 | 力学量 | 压力 | 表压、差压、绝压、真空传感器、微型压力 |
| | | | 力 | 重量（称重）、应力、力矩、扭矩 |
| | | | 速度 | 线速度、角速度、转速 |
| | | | 加速度 | 线加速度、角加速度、振动、冲击 |
| | | | 流量 | 质量流量、容积流量 |

| 分类依据 | 二级分类 | 三级分类 | 四级分类 | 具体被测量或名称 |
|---|---|---|---|---|
| 被测量 | 物理量 | 力学量 | 位移 | 线位移、角位移 |
| | | | 位置 | 物位、姿态 |
| | | | 尺度 | 厚度、角度、倾角、表面粗糙度 |
| | | | 浊度 | 浊度 |
| | | | 密度 | 密度 |
| | | | 黏度 | 黏度 |
| | | | 硬度 | 硬度 |
| | | 热学量 | 温度 | 温度 |
| | | | 热流 | 热流 |
| | | | 红外热像 | 感知物体表面温度场信息并转换成图像，再根据图像颜色确定表面温度 |
| | | 光学量 | 可见光 | 可见光 |
| | | | 红外光 | 红外光 |
| | | | 紫外光 | 紫外光 |
| | | | 色度 | 色度 |
| | | | 图像 | 光学图像信息 |
| | | 磁学量 | 磁场强度 | 磁场强度 |
| | | | 磁通量 | 磁通量 |
| | | 电学量 | 电场强度 | 电场强度 |
| | | | 电流 | 电流 |
| | | | 电压 | 电压 |
| | | 声学量 | 声压 | 声压 |
| | | | 噪声 | 噪声 |
| | | | 超声波 | 超声波 |
| | | 核辐射 | 放射线 | 放射线 |
| | | | 辐射剂量 | 核辐射射线的强弱和变化 |
| | 化学量 | 气体 | 半导体 | 利用半导体材料的电导率来感知气体组分或浓度 |
| | | | 场效应管式 | 利用场效应管栅极敏感膜的气敏特性来感知气体组分或浓度 |
| | | | 电化学式 | 利用电化学原理来感知气体组分或浓度 |
| | | | 接触燃烧式 | 利用可燃性气体接触涂覆催化剂材料表面燃烧所产生的燃烧热来感知气体 |
| | | | 热导式 | 利用不同气体热传导率不同的原理来感知不同气体 |
| | | | 红外吸收式 | 利用被检测气体对不同波长红外辐射吸收程度不同的特性来感知波长变化和强度 |
| | | | 固体电解质型 | 使用固体电解质、快离子异体和高聚物电解质作为气敏材料 |
| | | 湿度 | 露点 | 露点 |
| | | | 水分 | 水分 |
| | | 离子 | 离子活度 | 电解质溶液中参与电化学反应的离子的有效浓度 |
| | | | 成分 | 电解质溶液中的离子种类 |
| | | | pH | 氢离子的活度 |

续表

| 分类依据 | 二级分类 | 三级分类 | 四级分类 | 具体被测量或名称 |
|---|---|---|---|---|
| 被测量 | 生物量 | 生化量 | 酶 | 以酶为分子识别器来感知生化量 |
| | | | 免疫 | 感知抗原量或抗体量 |
| | | | 微生物 | 利用微生物识别来感知生化量 |
| | | | 生物亲和性 | 利用蛋白质或DNA识别并结合目的物来感知生化量 |
| | | 生理量 | 食道压力 | 食道压力 |
| | | | 膀胱内压 | 膀胱内压力 |
| | | | 胃肠内压 | 胃肠内压力 |
| | | | 颅内压 | 颅内压力 |
| | | | 脉搏 | 外周血管搏动 |
| | | | 心音 | 心音 |
| | | | 体温 | 体温 |
| | | | 皮温 | 皮肤温度 |
| | | | 血流 | 血流量及血流速度 |
| | | | 呼吸 | 呼吸气的分压 |
| 工作原理 | 电容式、电位器式、电阻式、电磁式、电感式、电离式、电化学式、光导式、光伏式、热电式、磁电式、伺服式、谐振式、应变[计]式、压电式、压阻式、磁阻式、差动变压器式、隧道效应式、霍尔式、声表面波式、光纤式、核辐射式、生物式、磁致伸缩式等 | | | |
| 输出信号 | 数字式、模拟式、混合式、膺数字式、开关式 | | | |
| 工作机理 | 结构型、物性型 | | | |
| 通信技术 | 有线网络 | 基于（现场）总线、基于 TCP/IP 协议 | | |
| | 无线网络 | 说明：以电磁波和红外线等作为载体来传输数据 | | |
| 结构组成 | 非集成式、集成式、混合集成式、微传感器 | | | |
| 其他分类 | 智能复合式、集成智能式、多功能智能式、微结构智能式、硅微智能式、真空场发射式、智能纳米式、智能触觉式、碳纳米管式、自主供电型（有源）式、外部供电型（无源）式 | | | |

由上述内容可以看出，智能传感器分级详细，类型多，功能多，通信方式多，可加快物联网项目的开发和设计进度。

## 2.4.3　智能传感器结构

智能传感器是指在传统传感器的基础上添加了微处理器智能感知器件，能够利用微处理器计算和存储能力对传感器采集的数据进行处理的传感器。智能传感器主要由感知模块和处理模块两部分构成，其原理框图如图 2-26 所示。

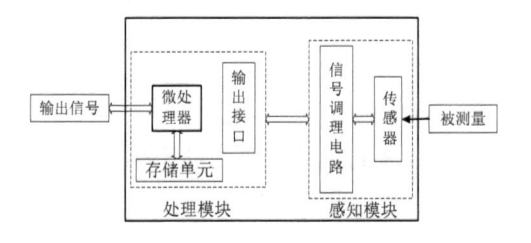

图 2-26　智能传感器原理框图

智能传感器的产品较多，同样功能的传感器因为应用领域不同，产品设计与性能指标相差甚大，有的传感器与机构装置紧密结合，如图 2-27 所示。

智能摄像头　　　　　智能液位压力变送器　　　智能液体涡轮流量计

**图 2-27　智能传感器样例**

传感器是一个永无止境且具有挑战性的研究方向。

## 2.4.4　智能传感器特点

智能传感器是在传统传感器的基础上发展起来的，它不仅具备了感知事物的能力，同时还具备了一定的人工智能特性，主要特点如下。

### 1. 自适应能力强

智能传感器会利用从应用环境中感知到的数据进行自我学习，对检测值进行校正或补偿，并且自我诊断是否在正常工作，其最终目标是为系统提供精准的采集数据。例如，智能温度传感器检测到环境温度和压力发生变化时，利用自身温度补偿和压力补偿功能和修正算法进行补偿校正，保证了不同测试环境下测试结果的准确性。

### 2. 检测与处理方便

智能传感器能够利用可编程自动化的能力来动态改变量程及输出数据形式，并且通过串行或并行通信线直接将数据传输到数据中心、服务器或本地计算机进行处理，可以方便地实现远程控制。

### 3. 智能化数据处理

智能检测系统可通过软件对测量结果进行及时、在线的处理以提高测量精度。同时，智能检测系统还可在工作中进行自检，并实时自我诊断测试，以确定哪一组件有故障，通过相关分析等信息处理功能对测量结果进行再加工，获得并提供更多、更可靠的高质量信息。

### 4. 性价比高

在相同精度条件下，多功能智能传感器与单一功能的普通传感器相比，其性价比高，尤其是在采用比较便宜的单片机后更为明显。

此外，智能传感器还具有集成度高、精度高、数字化程度高等特点，能够加快物联网系统的搭建进度。

## 2.4.5　智能传感器示例

### 1．SHT11/15 型智能传感器简要介绍

SHT11/15 型智能传感器是瑞士 Sensirion 公司推出的产品，具有高精度、自校准、多功能等特点，可同时测量相对湿度、温度和露点等，被广泛应用于工业、农业、环境监测、医疗等领域。SHT11/15 型智能传感器的外形尺寸仅为 7.62mm（长）×5.08mm（宽）×2.5mm（高），质量只有 0.1g，其体积与一个大火柴头相近，如图 2-28 所示。

图 2-28　SHT11/15 型智能传感器的外形（放大后）

与传统的温湿度传感器不同，SHT11/15 型智能传感器将温湿度传感器、信号放大器、A/D 转换器、二线串行接口全部集成于一个芯片内，融合了 CMOS 芯片技术与传感器技术，具有响应超快、抗干扰能力强、性价比极高等优点，其内部结构框图如图 2-29 所示。

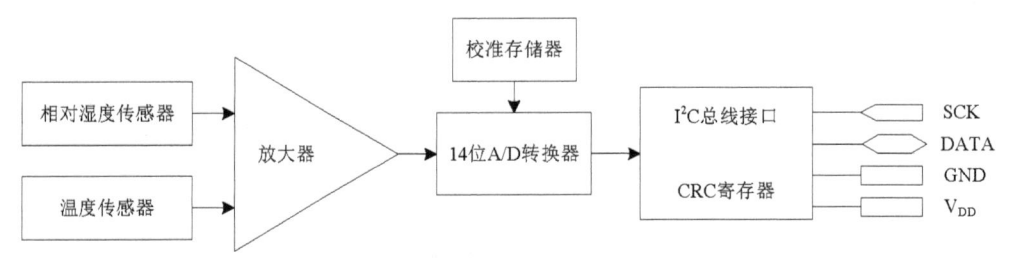

图 2-29　SHT11/15 型智能传感器的内部结构框图

### 2．测量原理

SHT11/15 型智能传感器首先利用相对湿度传感器和温度传感器产生相对湿度和温度的信号，然后经过放大、A/D 转换、校准、纠错，再通过串口将相对湿度和温度的数据送至微控制器，最后利用微控制器完成非线性补偿和温度补偿。

### 3．SHT11/15 型智能传感器性能特点

SHT11/15 型智能传感器具有良好的性能特点，具体如下。

（1）全校准数字输出各检测数据，如温度、湿度。

（2）温度值分辨率为 14 位，湿度值分辨率为 12 位，可通过编程降至 12 位和 8 位。

（3）具有露点计算输出功能。

（4）不需要外围元件。

（5）体积小（7.36mm×5.08mm×2.5mm），可表面贴装。

（6）卓越的长期稳定性。

（7）自动断电功能。

（8）工业标准 $I^2C$ 总线。

（9）可靠的 CRC 传输校验。

## 2.4.6　智能检测系统

智能检测系统是指能够感知物理世界信息，并充分利用各类技术模仿人类专家来实施检验、故障诊断、信息综合处理和智能决策等的设备系统。其主要形式有以单片机为核心的智能仪器和以 PC 为核心的自动检测系统。通常把由计算机参与、能自动进行测试和数据处理、自动显示测试结果的系统称为智能检测系统。本节将对智能检测系统的特点及结构进行介绍。

### 1．智能检测系统的特点

智能检测系统应该充分开发和利用微处理器资源，在最少人工参与的条件下尽量以软/硬件实现系统功能。因此，智能检测系统具有以下特点。

1）软件控制测量过程

智能检测系统采用软件控制放大、极性判断、量程切换、报警、过载保护、非线性补偿、多功能测试和自动巡回等功能，简化了硬件，缩小了体积，降低了功耗，提高了可靠性和自动化程度。

2）智能化处理数据

智能检测系统利用软件对测量结果进行快速在线处理，并分析和加工测量结果，提高了输出数据质量。

3）多通道采集和融合数据

智能检测系统可以通过多个测量通道来测试数据，然后对数据进行智能化信息融合，提高了系统准确性、可靠性和容错性。

4）快速检测

智能检测系统的集成度和整合能力都比较高。在软件控制下，智能检测系统的信号放大、过滤、非线性补偿、A/D 转换、数据处理等操作的执行速度快，大大提高了检测的工作效率。

### 2．智能检测系统的结构

智能检测技术发展促进了信号检测产品集成度的提高，如集成了信号处理、通信等功能，大大方便了各设备连接，而用户只需集中力量编写应用程序即可，缩短了开发周期。

智能检测系统由信号提取、滤波、信号转换、信号处理、信号显示及信号传输等部分组成。生产过程中通常将这些硬件组成部分按照集中式与分布式两种结构类型设计制造。下面我们针对这两种结构进行介绍。

1）集中式结构

集中式检测系统多路模拟信号由多路转换开关分时选通，轮流切换，进入公用的 A/D 转换电路，系统所有的功能由微处理器完成，其结构如图 2-30 所示。

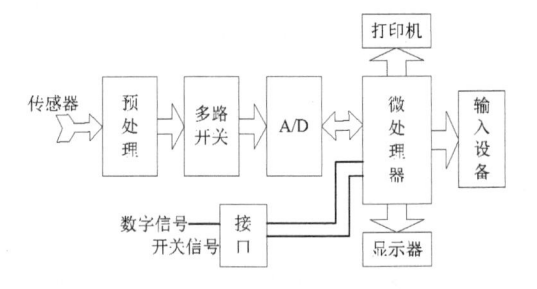

图 2-30　集中式检测系统的结构

根据智能检测系统中信号的处理过程，分别介绍各模块所完成的功能。

（1）信号提取。

传感器是检测系统与外界接触的最前端，集中式检测系统通过传感器将实际的物理量接收进来，然后对这些物理量进行转换，生成系统能够处理的电信号。

（2）信号预处理。

为了能够使 A/D 转换器准确合理地处理所提取的信号，采集的信息必须在转换前进行预处理。系统中的多路开关是用来实现多路复用功能的。

（3）微处理器。

微处理器的功能主要是对转换成数字信号的信息进行分析处理，同时通过人机交互设备对需要调整的信息进行必要的调整，常用的微处理器有 MCU、DSP 等。

2）分布式结构

若干集中式检测系统通过特定的通信接口相连，以更加方便直观地对整个系统进行监测。分布式结构是智能检测技术与互联网技术结合后诞生的一种新型结构。分布式检测系统的具体结构如图 2-31 所示。

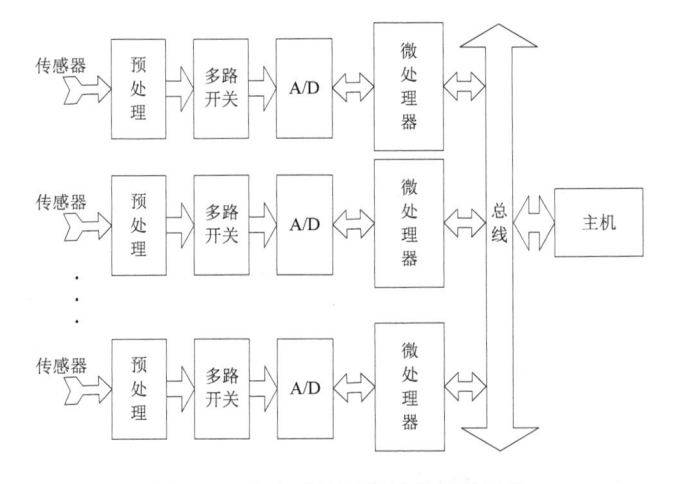

图 2-31　分布式检测系统的具体结构

与集中式结构相比，通信接口是组建分布式检测系统的关键之一。配备了标准的接口之后，设计者可以任意组合来完成所需要的智能检测系统。这样可以简化组建过程，降低系统成本，提高效率。

## 2.5 WSN

### 2.5.1 WSN 概念及特点

WSN（无线传感器网络）是由大量无线传感器节点通过自组织和"多跳"协议联接起来的无线网络，是传感器技术、通信技术和计算机技术的结合体。

注意：计算机领域中的"连接"与"联接"之间的区别。"连接"为各部分通过物理线路"连""接"起来，倾向于事物间的"纵向"关系；而"联接"不但要"连接"而且要"传输"数据，倾向于事物间的"横向"关系，即"联接"的事物是并列或平等的。例如，我们经常看到"物联网""互联网"高频词，却很少见到"物连网""互连网"。当然，在我国灿烂的汉语文化中也存在"连"与"联"相近或相通的情况，如"连贯""联贯"。

WSN 感知的外界物理信息量是多样的，如声音、光、热、图像、辐射、振动、电磁、红外线、压力、土壤成分、速度、方向、距离等。在实际应用领域，WSN 存在很大差异，具有如下典型特点。

#### 1. 电源能量受限

WSN 节点体积微小，携带电池能量十分有限，需要设计低功耗算法以延长节点寿命。

#### 2. 通信能力受限

WSN 节点电源能量受限、传输速率低、单个节点发射距离有限、节点间通信频繁，同时受地形影响（如高山、低谷、建筑物、障碍物等），造成 WSN 通信能力受到限制。

#### 3. 计算能力受限

WSN 节点属于微型嵌入式设备，电源能量受限、功耗小，导致计算能力不强，复杂的算法运行效果需要测试后才能知道。

#### 4. 网络规模不受限

为了能够获取更大空间，以及更精准、更全面的信息，工作人员常常需要部署大量的传感器节点。经过部署后的 WSN，在空间上是立体的，所感知的信息是多样的，在精度方面是精准的，在数量上是更加庞大的。

#### 5. 无人值守

由于 WSN 节点数量巨大、分布环境恶劣，无法实现人工维护，因此节点只能采用无人值守的方式，要求节点能够实现自我激活和管理。

### 6．具有自组织性

在 WSN 应用中，随机部署的大量 WSN 节点能够自行接入并组织网络，即使其中某些节点被破坏掉也不影响网络的生存，各节点间以"多跳"方式传输数据。

### 7．动态性网络

WSN 具有动态支持能力，如节点的随机加入或退出，簇首节点更迭，拓扑随情况而变，需要 WSN 能够满足动态变化需求。

### 8．以数据为中心的网络

WSN 的核心是感知数据，观察者想得到的信息是传感器采集的数据，以供后期进行数据分析和处理。

### 9．多跳路由

WSN 节点间的路由方式比较特殊，采用"多跳"方式"接力"传输数据，主要受限于节点通信能力、数据传输距离、节点功耗等。

## 2.5.2　WSN 结构

WSN 具有很强的应用相关性，在不同的需求下有不同的网络模型、硬件系统和软件系统。换言之，WSN 是在特定需求背景下的一种以一定网络模型规划的一组传感器节点的集合。WSN 结构如图 2-32 所示，一个完整的 WSN 主要由如下部分组成。

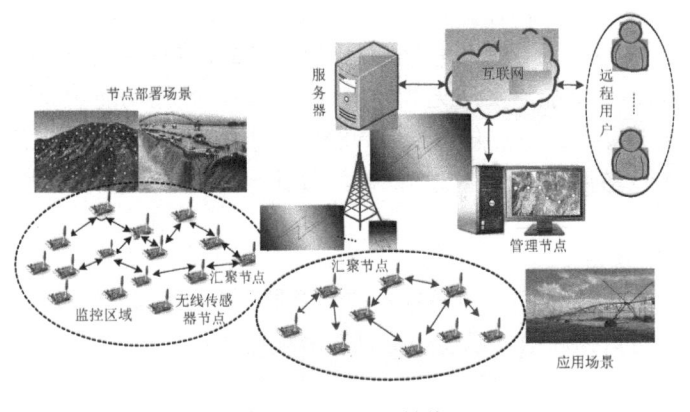

图 2-32　WSN 结构

### 1．传感器节点

传感器节点（Sensor Node）作为 WSN 基本且重要的部件，能够感知传感器区域（Sensor Patch）中被监测对象（感知对象）的状态等信息。

传感器节点通常是一个微型的嵌入式系统，它的计算能力、存储能力和数据传输能力较弱，供电能力有限，无法像计算机一样完成较大的计算工作量和持续较长的工作时间。此外，人们总期望它的体积越小越好，犹如"尘埃"一样。所以，有人将这种具有信息采集和处理的节点称为"智能微尘（Smartdust）"。

由于各种 WSN 节点的结构设计并非完全相同，各传感器节点的设计原则也不一样，因此各传感器节点的硬件功能也存在很大区别。一般情况下，一个传感器节点由传感器模块、数据处理模块、无线通信模块和电源模块组成。传感器节点的体系结构如图 2-33 所示。

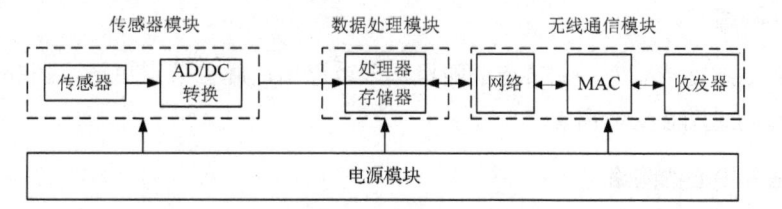

图 2-33　传感器节点的体系结构

传感器模块作为传感器节点中感知外界信息的部件，负责监测区域内的信息采集和数据信号转换；数据处理模块是传感器节点的核心部件，主要实现设备控制、任务调度、能源管理、数据存储及数据融合、加/解密计算等功能；无线通信模块主要实现数据通信功能，负责将采集或处理后的数据发送给其他传感器节点，完成传感器节点之间的相互无线通信、交换控制等；电源模块的作用是为传感器节点的正常工作提供稳定可靠的能量支持。

从上面的内容可以看出，传感器节点的设计实际就是一个微型计算机的设计，也可被视为一款嵌入式产品的设计。

### 2. 网关

传感器节点将信息以自组织网络"逐跳"方式传递给汇聚节点，汇聚节点再将数据传输给智能网关，智能网关将数据传输给计算机。在这个过程中，汇聚节点就是一种传感器网关（Sensor Gateway），它通常是一个具有增加汇聚和转发各传感器数据及控制信息功能的传感器节点，也可以理解为一个能够实现无线通信接收和转发数据功能的专用网关设备；而智能网关是 WSN 的重要设备，经过多年发展，WSN 中的特色之处被借鉴到某些物联网系统设计中，原来普通的网关也增加了"智能"功能，如数据融合、路由选择等功能。

### 3. 基站

基站（Base Station）用于实现传感器网关与互联网之间的数据转发功能，使传感器能够收集数据并上传到备份数据库中，以便于信息的后续处理。

### 4. 远程用户

远程用户（Remote User）是 WSN 的操作者、管理者或普通使用者。

## 2.5.3　WSN 关键技术

WSN 有相当广阔的应用前景，但是也面临很多关键技术需要解决的问题。它涉及通信、组网、管理、分布式信息处理等多方面内容，涉及的主要关键技术如下。

**1. 网络拓扑**

WSN 具有多学科高度交叉性和知识高度集成性。WSN 的发展过程为系统发展模式，其过程涉及传感器技术、微电子技术、嵌入式系统、智能计算、网络技术、无线通信技术、分布式信息处理技术、微细加工技术、系统芯片 SoC 设计技术、纳米材料技术、现代信息通信技术、计算机网络技术等，同时需对上述技术进行融合，以此来实现节点体积的微型化、节点功能的集成化和多样化、功耗的超低化、体系结构的系统化、数据实时传输的网络化等。

WSN 具有自组织、拓扑结构动态变化，以及协作地感知、采集和处理感知对象的信息等功能。WSN 拓扑结构主要有三种：星状结构、网状结构及混合结构（前二者的结合），如图 2-34 所示。

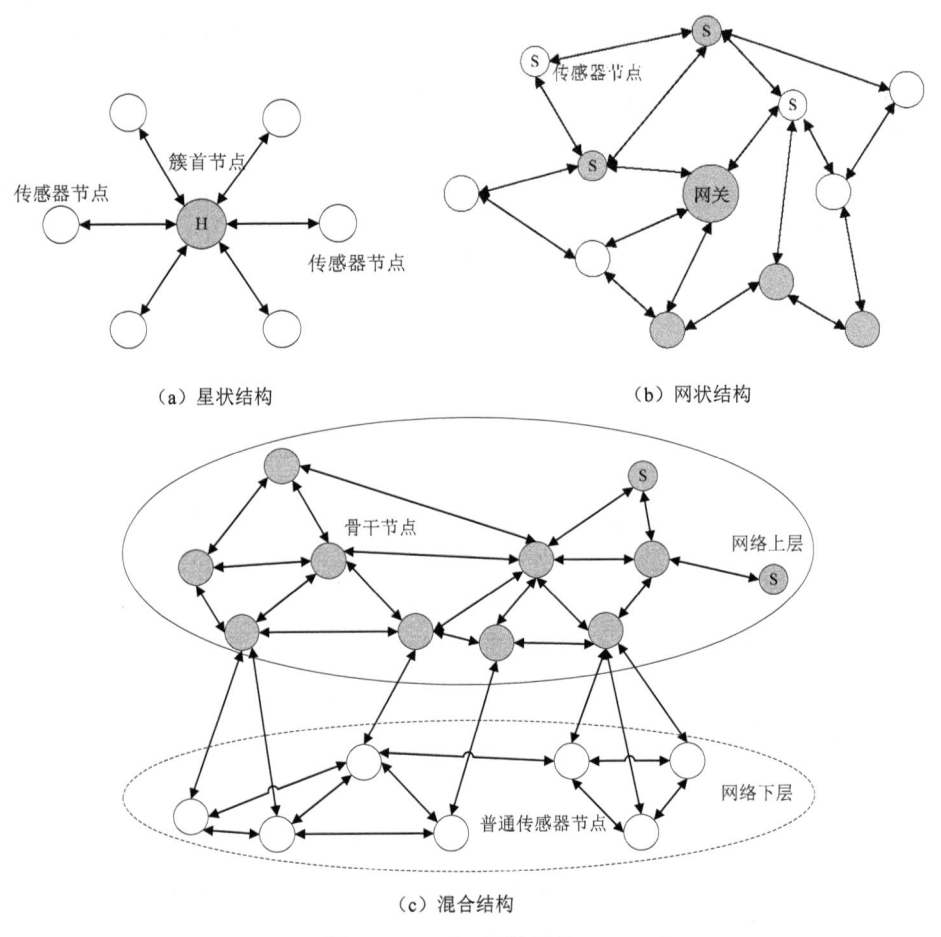

（a）星状结构　　　　　　　　　（b）网状结构

（c）混合结构

**图 2-34　WSN 拓扑结构**

网络拓扑控制是无线自组织网络中的核心技术之一，其目的在于实现网络的互联互通，在实际应用环境中可靠、高效地传输数据。目前，主要的网络拓扑控制分为时间控制、空间控制和逻辑控制三种。

1）时间控制

时间控制是指控制每个节点睡眠和工作的时间比例。当节点睡眠（非工作状态）时，网络拓扑会发生动态变化，但依然保证路由是通畅的。

2）空间控制

空间控制是指通过控制节点无线发送功率来控制节点连通范围，通过均衡控制节点分布及数目来动态调整网络拓扑。

3）逻辑控制

逻辑控制是指通过逻辑控制表将"表现不佳"的节点排除掉，保留"表现良好"的节点，动态组成更稳定、更可靠、更健壮的网络。

### 2．网络协议

由于 WSN 节点自身的能量维持能力、计算能力、存储能力、通信能力都受到限制，每个节点都无法获得全局信息，节点以"多跳"方式传输数据，因此路由协议、数据处理方法、安全算法等必须是低复杂度的，以求降低功耗和节约能量。

### 3．节点定位

WSN 节点位置信息是数据采集的重要部分，在某些应用环境中位置信息是核心数据，如军事侦察、紧急救援、安全监控等。

### 4．时间同步

各个节点时间保持同步是提高节点定位精度的关键技术，只有通过时间同步功能实现各节点时钟相同，才能统一步调完成业务。

### 5．能量管理

WSN 节点的生命周期对整个网络的生命周期而言，无疑是最关键的。当一个节点的能量被耗尽时，这个节点就失效了，当网络中这样的节点逐渐增多而有效节点相对减少时，整个网络的稳定性、可靠性和区域数据采集的精准性都会大打折扣，WSN 也就因此而失去存在的意义。所以，能量管理一直以来都是研究的热点之一，人们总期望通过尽可能减少能量消耗来尽可能延长网络的生命周期。人们在使用传统的电池供电方式的同时，也采用太阳能、振动能量、地热、风能等可持续能源。

### 6．网络安全

WSN 的安全性是一个重要指标。它决定节点是否能够按计划工作，并且决定传送的数据是否可信等。它主要体现在节点的物理安全（是否被损坏）、数据安全（采集的数据是否被窃听）、身份认证（网络中是否有敌方加入的恶意节点）、路由安全（数据传递的路由信息是否被破坏，造成路由障碍）、能量管理安全（是否在被攻击后无限制发送大量数据而使节点能量耗尽并造成节点失效）等方面。

当然，除上述所列之外，WSN 还存在其他关键技术，如数据融合技术、中间件技术、无线通信技术、嵌入式操作系统、分布式数据管理技术等。

## 2.5.4 WSN 应用领域

WSN 的产生和发展离不开强大的应用需求，经过多年发展，目前 WSN 已经得到了广泛应用，技术水平也得到了较大提升。

### 1. 军事国防

由于传感器节点比较小，放置在敌方区域后不易被发现，并且具有强隐蔽性和快速组网能力，因此得到军方的青睐。例如，美国海军的网状传感器系统 CEC（Cooperative Engagement Capability）就是一个实际应用的例子，它用雷达来感知信息并传输给舰船或战斗机群，可以多方面详细探测对手目标，也可以快速精准识别敌方战机。

### 2. 智慧农业

粮食是战略资源，更是人民基本的生活保障。物联网技术应用到农业中，采用人工智能技术进行智能化管理，这就是智慧农业。WSN 可用于智慧农业中的土壤墒情、小气候情况、农作物识别、种植地理位置和面积、农作物生长情况、病虫害情况等信息采集，然后与农业专家知识库对接，不仅可以预防农作物疾病，还可以预测粮食产量，提高农作物的田间管理和农业自动化能力。

### 3. 智慧物流

物流领域是 WSN 技术发展最快、最成熟的应用领域之一，尤其是结合 RFID 技术，能够对车辆和集装箱等运动中的设备和人进行动态管理，并使这种管理上升为公共服务。各大企业和客户可以通过公共服务平台查询物品的运输动态，实现物流的集中动态透明管理。

### 4. 智慧交通

车联网、桥梁监控等是 WSN 在智慧交通中的成熟应用案例，可实时捕获前后车辆信息、桥梁危险情况等。

### 5. 环境监测

利用 WSN 来实施环境监测可减少大量繁重工作，甚至能够监测人类无法到达的地方。例如，无人区动物活动情况、候鸟迁移情况、昆虫侵害情况、农作物生长情况、海洋环境、地质灾害监测等。

### 6. 医疗健康

WSN 在医疗卫生和健康护理等方面的应用具有广阔前景，包括患者的健康状况监控、老年人的护理、患者的自救及定位、医院人员的追踪及管理、药品的管理、远程医疗等。随着我国人口逐渐步入老龄化阶段，对老年人的健康监测、活动监测、医疗护理等需求增加，医疗服务业需要大量人力物力，而 WSN 的应用会减少人工护理负担，提高护理的效率和质量。

例如，美国研制了一种被称作 PillCam ESO（见图 2-35）的微型食道造影仪（大小如同普通的医用胶囊），患者像服用胶囊一样吞服下它并静躺上一会儿，这种"小胶囊"就会在患者的食道中运行并以每秒 14 张照片的频率匀速连续拍摄，同时将照片通过佩戴在患者腰间的设备传给医生的计算机。PillCam ESO 电池寿命为 20min，仅用于查看食道（时间短），整个过程共拍摄 2600 张照片。

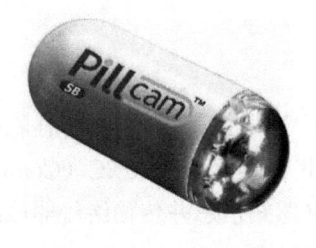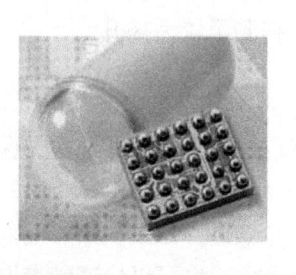

图 2-35　PillCam ESO 胶囊

此外，Intel 研制的用于家庭护理方面的医疗监控系统作为美国"应对老龄化社会技术项目"的一项重要内容，也可用于阿尔茨海默病（老年痴呆症）患者及残障人士的家庭生活中。

此外，WSN 还可以应用于智能家居、智慧城市、工业监控、防恐反恐、危险区域的远程控制、抢险救灾、气候监测、地震检测、水利监控、智慧校园、生化威胁的检测与预报等方面，在国防与民生领域发挥越来越重要的作用。

## 2.6　本章小结

本章主要介绍了感知层关键技术，RFID 的工作原理、关键技术、标准、系统组成、应用案例，传感器的组成与工作原理、性能指标、分类、示例、选用原则，智能传感器的概念、分类、结构、特点、示例和智能检测系统，以及 WSN 的概念、特点、关键技术、应用领域等。

## 习题

2.1 温度传感器是如何分类的？

2.2 简述 RFID 系统的分类。

2.3【实践】体验任意 RFID 系统的工作过程（如门禁等）。

2.4 常见的传感器包括哪些？

2.5 传感器的定义是什么？它的主要功能包括哪几方面？

2.6 简述传感器的组成及各部分的功能。

2.7 传感器的性能指标包括哪几方面？

2.8 举例说明湿度传感器的应用领域。

2.9 举例说明压力传感器的应用领域。

2.10 简述 WSN 的关键技术。

2.11 简述 WSN 的特点。

2.12 举例说明 WSN 有哪些应用。

2.13 WSN 主要由哪几部分组成？

2.14 简述 RFID 系统的基本工作原理。

2.15 列举 RFID 技术的主要应用领域。

2.16 什么是智能传感器？这类传感器有哪些特点？

# 第3章　物联网网络层

★ 学习指导

- 📂 学时建议：理论 4 学时（方案三 6 学时），实验/实践 2 学时（方案三 4 学时），自学 2 学时。
- 📂 教学目标：使学生能够说明计算机网络概念、IEEE 802.15.4 主要特点、5G 特点、NB-IoT 特点、工业互联网概念、Modbus 协议、现场总线等；能够解释计算机网络体系结构，ZigBee、NB-IoT、Modbus 协议、CAN 总线、PROFIBUS、PLC 及其工作过程；能够使用 TCP/IP 协议和蓝牙连接网络设备。
- 📂 主要内容：计算机网络及其体系结构，TCP/IP 协议，蓝牙、ZigBee 技术、IEEE 802.15.4 标准等短距离无线通信技术，移动通信技术和 NB-IoT 技术，Modbus 协议、CAN 总线、PROFIBUS、PLC 及其工作过程等。
- 📂 重点难点：计算机网络概念、计算机网络体系结构、TCP/IP 协议，蓝牙、ZigBee 特点，5G 移动通信技术，NB-IoT 技术，Modbus 协议、CAN 总线、PROFIBUS、PLC 及其工作过程等。

　　物联网能够实现对物理世界数据的广泛感知、可靠传输、智能处理、智能决策与远程控制。物联网的网络层位于感知层和应用层之间，它将感知层收集的各类数据信息（特别是物理世界的信息）通过各种网络基础设施可靠、高效、安全地传输给应用层，实现人与人、人与物、物与物之间的联动。由于物联网感知节点可以分布在世界各地，网络层也因此承担着巨大的数据量，所以完成数据传输功能的物联网网络技术成为物联网核心技术之一。网络层主要功能为网络接入、网络传输、网络安全与网络管理等。

## 3.1　网络层概述

　　物联网的网络层基本包含了目前所有的网络形式。网络接入技术包括光纤接入技术、无线接入技术、以太网接入技术、卫星接入技术等，能够完成感知层设备和最后一千米的接入。网络传输技术包括电信网（固定网、移动网）技术、广电网技术、互联网技术、电力通信网技术、专用网（数字集群）技术等。网络安全技术包括无线局域网安全技术、移动通信安全技术、身份鉴别技术、协议安全技术等。

感知技术采集的数据需要传输给应用层，或将数据向感知层传输，需要利用物联网通信技术完成传输操作。按照国家标准中的物联网概念模型，网络技术涉及域内和域间实体之间的通信连接和信息交换，每种网络技术都具有各自的优势和劣势，适用于不同情况。

网络层关键技术有互联网技术、移动通信技术、短距离无线通信技术（蓝牙、NFC、IEEE 802.11、IEEE 802.15.4、ZigBee、卫星通信网等）、光纤通信网络技术、VPN 虚拟网络技术、WSN 技术、总线技术（如 CAN 等技术），由于受篇幅所限，本章只介绍一些简单的通信技术。

## 3.2　互联网技术

互联网是指通过通信线路、通信设备等将分布在世界各地的多个自治计算机系统互相连接起来，按照相同网络通信协议，实现软/硬件和数据资源共享的网络系统。互联网诞生后，其曾被美国评为 20 世纪十大重大科技发明之一。

### 3.2.1　计算机网络

在通信技术快速发展的同时，人类社会也进入了一个以数字化、网络化和信息化为特征的时期。这实际上就是一个以网络为核心的信息时代，网络对社会生活和社会经济的发展产生了不可估量的影响。以互联网为代表的计算机网络技术飞速发展，网络已深深地植入人们的生活中。

从最初的简单局域网到互联网和物联网，从固定网到移动网，这其中渗透着人类的智慧。计算机网络给用户提供的最基本且重要的功能是连通性和共享性。所谓连通性，是指网络用户通过计算机网络可以实现信息交换，犹如这些用户之间是彼此直接连通的；所谓共享性，是指网络用户能够根据需要共享网络资源，如数据、设备等。

计算机网络的发展规模及速度远远超过人们最初的预期。随着各个领域的新需求不断被提出和新应用不断被推广，计算机网络的发展具有显著的阶段性特征。

计算机网络的第一阶段可从 20 世纪 50 年代算起，人们在电子数字计算机问世后，自然产生了将计算机与通信技术结合的想法，加之当时美国军方的需要，促进了计算机网络技术的研究，并形成了相关的理论基础。第二阶段以 20 世纪 60 年代美国的 ARPANET 与分组交换技术为代表，同时奠定了互联网发展的基础。第三阶段从 20 世纪 70 年代中期开始，国际各计算机厂商纷纷研发和推广自己的计算机网络系统。国际标准化组织（International Organization for Standardization，ISO）也在这一阶段提出了计算机网络的开放系统参考模式和相关的网络协议，但对于 TCP/IP（Transmission Control Protocol/Internet Protocol，传输控制协议/互联网协议）中的安全问题考虑尚为欠缺。第四阶段为计算机网络发展和应用最活跃的阶段，它可从 20 世纪 90 年代算起，很多我们所熟悉的技术名词都是这个阶段出现的，如互联网、三网融合、P2P 网络技术、移动互联网等。

目前，人们将物联网看作互联网向"物—物"的延伸。实际上，物联网是智能化在网络上的一种体现和应用。所以，有人将"智能化"作为计算机网络第五阶段的特征。

### 1．计算机网络的定义

计算机网络是计算机技术和通信技术相互结合的产物，典型的计算机网络应用就是互联网。事实上，对计算机网络一直没有一个完全统一的定义，但常见的一个定义为：计算机网络是指将分布在不同地理位置的具有独立功能的多台计算机及其外部设备，通过通信线路连接起来，在网络操作系统、网络管理软件及网络通信协议的管理和协调下，实现资源共享和信息传输的计算机系统。

### 2．计算机网络的分类

人们从不同角度将计算机网络分成不同的类别，如根据范围的不同，将计算机网络分为个人区域网（Personal Area Network，PAN）、局域网（Local Area Network，LAN）、城域网（Metropolitan Area Network，MAN）和广域网（Wide Area Network，WAN）；根据使用者的不同，将计算机网络分为公用网（Public Network）和专用网（Private Network）；根据传输介质的不同，将计算机网络分为有线网和无线网等。

### 3．计算机网络的性能

对于计算机的性能描述涉及一些重要性能指标和特征。现对常见的指标进行简要描述。

1）速率

速率是指计算机在数字信道上每秒钟传输的比特数，也称为数据率或比特率。速率的单位是 bit/s（比特每秒，即 bit per second）。相关单位也有 Kbit/s、Mbit/s、Gbit/s 或 Tbit/s。常说的 1000M 网速则是指 1000Mbit/s。

2）带宽

带宽是指某个信号具有的频带宽度，其单位是赫（或千赫、兆赫、吉赫等）。在计算机网络中，带宽用来表示网络的通信线路在单位时间内从某一点到另一点所能传输的最高数据率，其单位是"比特每秒"，记为 bit/s。

3）吞吐量

吞吐量是指在单位时间内通过某个网络（或信道、接口）的实际数据通信量。吞吐量经常用于测试网络性能，它受网络的带宽或额定速率的限制。

4）时延

时延也叫作延迟或迟延，是描述计算机网络性能的重要指标。所谓的时延，是指数据（一个报文或分组）从网络（或通信链路）的一端传送到另一端所需的时间。网络中的时延由发送时延、传播时延、处理时延、排队时延组成。

此外，描述网络性能的指标还有往返时间、利用率、可靠性、费用、可扩展性和可升级性等。

## 3.2.2　计算机网络体系结构

由于计算机网络是个非常复杂的系统，为便于设计和实现计算机网络，其体系结构的划分多以分层次为基本思路进行。

1974 年，美国的 IBM 推出著名的网络标准——系统网络体系结构（System Network Architecture，SNA）。1977 年，国际标准化组织成立了专门机构来研究计算机网络体系结构的标准化问题，提出了著名的开放系统互连参考模型（Open System Interconnection Reference Model，OSI-RM），简称 OSI。OSI 参考模型如图 3-1 所示。

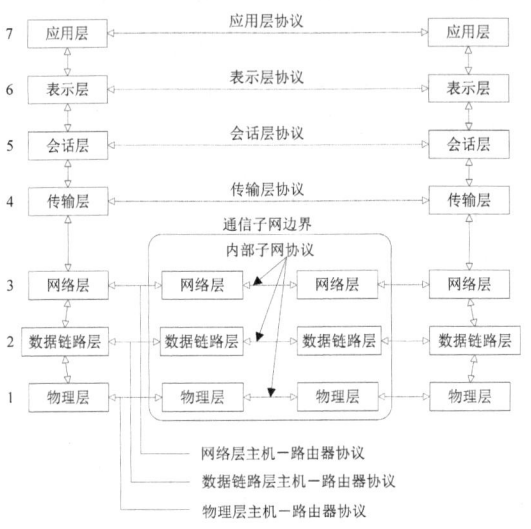

图 3-1　OSI 参考模型

OSI 采用"开放"式，可以使世界任何网络开发者都遵守该规则并使产品保持相互兼容，有利于通信。OSI 的七层协议体系结构在理论方面比较完整，概念比较清晰且逻辑性强，但其过于复杂的设计反而导致在应用上不方便。因此，有人提出了 TCP/IP 参考模型。

TCP/IP 体系结构具有层次较少、协议简单和应用方便的特点。TCP/IP 被提出并被应用于互联网，得到了快速的发展。

TCP/IP 体系的四层结构分别为网络接口层、网络层、传输层和应用层；其五层结构分别为物理层、数据链路层、网络层、传输层和应用层，上述两种体系结构模型及其与 OSI 参考模型的对应关系如图 3-2 所示。

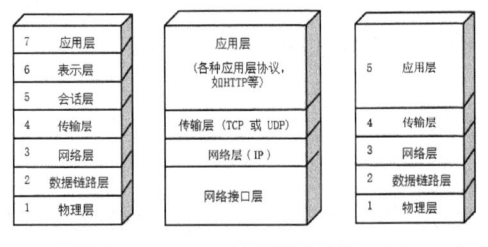

（a）OSI 参考模型　（b）TCP/IP 四层结构模型　（c）TCP/IP 五层结构模型

图 3-2　OSI 参考模型和 TCP/IP 参考模型

现以由低到高的层次顺序简要介绍各层功能。

### 1. 物理层

物理层（Physical Layer）所传输的数据单位是比特（1 或 0），也就是说物理层的功能就是透明地传输比特流。所谓透明，是指某一个实际存在的事物看起来却像不存在一样。此外，物理层还涉及连接电缆的电气特性，如引线的根数、接头规格等。

### 2. 数据链路层

数据链路层（Data Link Layer）介于物理层和网络层之间，它在物理层提供的服务的基础上向网络层提供相邻节点间透明、可靠的信息传输服务。透明是指该层上传输的数据的内容、格式及编码没有限制，也没有必要解释信息结构的意义。

两台计算机之间的数据在传输一定距离后信号会衰减，因此需要及时对信号进行整形、放大并继续传输（中继功能）。在传输过程中，数据比特被组成帧并以帧为传输单位，接收方收到帧后对其进行校验、确认及按纠错机制来保证可靠传输。典型情况下，数据链路层由网卡和运行在节点操作系统上的驱动程序共同实现。

### 3. 网络层

网络层（Network Layer）的主要作用是将数据分成一定长度的分组，将分组从发送数据的源节点传送到接收数据的目的节点。在传输过程中，从源节点到目的节点之间有多条路径，网络层负责路径的选择，即路由选择。此外，大量的数据分组同时涌入网络会造成网络性能下降或阻塞，网络层需要采取一定的策略和措施对流量进行控制。除上述两个功能外，网络层还要解决不同网络的互联问题等。

### 4. 传输层

传输层（Transport Layer）提供了主机应用程序进程之间的端到端的服务，为上层用户提供不依赖于具体网络的高效的数据传输服务。

由于事实上的通信子网是不可靠的，传输层通过提供可靠的传输服务使用户觉察不到通信子网的存在。一个基于连接协议的完整传输服务过程一般要经历传输连接建立阶段、数据传输阶段、传输连接释放阶段。

### 5. 应用层

应用层（Application Layer）在 OSI 参考模型与 TCP/IP 参考模型中的最高层，为应用程序提供服务以保证通信，但不是进行通信的应用程序本身。

## 3.2.3  TCP/IP 协议

TCP/IP 协议是互联网上应用的基础协议，它由 TCP 协议（属于传输层）和 IP 协议（属于网络层）共同组成，协调工作。

### 1．IP 协议

IP 是工作于 OSI 参考模型中的网络层，为计算机网络相互连接进行通信而设计的协议。与 IP 协议配套使用的还有地址解析协议（Address Resolution Protocol，ARP）、逆向地址解析协议（Reverse Address Resolution Protocol，RARP）、互联网控制报文协议（Internet Control Message Protocol，ICMP）和互联网组管理协议（Internet Group Management Protocol，IGMP）。

工作于网络层的设备为路由器，它实现数据包的转发。事实上，区别互联网中不同的计算机主要依靠 IP 地址（区别局域网中的计算机除 IP 地址外，也可根据网卡的 MAC 地址），而区别一台计算机内部的不同程序或进程则需要根据端口号或进程号。IP 地址有两个标准：IPv4（Internet Protocol version 4）标准和 IPv6（Internet Protocol version 6）标准。

（1）IPv4 标准已为我们所熟悉，而 IPv6 标准被称作下一代互联网协议，解决互联网中 IP 地址紧缺的问题；随着物联网技术的兴起，IP 地址的应用范围会不断扩大，更加突显 IPv6 标准的重要性。

（2）IPv6 地址由 128 个二进制位（16 字节）组成，表示写成 8 组十六进制形式的无符号整数，每组整数间用冒号（:）分开，如一个合法的 IPv6 地址形式上应为 ACB2:0EC1:745B:35d0:10FF:7EDB:02AE:2CAF。与 IPv4 标准相比，IPv6 标准提高了寻址能力，增加了信息安全能力（如认证、加密等），简化了报头格式等。

### 2．TCP 协议

TCP 是工作在传输层的重要协议，它能够驻留在用户计算机中并提供用户进程之间的可靠数据传输服务。

当连接建立之后，发送端开始发送数据，TCP 会给需要传送的每字节数据都进行编号，接收端在收到数据后必须向发送端发送确认信息；若发送端在规定的时间内没有收到对方的确认信息，就重传这部分数据。当网络中的数据量过大时，TCP 就告诉发送端减小发送数据的速率，即进行流量控制。当数据完全发送完成后，TCP 将释放连接。

1）TCP 报文结构

TCP 实体间交换的协议数据单元称为段（Segment），每个段由报文段头部（简称报头或报首）和数据两部分组成，其中数据的长度受限于最大段的长度。TCP 的报头由一个 20 字节的固定头部及可变长度的选项（若选用）组成，如图 3-3 所示。

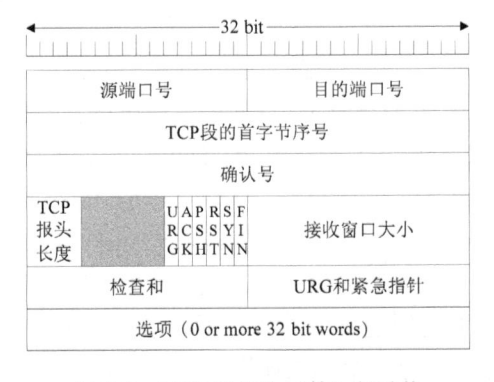

图 3-3　TCP 段的头（首）部结构

（1）源端口号/目的端口号：源端口号和目的端口号分别用于识别发送进程和接收进程。源端口号和其所在计算机的 IP 地址共同确定一个通信源点；同理，目的端口号与目的主机的 IP 地址共同确定通信的终点。

（2）TCP 段的首字节序号：该序号指出 TCP 段的首字节序号。TCP 提供的是字节流服务，故 TCP 段中的每字节都有一个序号。此外，TCP 的全双工服务要求两个方向上的数据传输是独立的，所以每个端点都必须单独维护一个序号。

（3）确认号：用于对收到的数据进行确认，表示接收方期待接收下一字节，并证明该序号之前的字节已全部正确收到。

（4）TCP 报头长度：指示 TCP 报头的长度（以 32bit 为单位）。该字段的最大值为 15，因此限制了 TCP 报头最大长度为 60 字节，即选项最多为 40 字节。

（5）接收窗口大小：指示接收窗口大小。该字段用于流量控制，表示发送方从"确认号"开始可以发送的字节数。

（6）检查和：该字段与 UDP 中的检查和字段用法相同，通过对 TCP 伪头及 TCP 数据计算检查和得到。

2）TCP 连接的建立

为了能够顺利完成数据在网络中的传输，TCP 在发送数据前需要在发送端和接收端之间建立一个可靠连接，其连接建立过程如图 3-4（a）所示。

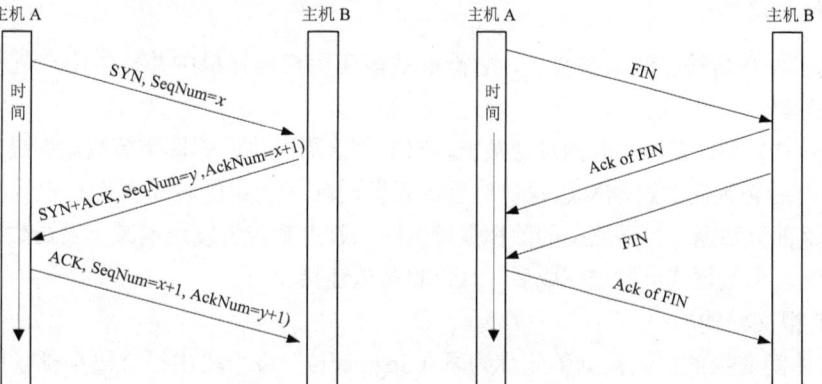

（a）TCP 连接建立过程　　　　　　　　（b）释放 TCP 连接

**图 3-4　TCP 连接管理过程**

这个连接是通过"三次握手"来建立的，建立过程如下。

（1）主机 A 发送 SYN=1 且 ACK=0 的 TCP 段，给出自己的起始连接序号 x。

（2）主机 B 返回一个 SYN=1 且 ACK=1 的 TCP 段，给出自己的起始连接序号 y 并放入 TCP 段的首字节序号域中，对 x 进行确认。

（3）主机 A 发送 SYN=0 且 ACK=1 的 TCP 段，对 y 进行确认。

（4）在以上的三次握手过程中，前两个 TCP 段都使用了定时器，并在定时器超时后重发。

当数据发送完成后，需要对所建立的连接进行释放，以节省资源。TCP 采用对称释放法来释放连接，在释放时，任何一方想要释放连接，都需要先行发送 TCP 段，这里以主机 A 发起释放连接为例，具体过程如图 3-4（b）所示，过程如下。

（1）主机 A 发送 FIN=1 的 TCP 段（称为 FIN 报文段）；当这个段被确认后，这个方向的连接就释放了。

（2）主机 B 发送确认信号，一个方向的连接释放。

（3）主机 B 发送 FIN=1 的 TCP 段。

（4）主机 A 发送确认信号，另一个方向的连接释放。

从上述过程中可以看出，TCP 连接的释放需要经过 4 个阶段。

由于 TCP/IP 协议在提出时并没有充分考虑安全问题，因此在 TCP 连接建立过程中存在一些安全漏洞。对目前的技术而言，这些缺陷都已得到弥补和解决。巧妙的是，IPv6 标准在设计时直接将安全因素考虑进去，从协议的根本上解决了 IPv4 标准的安全漏洞问题。

3）TCP 流量控制

当网络状态为空闲时，数据的发送基本不会遇到障碍；但在实际的应用中，网络状态是繁忙的，有时甚至是拥塞的。TCP 协议使用可变长度的滑动窗口进行流量控制，在网络层和传输层上进行拥塞控制。

研究人员发现，当接收方和发送方的应用程序以不同的速率发送和接收数据时，软件的性能会出现严重的问题。例如，当发送方发送数据的速率明显大于接收方接收数据的速率时，接收方的数据缓冲空间会很快被装满，这时发送方只能周期地发送探测数据（1 字节）；而在接收方的缓冲区中被取走 1 字节后，发送方通过探测可获知缓冲区并没有满，就会正常发送一个 TCP 段。但由于接收方的缓冲区空闲 1 字节，发送方发送了大量的、只有少数数据段的 TCP 段，并且这种状态将会循环执行，这会造成网络带宽的严重浪费。TCP 早期的实现没有解决这个问题，而现在的技术多以推迟确认技术来提高传输效率。

TCP 拥塞控制是在 20 世纪 80 年代后期引入互联网的，理由是那时的互联网饱受拥塞崩溃之苦。主机按通知的窗口大小发送数据，在一些路由器上会发生拥塞，会导致分组丢失等现象。同时，主机在规定时间内没有收到应答信号而重复发送这些丢失的数据，会加剧拥塞的严重性。一般采用端到端的机制来控制拥塞现象，让每个发送方根据自己感知的网络拥塞程序来调整发送数据的速率，从而解决拥塞问题。但这种方法也存在一些问题，如如何感知网络状态是否拥塞、如何控制发送数据的速率等。

4）套接字接口

为了允许应用程序访问传输层的服务，传输层必须向应用程序提供应用程序接口（Application Program Interface，API）。API 定义了应用程序与传输层协议在软件交互时执行的操作，而这些操作的实现细节则被封装起来。作为网络数据传输中的编程应用，套接字（Socket）与 I/O 集成在一起，可以像操作外设一样进行编程操作。

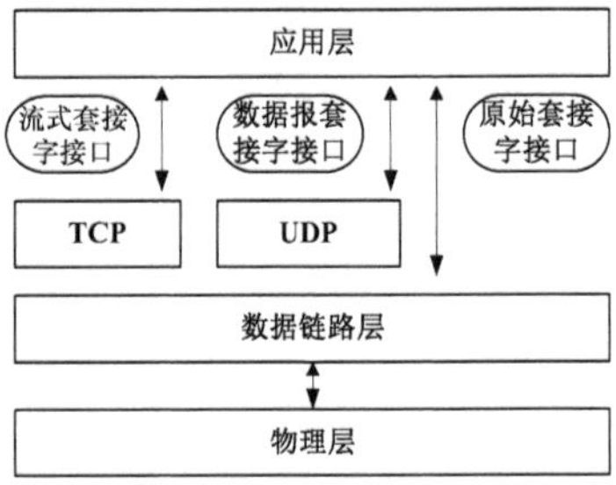

Socket 是应用层与 TCP/IP 协议族通信的中间软件抽象层，是一组独立于具体协议的网络编程接口。在 TCP/IP 参考模型中，Socket 主要位于传输层和应用层之间，把复杂的 TCP/IP 协议族隐藏在 Socket 接口后面，如图 3-5 所示。

图 3-5　Socket 在 TCP/IP 参考模型中的位置关系

一个完整的网络通信需要一个五元组来标识：协议、本地地址、本地端口号、远端地址、远端端口号。而网间通信的两个进程必须使用同一种高层协议，即不存在通信的一端用 TCP 而另一端用 UDP 的情况。在 C/S（客户端/服务器）模式中，一个完整的网络应用程序包括客户端（Client）和服务器（Server）两部分，其中请求服务的一方称为客户端，而提供某种服务的一方则称为服务器。一个服务程序通常在一个众所周知的地址监听对服务的请求，也就是说服务进程一直处于休眠状态，直到一个客户端对这个服务的地址提出了连接请求。在这个时刻，服务程序被"惊醒"并且为客户提供服务，对客户的请求做出适当的反应，客户端/服务器的请求及响应过程如图 3-6 所示。

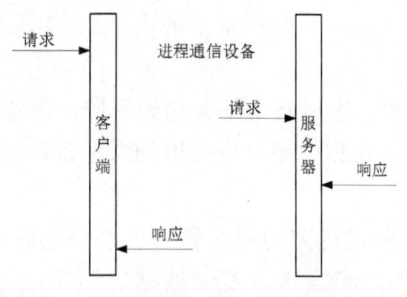

图 3-6　客户端/服务器的请求及响应过程

客户端与服务器二者上的进程作用是非对称的，因此编码不同；服务器上的进程一般是等待客户端请求而启动的，只要服务器系统运行，该服务进程一直存在，直到终止或强迫终止。套接字是一个通信终节点，是 Socket 应用程序用来在网络上发送或接收数据包的对象。套接字的类型，与正在运行的进程相关联，并且可以有名称，套接字一般只与使用 IP 协议组的同一"通信域"中的其他套接字交换数据。套接字通信模型如图 3-7 所示。

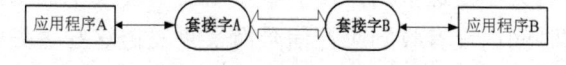

图 3-7　套接字通信模型

（1）流式套接字。

流式套接字（SOCK_STREAM）基于 TCP 协议并提供没有记录边界的数据流（字节流）。流式套接字提供了一个面向连接的、可靠的、无重复的、按序发送的数据传输服务。流式套接字（有连接通信）的程序执行过程如图 3-8 所示。

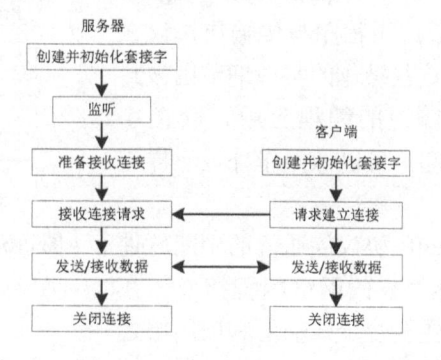

图 3-8　流式套接字（有连接通信）的程序执行过程

（2）数据报套接字。

数据报套接字（SOCK_DGRAM）基于 UDP 协议并支持面向记录的数据流，但不能确保被送达，也无法确保数据包按发送的顺序送达，但是可以保证一个特定的数据包只能被获取一次。数据报套接字（无连接通信）的程序执行过程如图 3-9 所示。

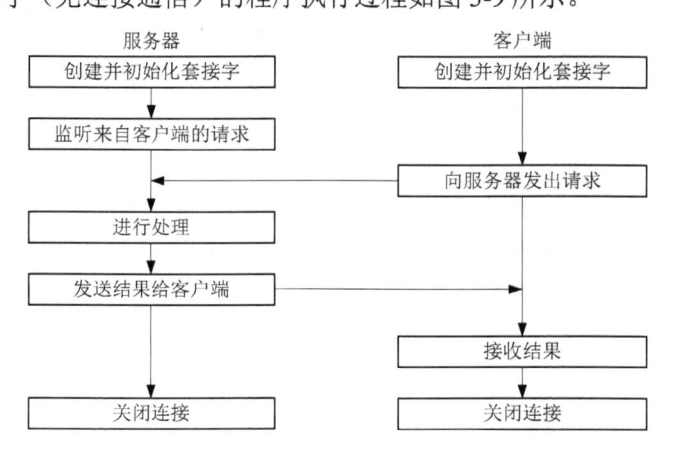

图 3-9　数据报套接字（无连接通信）的程序执行过程

对于上述两种套接字模式，应根据实际需求来选用。对于安全性要求较高和大批量传输数据的情况，可选用流式套接字，它在建立一次连接后可直接传输数据，传输数据的效率较高；而对于安全性要求较低、网络管理或发送一些简单数据的情况，可选用数据报套接字，可节省网络资源。

# 3.3　短距离无线通信技术

无线通信是利用电磁波的传播特性进行信息传输和交接的通信方式，可在静态及移动状态下进行（后者叫作移动通信）。

## 3.3.1　蓝牙

蓝牙（Bluetooth）是一种常用的短距离无线通信技术，支持设备短距离、高数据率的无线数据与语音通信的开放性全球无线规范。蓝牙的最初目的是连接计算机的外围设备（如耳麦、鼠标、键盘、打印机）等，现已得到广泛应用，如连接智能手表、智能手环、血糖仪、智能手机、智能门锁、脉搏血氧仪和其他蓝牙接口的设备。蓝牙的出现为固定设备和移动设备之间提供了一种优秀的通信连接方式，其低功耗特点又得到了用户的广泛认可，因此它的应用非常广泛。

这个无线通信技术为什么称为蓝牙呢？原来"蓝牙"这个名称来自 10 世纪的丹麦国王 Harald Blatand（Blatand 在英文中的意思可以解释为 Bluetooth，即蓝牙）。由于该国王喜欢吃蓝莓而使牙龈每天都是蓝色的，所以叫作蓝牙。由于行业协会需要一个极具表现力的名字来命名当初这种高新技术（就是现在的"蓝牙"技术），在经过讨论后，有些人认为用 Blatand 国王的名字命名再合适不过了，希望该项技术犹如曾将现在的挪威、瑞典和丹麦统一起来的 Blatand 国王一样，口齿伶俐，左右逢源，能够使不同工业领域之间的设备协调工作，保持良好的通信效果。于是，蓝牙的名字就被正式应用了。

蓝牙的创始人——瑞典爱立信公司早在 1994 年就着手进行技术研发工作。1998 年 2 月，爱立信、诺基亚、IBM、东芝及 Intel 等几个跨国大公司组成了蓝牙技术联盟（Bluetooth Special Interest Group，Bluetooth SIG），共同开发了一个全球性的小范围无线通信技术，即现在的蓝牙技术，其标志如图 3-10（a）所示。

蓝牙工作在 2.4GHz ISM（Industrial Scientific Medical）频段是由 ITU-R（ITU-Radio communication sector，国际电信联盟无线电通信局）定义的，该频段主要开放给工业、科学、医学 3 个领域使用，最大数据传输速率为 1Mbit/s，采用时分双工（Time Division Duplexing，TDD）传输技术来实现全双工传输，无须授权许可即可使用，只需要遵守一定的发射功率（一般低于 1W）并且不干扰其他频段。但事实上，由于存在其他工作在 2.4GHz 的设备（如家用电器、无绳电话等），所以各频段之间极有可能产生相互干扰。为解决这个问题，蓝牙采用快速跳频和短数据的方式使系统更稳定，同时采用前向纠错技术抑制长距离链路的随机噪声。

截止到 2023 年 1 月，蓝牙共有版本为 V1.1/1.2/2.0/2.1/3.0/4.0/5.2/5.3。前几个版本这里不予以介绍，只对几个典型版本进行简要说明。

### 1. 蓝牙 3.0 技术

蓝牙技术联盟于 2009 年 4 月 21 日正式发布了高速蓝牙核心规范（3.0 版）（Bluetooth Core Specification Version 3.0 High Speed）。蓝牙 3.0 的核心采用一种全新的交替射频技术（AMP）。该技术能够根据不同任务动态选择射频。蓝牙 3.0 通过集成的"802.11 PAL"（协议适应层）使其数据传输速率达到 24Mbit/s（兆比特/秒）（实际是根据需要调用 802.11 Wi-Fi 来实现高速数据传输的）。这一速率是蓝牙 2.0 的 8 倍，更加拓宽了蓝牙 3.0 的应用面。

### 2. 蓝牙 4.0 技术

蓝牙技术联盟于 2010 年 4 月 20 日发布消息称，蓝牙 4.0 技术规范已经基本成稿。蓝牙 4.0 技术包括传统蓝牙技术、高速蓝牙技术和新的蓝牙低功耗技术（这 3 项技术可以组合或者单独使用）。与前面版本相比，蓝牙 4.0 的改进之处主要体现在 3 方面：电池续航时间、节能和设备种类。此外，蓝牙 4.0 还拥有低成本、跨厂商互操作性、3ms 低延迟、100m（约 328 英尺）以上超长距离、AES-128 加密等诸多特色，应用前景更为广阔，发展潜力也更为巨大。

目前，蓝牙技术的应用很广泛，如蓝牙耳机[见图 3-10（b）]、车载蓝牙免提模块[见图 3-10（c）]、蓝牙手表[见图 3-10（d）]、蓝牙适配器[见图 3-10（e）]等。

更难能可贵的是，蓝牙技术的普及为物联网技术的发展提供了一种通信技术的选择，反过来也使蓝牙技术自身具有更大的发展空间。

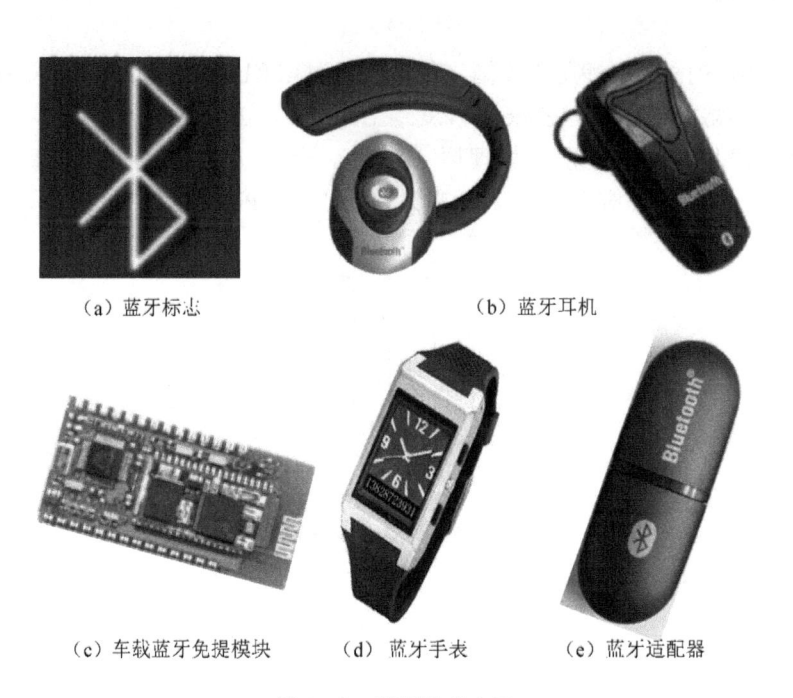

(a) 蓝牙标志　　　　　　　　(b) 蓝牙耳机

(c) 车载蓝牙免提模块　　(d) 蓝牙手表　　(e) 蓝牙适配器

**图 3-10　蓝牙技术产品**

### 3. 蓝牙 5.2 技术

2020 年，蓝牙技术联盟发布了蓝牙 5.2 标准，该标准与前面版本相比信息更稳定、抗干扰能力更强，同时安全性更高。目前，蓝牙 5.2 主要应用于共享单车、智能手机、平板电脑中。

此外，蓝牙低能耗（Bluetooth Low Energy，Bluetooth LE 或 BLE）也叫作低功耗蓝牙，它同样是一种重要的蓝牙技术，其重点在于低功耗，常用于个人局域网、医疗健康、运动健身、家庭安防、家庭娱乐等领域。

## 3.3.2　ZigBee 技术

ZigBee 是一种短距离、低速率、低功耗、低复杂度、低成本的无线通信技术。"ZigBee"一词源于蜜蜂的八字舞，由于蜜蜂（Bee）在"跳舞"时发出"嗡嗡"声并不时"急转弯（Zig）"且抖动翅膀来与同伴传递信息，一个蜜蜂群就像一个通信网络，于是用"ZigBee"这个词来代替这种技术。

### 1. ZigBee 协议简介

ZigBee 协议主要由 Honeywell 公司组成的 ZigBee Alliance 制定，从 1998 年开始发展，于 2001 年纳入 IEEE 802.15.4 标准规范，自此成为业界通用的低速短距离无线通信技术之一。2004 年，ZigBee V1.0 诞生；2006 年，推出 ZigBee 2006 规范；2007 年，推出 ZigBee 2007 规范。ZigBee 2007 规范是在 ZigBee 2006 规范的基础上建立的，在功能上得到了增强并具有向后兼容性。ZigBee 2007 规范定义了 ZigBee 和 ZigBee PRO 两个子集。

ZigBee 技术提供 868MHz、915MHz 和 2.4GHz 三种频率。其中 868MHz 适用于欧洲，传

输速率为 20Kbit/s；915MHz 适用于美国，传输速率为 40Kbit/s；2.4GHz 全球通用，传输速率为 250Kbit/s，我们常见的很多 ZigBee 芯片就是工作于 2.4GHz 的。

ZigBee 协议层从下到上分别为物理层（PHY）、介质访问控制层（MAC）、数据链路层（DLL）、网络层（NWK）、应用层规范（API）、应用层（APL），如图 3-11 所示。

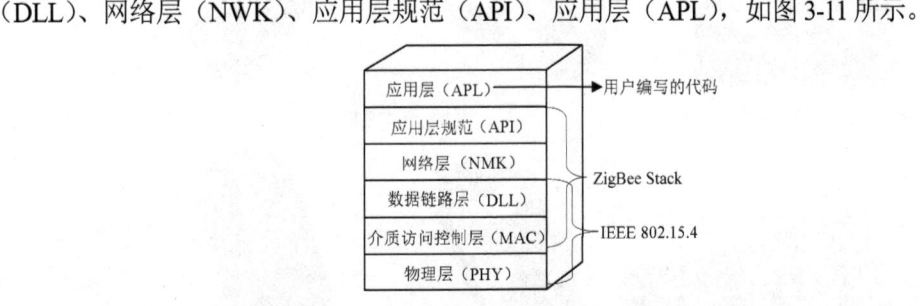

图 3-11　ZigBee 协议框架

### 2．ZigBee 的技术优势

IEEE 802.15.4 和 ZigBee 从一开始就被设计用来构建无线网络，ZigBee 具有如下优势。

1）低速率

ZigBee 工作于 2.4GHz 的频段，尽管速率能够达到 250Kbit/s，但真正速率不足 100Kbit/s，不适合做传输视频之类事情，但适合传感和控制领域。ZigBee 工作在 915MHz 时，数据吞吐率能够达到 40Kbit/s；ZigBee 工作在 868MHz 时，数据吞吐率能够达到 20Kbit/s。ZigBee 能够满足低速率传输数据的应用需求，虽然不适合做传输视频之类事情，但适合传输传感器的采集数据和控制数据。

2）短距离

ZigBee 相邻节点之间传输距离一般为 10～100m，在增加发射功率后也可增加到 1～3km。若想要实现远距离传输，则需要通过多个节点以"多跳"传输方式来实现。

3）低功耗

ZigBee 的优势之一就是低功耗，在节点不需要工作时能够进入休眠状态，此时功耗可以低至正常工作状态下的千分之一，两节普通电池可以用到 6 个月到 2 年时间。

4）低成本

ZigBee 数据传输速率低，协议简单，且免收专利费，成本低，适合大量部署。

5）低时延

ZigBee 响应快，一般从休眠状态转入工作状态只需 15ms，连接进入网络只需 30ms，而蓝牙需要 3～10s、Wi-Fi 需要 3s，节省了电能。

6）高安全性

ZigBee 提供了数据完整性检查和鉴权功能，采用 AES-128 加密算法。

7）网络规模大

ZigBee 采用星状、树状和网状拓扑结构，每个 ZigBee 网络最多可支持 254 个节点，再通过协调器实现互相连接，一个区域最多可同时容纳 100 个 ZigBee 网络，理论上可容纳 65 535 个节点。

此外，ZigBee 使用免执照频段、提高兼容性来降低成本和提升性能，被广泛应用到 WSN 中。

**3. ZigBee 技术的应用**

ZigBee 技术主要适用于自动控制和远程控制领域，可以嵌入各种设备中。具体如下。
（1）工业、农业和商业方面的信息监视、传感器、自动化控制等。
（2）智能家居方面的电视、各类播放机、智能空调、智能卫浴、门禁等。
（3）个人健康监护方面的患者监护、医生呼号等。
（4）益智玩具和游戏等。
（5）PC 外围设备方面的操作杆、键盘、鼠标等。

# 3.3.3　IEEE 802.15.4 标准

2000 年 12 月，电气电子工程师学会（Institute of Electrical and Electronics Engineers，IEEE）成立了 IEEE 802.15 工作组，专门开发一套称为无线个人局域网（WPAN）的短程无线通信标准。

WPAN 是一种与无线广域网（WWAN）、无线城域网（WMAN）、无线局域网（WLAN）并列的个人局域网，但是它的覆盖范围相对较小（一般在 10m 半径以内），用于整个网络末端或计算机周边附属设备之间的无线连接。

**1. WPAN 类型**

支持 WPAN 的技术包括蓝牙、ZigBee、超频波段（UWB）、IrDA 等，其中蓝牙技术在 WPAN 中使用得最广泛。IEEE 802.15 工作组是对 WPAN 做出定义说明的机构，它推荐了 3 种类型。

1）基于蓝牙技术的 WPAN

蓝牙技术也是一种无线通信技术，用蓝牙来连接设备形成个人局域网具有许多优势，如免费、连接终端设备多、使用广泛等。

2）基于高频率的 802.15.3 标准的 WPAN

高频率的 802.15.3 标准也称为超频波段或 UWB，支持用于多媒体的介于 20Mbit/s 和 1Gbit/s 之间的数据传输速率。

3）基于低频率的 802.15.4 标准的 WPAN

低频率的 802.15.4 标准也称为 ZigBee，是针对低电压和低成本家庭控制方案提供的低速率传输技术，同时具有低复杂度、低成本、低功耗等特点。

**2. IEEE 802.15.4 标准及其技术特点**

IEEE 802.15.4 标准符合国际标准化组织（ISO）开放系统互连（OSI）参考标准，包括物理层（PHY）、介质访问控制层（MAC）、网络层（NWK）和应用层（APL），其模型如图 3-12 所示。

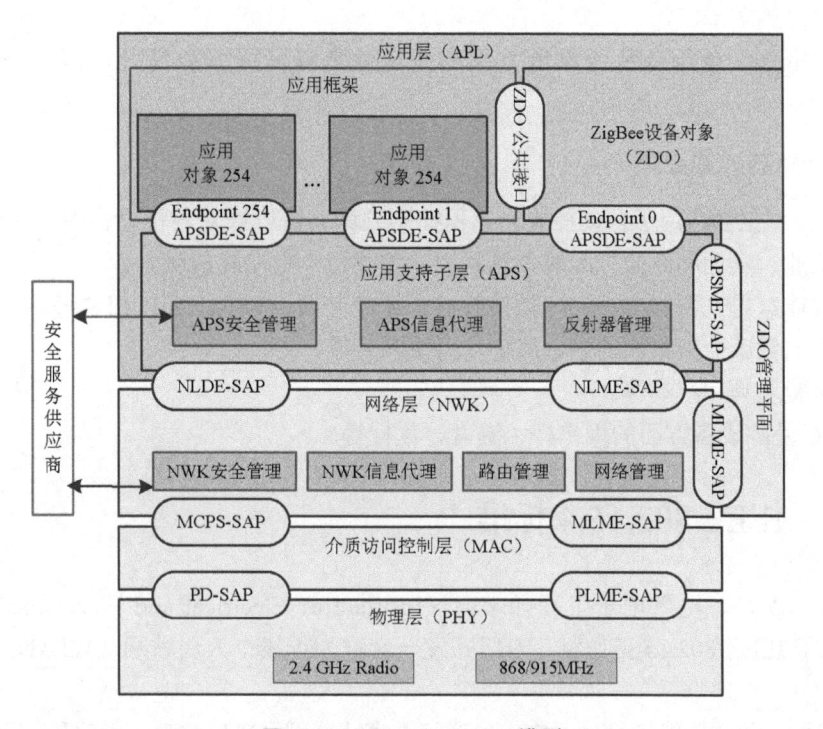

图 3-12　IEEE 802.15.4 模型

1）IEEE 802.15.4 的物理层

IEEE 802.15.4 的物理层提供两种无线通信频率：868/915MHz 和 2.4GHz。这两种无线通信技术都采用直接序列扩频（DSSS）技术来降低数字集成电路的成本和相同的包结构，以实现短周期、低功耗的运行。

（1）868/915MHz。

868/915MHz 物理层的数据传输速率分别为 20Kbit/s 和 40Kbit/s。因为 868/915MHz 物理层使用简单的 DSSS 技术，用低速率换取了较高的灵敏度和较大的覆盖面积，从而减少了监测区域部署的节点数。

（2）2.4GHz。

与 868/915MHz 物理层的数据传输速率相比，2.4GHz 物理层具有较高的数据传输速率，能够达到 250Kbit/s。这主要是因为 2.4GHz 物理层技术采用了基于 DSSS 方法（16 个状态）的准正交调制技术。这项技术使得 2.4GHz 物理层适用于那些大数据吞吐量、低时延或短周期运行的需求情况。

2）IEEE 802.15.4 的介质访问控制层

IEEE 802.15.4 的介质访问控制层（MAC）负责实现可靠性数据的发送、接收和转发，以及避免冲突等功能。它通过 MAC 通用部分子层 SAP（MCPS-SAP）访问 MAC 数据服务，用 MAC 管理实体 SAP（MLME-SAP）访问 MAC 管理服务。这两个服务为网络层和物理层提供了一个接口。

IEEE 802.15.4 的 MAC 协议根据设备的硬件能力可以分为 FFD（Full Function Device）类型和 RFD（Reduce Function Device）类型。对于硬件能力较强的设备，它可作为 FFD 类型实

现 IEEE 802.15.4 MAC 的所有通信功能，如智能手机、无线传感器节点等；而对于硬件功能有限的设备，则可作为 RFD 类型只实现有限的通信功能，如智能家居中的灯、电视、空调开关等。

3）IEEE 802.15.4 的网络层

网络层负责提供网络拓扑结构的建立、维护、命名、绑定等服务，并协同完成寻址、路由及网络安全保护等工作，并能够实现网络的自组织和自维护。目前，该标准支持多种网络拓扑结构。

4）IEEE 802.15.4 的应用层

某一应用领域中的具体功能或业务在应用层中实现，它们主要由最终制造商、应用服务供应商来完成。应用层通过应用支持子层（APS）接收来自网络层的数据，针对不同应用需求建立应用框架来处理数据（数据来源包括 ZigBee 设备对象）。

### 3．IEEE 802.15.4 技术的应用

IEEE 802.15.4 早期应用于工业控制、远程监控和楼宇自动化领域；由于该技术低成本、低功耗和便于使用等技术优势而快速成长，后期转向普通消费者和家庭用户，如家庭自动化、安全和交互式玩具等。

在工业领域中，传感器网络是 IEEE 802.15.4 的主要应用场所。用传感器和 IEEE 802.15.4 技术对各种设备进行组合监控、数据收集，然后送到计算机中进行处理和分析，从而实现低成本的决策和控制管理。IEEE 802.15.4 的另一个很好的应用领域是智慧农业。它能够利用自动化远程智能控制设备实现农业的精细经营，如传感器负责收集田地的有关信息（土地湿度、氮浓缩量和土壤的 pH 值等），然后将经过传感器简单计算的数据通过 IEEE 802.15.4 技术传输到相应的接收设备上，并通过网络或其他方式送到一个数据集中采集和处理设备上，同时结合农业专家系统进行智能控制和管理，实现智慧农业。

此外，IEEE 802.15.4 技术产品也适用于环境监测和保护。利用该技术可以对污染源（如各工厂废水、废气的排放口）进行实时监测，根据在排放口安装的传感器检测的数据进行分析和判断，完成对污染的监控。在个体消费者和家庭自动化领域中，IEEE 802.15.4 技术产品将以低成本的优势进入人们的生活中。

# 3.4　移动通信技术

现代社会已进入信息高效、快速交流的时代，人们对通信的需求越来越高，在时间、空间、方式和对象等方面不断对信息交流提出新的要求，通信也被越来越广泛地应用于各领域。物联网将通信技术扩展到"物"与"物"的联接，其通信的实现不仅依赖现有的通信方式，同时还将产生一系列全新的通信技术，从根本上满足物联网在通信方面的需求，促进物联网技术的应用和发展。

移动通信（Mobile Communication）是指通信中的一方或双方处于运动中的通信，即通信对象中至少有一方处于移动状态中并进行数据通信。通信对象可以是移动台、固定台等。移

动通信采用的频段广泛，包括低频、中频、高频、甚高频和特高频。

移动通信的发展以 1897 年意大利物理学家马可尼在陆地和一艘拖船之间的无线电通信为开始的标志。至今，移动通信已有100多年的历史，在这段时间内，移动通信技术发展突飞猛进、日新月异，经历了第一代移动通信（1G）技术、第二代移动通信（2G）技术的发展，目前已经商用到第五代移动通信（5G）技术，目前各国正在进行第六代移动通信（6G）技术的研究。

第一代至第四代移动通信技术的知识较陈旧，本书暂略，现从第五代移动通信技术开始介绍。

### 1. 第五代移动通信技术

第五代移动通信技术被人们称为5G技术，是目前我国正在商用的主流技术，具有高传输速率、低时延、海量连接等特点，属于目前的新一代技术。它主要具有如下特点。

1）高传输速率

5G 传输速率可达到 10～20Gbit/s，能够完全满足许多大数据量的传输需求，如高清视频、各类大数据业务等。

2）低时延

5G 时延可低至 1ms，适用于对实时性要求非常高的领域，如工业互联网、自动驾驶、远程医疗手术等。

3）高连接数量级

可每平方千米建立百万个连接，尤其满足万物互联时代的物联网连接需求。

4）强移动性

5G 技术可满足每小时 500km 高速移动状态下的通信需求，因此可应用于中国高铁，提高人们的生活幸福指数。

注：中国 5G、中国高铁已成中国标志，是中国人民的自豪。

5）用户体验速率达到 100Mbit/s

5G 的其他特点本节不再累述。作为一种新技术，5G 将应用于社会各行各业（如工业互联网、车联网、自动驾驶、能源、教育、医疗、文旅、智慧城市、消费、金融、农业等领域），成为中国数字经济发展的主角之一，尤其是 2022 年中国广电进军 5G 市场，使 5G 价格更加惠民。

### 2. 第六代移动通信技术

当 5G 技术正在如火如荼在社会应用时，科技人员已经开始第六代移动通信（6G）的研发，其传输速率将达到5G 的 100 倍，理论速率约为每秒 1TB。使用 6G 技术下载一部时长 2h 的高清电影（1080P）仅仅需要 0.01s，换言之，每秒可以下载约 85 部上述指标的电影（不考虑硬盘存储等其他条件限制）。而网络延迟也将由毫秒级降到微秒级。

2018 年 3 月，我国开始启动 6G 技术研究；2021 年 9 月，我国 6G 专利申请量约 40.3%（高居全球首位）；2022 年 1 月，我国发布重大原创成果：360～430GHz 太赫兹 100/200Gbit/s 实时无线传输通信实验系统，该成果处于国际领先水平，创造了目前全世界公开报道中的最高实时传输纪录，同年 6 月 21 日，中国移动发布了业界第一个"6G 网络架构技术白皮书"。由此可以看到，我国科研工作者在 6G 技术领域的贡献是巨大的。在国外，芬兰于 2018 年开始 6G 相关技术研究，美国、日本、欧盟、俄罗斯也加快开展相关工作。韩国于 2021 年 8 月成功进行 6G 太赫兹频段的无线信号传输测试（测试的距离超过了 100m）。

衡量 6G 的关键指标如下。

（1）传输速率：达到 100Gbit/s～1Tbit/s，约是 5G 的 100 倍。

（2）定位精度：室内达到 10cm，室外达到 1m，约是 5G 的 10 倍。

（3）通信时延：0.1ms，约是 5G 的 1/10。

（4）连接数量：设备密度达到每立方米过百个，约每平方千米 100 亿个连接，约是 5G 的 10 万倍，密度惊人。

（5）中断率：小于百万分之一，可靠性极高。

当然，虽然 6G 技术的前景如此美好，但其面临的挑战也非常严峻。例如，6G 采用了太赫兹（THz）频段通信，尽管网络容量大幅提升了，但该技术尚未成熟，对元器件、集成电路技术、新材料技术带来巨大挑战。此外，6G 技术与 5G 技术并行发展，涉及两种技术的融合问题、6G 技术的商业化问题（目前 6G 的应用在探索之中，部分专家认为可用于空间通信、触觉互联网、机器间协同、全自动交通、智能交互等应用中）、6G 技术指标的变化导致的问题等。但人们普遍认为 6G 的商用大约是 10 年之后的事情。

通信技术发展如此迅速，人们完全可以将太空中的卫星与地面、地下或海洋中的一些通信设备利用 6G 技术连接起来，以高速、极低时延、高精度定位、百亿级连接和极高的可靠性来实现人们任何能够想象到的功能。

# 3.5　NB-IoT 技术

在物联网的应用中，低功耗是大多数物联网应用场景的必要需求，尤其是在一些能源受限的环境，如野外、水下、无人区等。尽管人们可以用太阳能电池来解决一部分能源供应的问题，但功耗过高无疑会加快能源的使用速度，最后会因为能源不足或耗尽而导致各物联网节点或设施停止工作，从而造成整个物联网系统停止运行。

本节中介绍的低功耗广域网（LPWAN）技术是为满足物联网需求应运而"生"的。该技术在实现远程通信功能的同时还能够以低功耗、低速率方式运行，大大延长物联网系统的使用寿命。低功耗广域网应用非常广泛。例如，它可用于智能楼宇控制与设施管理、智能远程监控、牧业养殖物的远程监控、共享单车、智慧城市、智慧农业等对带宽、时延要求低的场所。

窄带物联网（NB-IoT）也被称为低功耗广域网，是物联网领域新兴的一项技术，支持低功耗设备在广域网中以蜂窝方式完成数据连接，可直接用于 GSM 网络、UMTS 网络或 LTE 网络向其他网络的平滑升级，同时还能够降低部署成本。目前，NB-IoT 已经成为万物互联网络的一个重要分支。

NB-IoT 受到用户欢迎，是与它的特点分不开的。NB-IoT 的特点如下。

### 1．低功耗

NB-IoT 的功耗很低，如果使用 AA（5000mAh）电池，那么 NB-IoT 终端模块待机时间可以长达 10 年，完全可以满足绝大多数应用领域系统生存时间的需求。

### 2．低成本

NB-IoT 模块成本很低，国内模块价格十几元到几十元不等（NB-IoT 芯片价格更低），企业部署时完全可以根据模组功能、性能与品牌来选用。NB-IoT 模块如图 3-13 所示。

图 3-13　NB-IoT 模块

### 3．大连续

NB-IoT 具备非常强的连接支撑能力，在一个 200kHz 扇区内可容纳 10 万个连接，因此，其对低时延并不敏感。

### 4．广覆盖

在覆盖能力方面，NB-IoT 较 GPRS 增加 20dB 的信号增益，具备覆盖面积广、节点可移动等特性，能够用于多种应用领域（如共享单车、野外跟踪、室外设备监控等）；同时，NB-IoT 还能提供室内蜂窝数据连接，完全可以被视为一种全球范围内的物联网连接技术。

为适应不同运营商及不同应用场景，NB-IoT 系统支持以下 3 种工作模式。

第一种模式为独立工作模式（Stand-alone），即各频谱是独立的，利用各独立频谱来部署 NB-IoT，适用于 GSM 频段（因为 GSM 信道带宽为 200kHz，而 NB-IoT 带宽为 180kHz，在容纳 NB-IoT 带宽外两边还可留有 10kHz 的保护间隔）。

第二种模式为 LTE 带内工作模式（In-band），即在 LTE 的带宽内部署 NB-IoT，该模式适用于仅仅采用 LTE 频谱（无其他额外频谱）的运营商，带宽分别为 5MHz、10MHz、15MHz、20MHz，可以使用 LTE 边缘保护频带中未被利用的 180kHz 带宽。

第三种模式为 LTE 保护带工作模式（Guard band），该模式在 LTE 频谱边缘的保护带内部署 NB-IoT，该模式适用于采用 LTE 频谱却没有其他额外频谱的运营商，带宽分别为 3MHz、5MHz、10MHz、15MHz、20MHz。

NB-IoT 技术的兴起，承载着各大运营商、企业对物联网应用发展的期待，各国通信公司积极采取行动，如中国移动、中国联通、华为、爱立信、高通、Intel 等，典型应用如 2017 年 ofo 小黄车、中国电信、华为共同研发的基于 NB-IoT 技术的"物联网智能锁"。

# 3.6 工业互联网通信技术

工业互联网是将互联网技术、工业系统技术深度融合且应用于工业领域的基础设施。物联网作为互联网向"万物"方向延伸的产物,而工业互联网则被看成物联网中具有鲜明特色的一个应用领域;也有人认为工业互联网是物联网技术在工业领域的应用。不同的学者对物联网和工业互联网的关系有不同的见解,这也正说明二者在概念上既有交集又有很大差别,工业互联网更突出以互联网为核心的一个领域应用。本节将工业互联网作为一个应用背景,简单介绍工业互联网中用于网络互联的通信技术。

## 3.6.1 工业现场总线介绍

### 1. 工业现场总线概念与类型

工业现场总线是指能够将现场设备、工业过程控制单元等连接起来,实现工业控制网络的现场技术。现场设备主要包括字传感器、变送器、仪表与执行机构等。

国际电工委员会(International Electrotechnical Committee,IEC)对工业现场总线要求如下。

(1)同一数据链路上的过程控制单元(PCU)、可编程逻辑控制器(Programmable Logic Controller,PLC)和数字 I/O 设备要互连。

(2)现场总线控制器可对总线上的多个操作站、传感器及执行机构等进行数据存取。

(3)通信媒体安装要简便易行、费用较低。

IEC 又将工业现场总线分为星型现场总线和总线型现场总线。

1)星型现场总线

星型现场总线用短距离、廉价、低速率电缆取代模拟信号传输线,星型现场总线结构如图 3-14 所示。

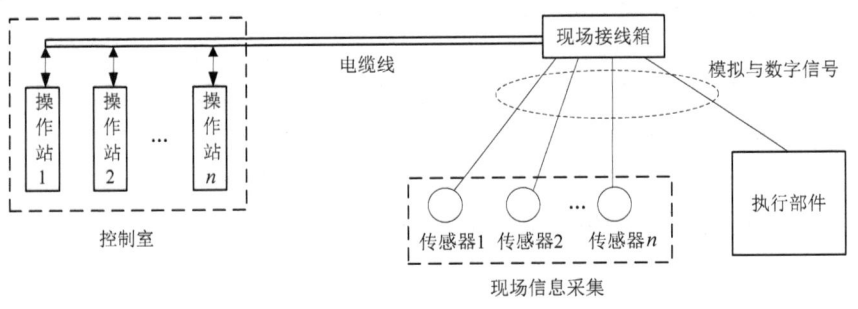

图 3-14 星型现场总线结构

2)总线型现场总线

总线型现场总线数据传输距离长、速率高,采用点-点、点-多点和广播式通信方式,总线型现场总线结构如图 3-15 所示。

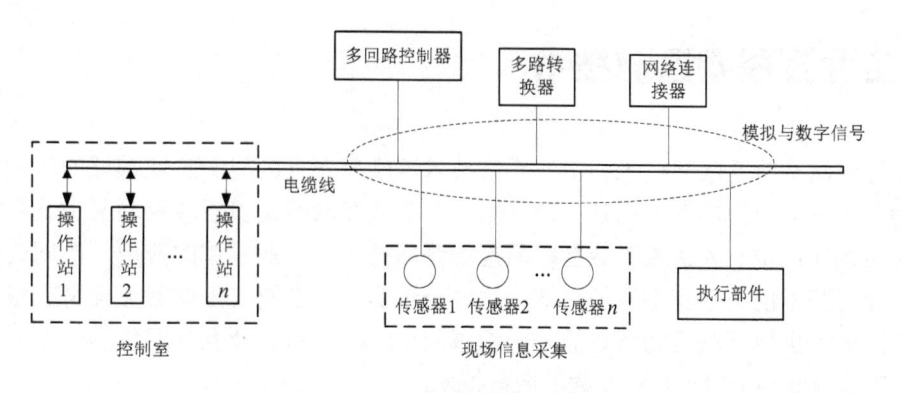

图 3-15　总线型现场总线结构

### 2．EIA-RS-485 总线标准

EIA-RS-485 总线是工业领域中被广泛采用的标准之一，它定义于 OSI 参考模型中的物理层。EIA-RS-485 总线信号采用负逻辑，＋2～＋6V 表示"0"，-6～-2V 表示"1"，传输距离超过 1.2km，数据传输速率最高可达 10Mbit/s（此时距离一般要小于 40m）。

EIA-RS-485 总线采用多点互连，可以省掉许多信号线，非常方便地构成分布式系统；网络介质采用双绞线、同轴电缆或光纤，其布线简单、稳定可靠，并且网络成本低廉，广泛用于视频监控、门禁对讲、楼宇报警等各个领域中。

### 3．Modbus 协议

Modbus 协议出现于 1979 年，是全球第一个真正用于工业现场的总线协议。它工作在 OSI 网络体系结构中的应用层，可以实现控制器、网络及其他设备之间的数据通信，支持 RS-232、RS-485 通信标准和以太网上的 TCP/IP 协议，该协议的开放性使其支持更多的产品，具有实时性好、速率高、协议格式简单等特点，已经成为通用的工业总线标准之一。

目前，我国已经推出多个 Modbus 相关标准，如基于 Modbus 协议的工业自动化网络规范第 1 部分：Modbus 应用协议（GB/T 19582.1—2008）、Modbus 测试规范第 1 部分：Modbus 串行链路一致性测试规范（GB/T 25919.1—2010）、现场设备工具（FDT）接口规范　第 515 部分：通用对象模型的通信实现 MODBUS 现场总线规范（GB/T 29618.515—2017）等。

Modbus 在不同类型总线和设备之间采用主-从结构，采用请求/应答模式实现通信，拥有两种通信模式：ASCII 模式和 RTU（远程终端单元）模式，目前应用非常广泛。

工业互联网的兴起，以 TCP/IP 协议上的 Modbus 协议连接各网络设备变得更加通用，可以连接 PLC、各类 I/O 模块、网络终端设备等。

### 4．CAN 总线介绍

控制器局部网（Controller Area Network，CAN）是德国开发的一种多主总线技术，具有高性能、高可靠性、实时性等特点，现已被广泛应用于工业自动化中连接各种传感器、各种控制设备和执行器等，也应用于交通工具、医疗仪器、建筑和环境控制等众多领域。

CAN 总线通信介质可以是双绞线、同轴电缆或光纤，通信速率可达 1Mbit/s，符合 ISO 11898CAN 标准，收发器、CAN 控制器和微控制器 3 种器件分别对应 OSI 参考模型的物理层、数据链路层和应用层。CAN 总线比较容易加进一些新节点而无须在硬件或软件上进行修改。CAN 总线具有如下特点。

（1）采用多主机工作方式，网络上任意节点均可以在任意时刻主动向网络上的其他节点发送信息，而不分主从关系，通信方式比较灵活。

（2）网络上的节点（信息）可分成不同的优先级，可以满足不同的实时需求。

（3）采用非破坏性位仲裁总线结构机制，当两个节点发生冲突时，优先级低的节点要避让优先级高的节点，优先级高者优先发送数据。

（4）采用点对点、一点对多点（成组）及全局广播几种传送方式接收数据。

（5）直接通信距离最远可达 6km（速率在 10Kbit/s 以下）。

（6）通信速率最高可达 1MB/s（此时距离最长 30m）。

（7）节点数实际可达 110 个。

（8）采用短帧结构，每一帧的有效字节数为 8 个。

（9）每帧信息都有 CRC 校验及其他检错措施，数据出错率极低。

（10）通信介质可采用双绞线、同轴电缆和光纤，一般采用廉价的双绞线即可，无特殊要求。

（11）节点在错误严重的情况下，具有自动关闭总线的功能，切断它与总线的联系，以使总线上的其他操作不受影响。

### 5. PROFIBUS

过程现场总线（PROFIBUS）是一种国际化、开放式、不依赖于设备生产商的现场总线标准，于 1989 年正式成为现场总线的国际标准。PROFIBUS 由 3 个兼容部分组成。

1）PROFIBUS-DP

分布式外围设备过程现场总线（PROFIBUS Decentralized Periphery，PROFIBUS-DP）应用于现场级。它是一种高速低成本通信技术（速率为 9.6Kbit/s～12Mbit/s），用于设备级控制系统与分散式 I/O 之间的通信。PROFIBUS-DP 定义了物理层、数据链路层和用户接口，而对网络层、传输层、会话层、表示层和应用层都没有定义。

2）PROFIBUS-PA

过程自动化过程现场总线（PROFIBUS Process Automation，PROFIBUS-PA）适用于过程自动化，可使传感器和执行器接在一根共用的总线上。PROFIBUS-PA 采用 IEC 1158-2 标准，数据传输采用扩展的 PROFIBUS-DP 协议，使用连接器可在 DP 上扩展 PA 网络，传输速率为 31.25Kbit/s；也可通过总线给现场设备供电，适用于本征安全领域和由总线供电的应用环境。

3）PROFIBUS-FMS

过程现场总线信息规范（PROFIBUS Fieldbus Message Specification，PROFIBUS-FMS）主要解决车间级通信问题，完成中等传输速率的循环或非循环数据交换任务，是令牌结构的实时多主网络，可用来完成控制器和智能现场设备之间的通信，以及控制器之间的信息交换。PROFIBUS-FMS 定义了物理层、数据链路层、应用层 3 层，而对网络层、传输层、会话层、表示层却没有定义，但它们的功能已经集成到低层接口（Lower Layer Interface，LLI）中。应用层包括现场总线信息规范（FMS）和 LLI。FMS 包括应用协议并向用户提供可广泛选用的强有力的通信服务。LLI 协调不同的通信关系并提供不依赖设备的第二层访问接口。

### 6．工业控制系统

工业互联网的通信以工业现场总线技术为基础，并实现与工业控制系统的联接。工业控制系统是指由计算机与工业过程控制部件组成的自动控制系统，除控制器、传感器、传送器、执行器和 I/O 接口等部分外，还涉及控制软件及各类协议，不同设备厂商、不同设备、不同需求及功能使得各协议之间的差别很大，加之各工业系统之间的"孤岛"现象严重，使协议在类别、数量及兼容性等方面的表现差距更大。现根据协议的使用领域列举部分典型协议如下。

1）自动化通信类协议

自动化发展历史相对较悠久，协议数量巨大，如 CC-Link、CAN、CANopen、ControlNet、DeviceNet、EtherCAT、Ethernet Powerlink、EtherNet/IP、Honeywell SDS、HostLink、Modbus、Optomux、PieP、Profibus、PROFINET IO、SERCOS interface 等，这些协议由不同厂商研发，有的属于早期协议，如 CC-Link 是 1996 年三菱电机推出的，CAN 总线由德国 BOSCH 公司研发和生产并最终成为国际标准（ISO 11898）。Modbus 是由 Modicon 公司（施耐德电气 Schneider Electric 前身）于 1979 年为可编程逻辑控制器（PLC）通信而设计的一种串行通信协议，后来成为工业领域通信协议的业界标准，目前是工业设备之间常用的连接方式之一。

2）工业控制类协议

工业控制系统是工业系统中的重要部分，典型协议有 OPC（OLE for Process Control）协议（别名 OPC DA、OPC UA），以及用于过程控制的 OLE（Object Linking and Embedding）。OPC 协议实际上是一个工业标准，由国际组织 OPC 基金会负责管理。OPC 协议包括一整套接口、属性和方法的标准集，是过程控制和制造业自动化系统中典型且重要的协议，典型应用领域为工控、楼控及所有自动化领域。目前，该协议也被应用到各类机床、起重机和吊机上。

此外，还有输配电通信协议（如 IEC 60870-5、DNP3、IEC 60870-6、IEC 61850、IEC 62351、Modbus、PROFIBUS 等）、智能电表协议（如 ANSI C12.18、IEC 61107、DLMS/IEC 62056、M-Bus、Modbus、ZigBee Smart Energy 2.0 等）、车用通信协议（如 CAN、FMS、FlexRay、IEBus、J1587、J1708、J1939、Keyword Protocol 2000、LIN、MOST、NMEA 2000、VAN 等）。

众多协议让人眼花缭乱，应接不暇，但协议设计的基本原理是相同的，差异性在于不同场景下协议功能需求、协议性能需求、协议实时性需求及兼容性等不同。

5G 技术的兴起，尤其是工业 4.0 的提出，推进了工业现场总线的改进及新协议设计工作，业界希望打破工业网络之间的"孤岛"现象，将现有各方面优秀而成熟的技术安全地应用到工业互联网中，即解决工业互联网中的高时延、低可靠性问题，同时实现全智能化工作，尽可能地节约人力、物力、时间，优化生产过程及降低运行成本，提升企业的竞争力。

### 7．转换器

在工业生产过程上，涉及的设备较多，有计算机、各种传感器、各种控制设备、交换机、路由器及各种传输介质，而且各设备的总线接口不同，如 RS-232、RS-485、RS-422、

CAN 等。实际应用中需要在几种接口中传输或转换信号，这就需要研究各总线间的信号传输问题。能够完成此功能的器件就是转换器。

转换器是将一种信号转换成另一种信号的装置。信号是信息存在的形式或载体。在自动化仪表设备和自动控制系统中，常将一种信号转换成另一种与标准量或参考量比较后的信号，以便将两类仪表联接起来，因此，转换器常常是两个仪表（或装置）间的中间环节。

转换器从原理上可分为协议转换器、接口转换器两大类，从应用上又可以分光纤转换器、光电转换器、视频转换器等。例如，视频转换器就是一种连接计算机和电视机的设备，它可以把计算机上的内容转换并显示在电视机上，让人们可以在电视机上上网、玩游戏、做商业演示、看股票等。

目前，市场中已有多种相关产品面市，种类繁多，如图 3-16 所示。

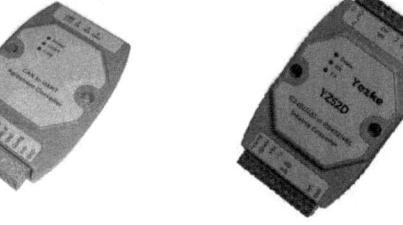

（a）RS-232 转 CAN 总线转换器　　　　（b）RS-422 转 RS-485 转换器

图 3-16　转换器

### 8．典型现场总线应用

目前，国际上具有代表性的现场总线技术标准为 PROFIBUS、EIA-RS-485 总线、CAN 总线与 LONWORKS 等。现以 PROFIBUS 应用为例进行介绍。

PROFIBUS 可使分散式数字化控制器从现场底层到车间级实现网络化，它应用于智能制造、工业互联网、数字自动化等领域，并可同时实现集中控制、分散控制和混合控制 3 种方式。

1）现场设备层

现场设备层的主要功能是连接现场设备，如分散式 I/O、传感器、驱动器、执行机构、开关设备等，能够完成现场设备控制及设备间联锁控制。主站负责总线通信管理及所有从站的通信。总线上所有设备的生产工艺控制程序均储存在主站中，并由主站执行。

2）车间监控层

在工业生产过程中，需要对生产车间中各生产设备进行连接及车间级监控。一般情况下，车间级监控包括生产设备的在线监控、设备故障报警及维护、生产统计及生产调度等生产管理等。对于车间级监控通常需要设立车间监控室，采用 PROFIBUS-FMS 传输大量信息。

3）工厂管理层

工厂管理层利用内部网络将车间生产数据集中起来管理，相关操作员可通过网络实现调度，也可将管理数据通过企业网络送到其他服务器上。涉及的设备有路由器、交换机等，此时，网络所使用的协议为以太网协议和 TCP/IP 协议，也可根据实际需求指标及设备投入情况采用 FDDI 网络。

PROFIBUS 的开放性使它广泛适用于工厂中自动化控制、车间监控、现场设备层的数据传输与控制等，也适用于智能楼宇、交通电力等领域；通过组建设备层次到车间监控层次的分散式数字控制及通信网络，可实现工厂的综合自动化和设备智能化管理。目前，使用PROFIBUS 技术的公司主要有 SIEMENS 等，应用案例累计达十多万个。

## 3.6.2　可编程逻辑控制器

最近几年，机器和设备制造商面临越来越严苛的挑战，他们既需要提供更为灵活、高效的机器设备，同时又需要更低的价格以吸引用户。因此，对成本优化的机电一体化解决方案的需求越来越迫切。而这些应用中，PLC（可编程逻辑控制器）起到至关重要的作用。

PLC 主要应用在工业生产的环境中。但随着物联网技术的兴起，PLC 已成为一种典型的物联网环境中的控制设备，并且它也可以独立设置 IP 地址，可以当成局域网中一个设备来使用。因此，将 PLC 的内容放在网络技术中来学习。

### 1. PLC 的定义

PLC 是一种数字运算操作的电子系统。国际电工委员会（IEC）对 PLC 的定义为：PLC 是一种专门为在工业环境下应用而设计的数字运算操作的电子装置。

PLC 能够以编程方式来控制各种类型的机械或生产过程。程序被存储在 PLC 内部，输入和输出可以为数字或模拟量。PLC 本质就是一种工业控制设备，内容结构由 CPU（中央处理器）、存储器（RAM 和 EPROM）、输入/输出模块（简称 I/O 模块）、编程器和电源组成，基本与计算机结构相同。

### 2. PLC 的发展和特点

1968 年，美国 GM（通用汽车）公司提出取代继电器控制装置的需求，1969 年，美国数字公司（DEC）研制出第一台 PLC，满足了 GM 公司装配线的要求。

这种新型工业控制装置因为具有简单、操作方便、可靠性高、通用、灵活、体积小、寿命长等优点，很快被美国其他工业领域使用。

随着集成电路和计算机技术的发展，PLC 技术发展也很快，尤其是国产 PLC 产品性能指标已经不逊色于某些品牌产品了。

PLC 在工业现场中发挥信息采集与控制作用，具有如下特点。

1）可靠性高，抗干扰能力强

PLC 在电路设计、器件生产、抗干扰、故障自诊断等方面表现优异，可靠性高，能够适应恶劣的工业应用环境，如耐热、防潮、抗震等。以三菱公司生产的 PLC 为例，平均无故障时间高达 30 万小时（约 34 年）。

2）产品市场发展完善

PLC 经过多年发展，其上下游市场发展非常完善，适用性极强，几乎能够满足所有的控制要求，可以灵活使用。

3）简单易学

PLC 作为面向工矿企业的设备，其接口和编程语言都非常简单，方便操作人员学习和使用。设备维护也很方便，只需要修改程序即可，减少了大量线路连接工作。

4）体积小，功耗低

PLC 体积一般都很小，可以轻松装入其他设备内部，同时其功耗也非常低，一般只有数瓦。

### 3. PLC 的工作过程

PLC 控制与计算机控制相比，具有更强的工业过程接口，外接的可控设备种类更多，从原理上看，PLC 的工作过程一般可分为 3 个主要阶段：输入采样阶段、程序执行阶段和输出刷新阶段，如图 3-17 所示。

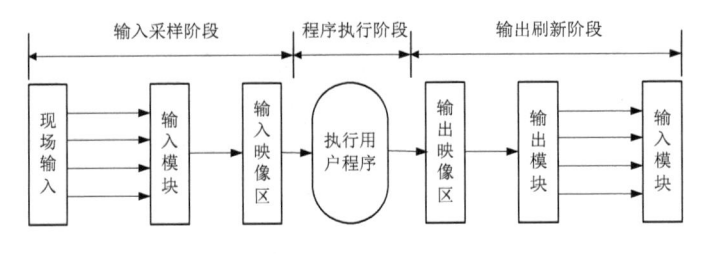

图 3-17　PLC 的工作过程

1）输入采样阶段

PLC 以扫描方式将所有信号依次读入输入映像区中，这一过程称为采样。

2）程序执行阶段

PLC 按照一定的逻辑（如从上到下或从左到右）扫描每条指令，从输入映像区读取数据并进行计算处理，再将执行结果写入输出映像区暂存。

3）输出刷新阶段

当执行完所有指令后，PLC 将输出映像区中的数据送到输出锁存器并驱动用户设备。这种执行完毕再输出的设计方法保证程序执行结果是正确及稳定的，但需要 PLC 的输入采样和程序执行在要求的时间内完成，否则数据可能不是最"新鲜"的；而输出锁存器中的数据是上一个扫描周期输出结果，处于只读状态，保障数据不会发生变化。

### 4. PLC 常见产品介绍

市场中的 PLC 产品较多，现以德国西门子（SIEMENS）的 S7-300 PLC 系统为例进行介绍，如图 3-18 所示。

S7-300 是一种模块化的小型 PLC 系统，拥有优越的性价比，已经逐渐成为中小规模控制系统的理想选择。S7-300 具有许多优点，如指令处理速度快、支持浮点数运算、通信模块连接各类总线方便，具有时间/中断驱动、开环定位和 PID 等高级控制功能，I/O 模块维修或更换十分方便，编程语言简单、指令集丰富。

S7-300 的结构与功能介绍如下。

1）电源

PLC 电源部件一般被封装到 PLC 壳体内部或以单独电源模块形式提供，其外接电源一般为 AC 220V，而内部为+5V、+12V 及+24V 三种直流电源，它们分别为 PLC 的中央处理器、存储器等的电路供电，能使 PLC 正常稳定工作。

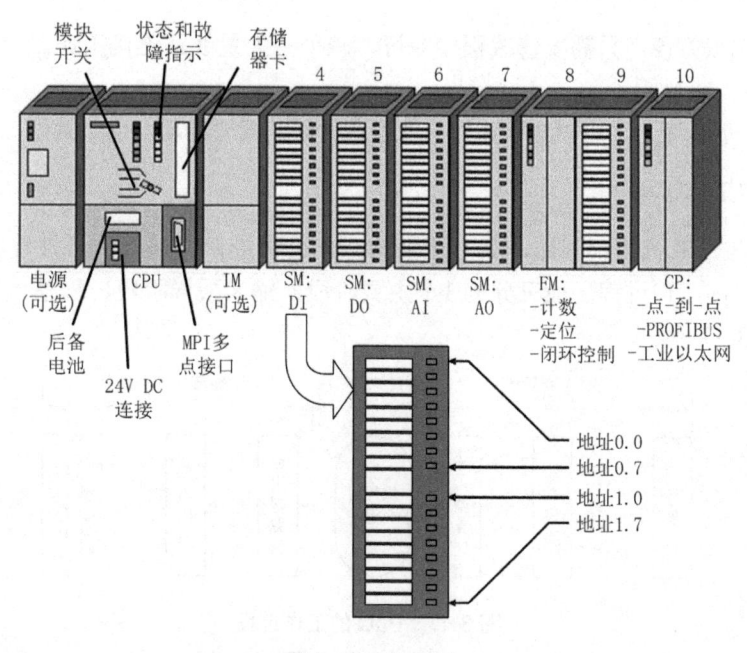

图 3-18　S7-300

2）中央处理器

中央处理器（CPU）在 PLC 中完成计算和控制功能，与传统计算机的 CPU 相比，其种类很多，而且各种 CPU 的性能也不一样。例如，有集成了数字量及模拟量的 I/O 点的 CPU，也有集成了 PROFIBUS-DP 等通信接口的 CPU。S7-300 支持的 CPU 有二十多种，可以适应不同等级的控制系统。

3）存储器

S7-300 的存储器为存储器卡或内部集成的 RAM；内部 RAM 中的数据是需要电池来保持的，这一点和计算机中的 RAM 是同一道理。

4）I/O 单元

S7-300 的接口模块（Interface Module，IM）用于配置连接主机架和扩展机架，最多可以配置 32 个各类模块。

5）扩展接口

PLC 的扩展接口可灵活配置各种扩展单元、功能模块以满足不同控制系统的需要。

6）通信接口

PLC 配有多种通信接口来实现"人-机"或"机-机"之间的会话。通过这些通信接口，PLC 可以与监视器、打印机和其他的 PLC 或计算机相连接并实现通信功能。

7）信号模块

信号模块是模拟量 I/O 模块与数字量 I/O 模块的总称。它能使不同的过程信号电压或电流与 PLC 内部的信号电平相匹配。模拟量信号模块有模拟量输入模块 SM331 和模拟量输出模块 SM332；数字量信号模块有数字量输入模块 SM321 和数字量输出模块 SM322，功能强大。

8）编程器

编程器的作用是为用户提供程序的编制、编辑、调试和监视功能，目前可以联机编程或脱机编程，具备图形显示功能，用户可以直接通过输入梯形图和屏幕对话实现编程，也可以使用厂家配备的专用编程软件来完成。

PLC 的应用非常广泛，可用于开关量逻辑控制、工业过程控制、运动控制、数据处理、通信及联网。

## 3.7  本章小结

本章首先介绍了计算机网络及其体系结构、TCP/IP 协议，以及蓝牙、ZigBee 技术、IEEE 802.15.4 标准等短距离无线通信技术，然后简要介绍了移动通信技术、NB-IoT 技术，最后介绍了工业互联网通信技术。在实际物联网项目中，往往采用多种通信技术以达到最理想的应用效果。

## 习题

3.1 什么称为计算机网络？

3.2 无线个人局域网所涉及的技术有哪些？它们各自的优缺点有哪些？

3.3 第五代移动通信技术的主要特点是什么？

3.4 TCP/IP 协议由哪几部分组成？

3.5 简述 TCP 连接的建立和释放过程。

3.6 ZigBee 技术具有哪些特点？

3.7 NB-IoT 技术具有哪些特点？

3.8 CAN 总线的特点是什么？

3.9 Modbus 协议主要功能是什么？

3.10 简述数据通信在 TCP/IP 参考模型中的传输过程。

3.11 现场总线有什么特征？

3.12 OSI 七层网络体系结构将网络分为哪七层？

3.13 什么是工业现场总线？常见的工业现场总线有哪些？

3.14 列举描述计算机网络性能的重要指标。

3.15 Socket（套接字）使用了哪两个协议，它们分别位于 TCP/IP 参考模型中的哪个抽象层？

3.16 一个完整的 Socket（网络通信）是由一个五元组组成的，该五元组如何组成？

# 第4章  物联网应用层

★ 学习指导

📁 学时建议：理论 4 学时，实验/实践 2 学时，自学 2 学时。
📁 教学目标：使学生能够复述隐私保护、云计算、云际计算、数据挖掘、大数据等概念；能够解释云计算体系结构、云计算架构视图、云际计算功能参考架构、物联网智能决策等；能够归纳物联网应用层的主要特征和关键技术、云计算特点、云计算部署模式、大数据关键技术、物联网大数据涉及的内容；能够列举常见的数据库及其主要特点。
📁 主要内容：数据处理、数据安全、隐私保护、云计算概念、云计算特点、云计算体系结构、云计算架构视图和云计算部署模式、云际计算、云际计算功能参考架构、数据挖掘、大数据关键技术、物联网大数据涉及的内容、常见的数据库、物联网智能决策等。
📁 重点难点：数据处理、数据安全、云计算特点、云计算体系结构、云计算部署模式、云际计算、云际计算功能参考架构、数据挖掘、大数据关键技术、物联网智能决策等。

物联网围绕应用领域需求为客户提供服务，与人们的日常生活、社会生产和经济发展有直接关系，使人们零距离、直观地体验物联网。本章介绍物联网应用层的主要功能、主要特征和关键技术，以及云计算、数据处理与智能决策。

## 4.1  应用层概述

### 4.1.1  应用层主要功能

物联网应用领域范围广、应用形式多样、行业特色鲜明、规模化程度高、技术融合性强。一般情况下，一个物联网系统的应用层主要具备如下功能。

#### 1. 数据处理

数据处理是应用层的基本功能。物联网感知层采集的数据通过网络层被传输到应用层后，会在数据中心（或数据服务器）上存储起来供计算时使用。在传输及存储过程中，数据自身是否经过预先处理或筛选、传输过程及数据存储是否经过加密、大数据读/写速度是否满足网络需求、如何挖掘数据中潜在的价值等，这都需要物联网应用层具有高效、安全、可靠的数据处理能力。

### 2．智能决策

数据被存在数据中心后的最大价值是数据能够被充分利用，并通过各种数据挖掘算法发现潜在的（或此前从未发现的）数据价值，并利用各种智能算法做出最优决策或发挥最大价值，从而部分或者全部地代替人工操作。尤其是在自动化、工业生产、智慧交通、现代军事战争中，这种智能决策技术能够完成人类完成不好或完成不了的工作。

### 3．数据安全

数据的价值是无形的，甚至无法用金钱衡量，尤其是涉及民生、国家安全、金融、工业生产、人种基因等重要领域的数据，都需要通过各种安全技术来实现数据的安全保护，防止敏感数据泄露或被恶意使用；当科学研究中涉及此类数据时，都要预先对敏感数据进行脱敏处理。

所谓数据脱敏处理，是指利用某种技术手段或方法将数据中需要保护或防止外泄的内容替换成其他数据，最终达到保护真正敏感数据的目的。脱敏后，数据可以被正常使用而无须担心外泄或被恶意使用。

### 4．隐私保护

网络技术被发明和普及后，现实中人的实体信息同样被映射到网络中。也就是说，在网络世界中，同样有个人系列信息代表着现实中真实的某个人，而这些信息往往与个人真实财产、虚拟货币、声誉、社会舆情、人格尊严有密切联系。一旦个人信息被恶意利用，则可能产生财产损失、人身攻击或网络暴力（网暴），甚至"社会性死亡"，所以，网络虚拟世界与现实世界中的个人隐私都必须被保护起来。生活中经常发生的电信诈骗、QQ 被盗、身份被假冒事件是个人隐私泄露后产生的社会危害，因此，我们每个人都要注意个人隐私防护。

那么，什么称为隐私防护呢？

隐私防护是指通过数据安全技术、网络安全技术实现对个人私密信息的数据进行防护的手段，同时保证不影响合法用户的正常使用或生活。隐私防护问题普遍存在于各个应用领域中，物联网系统中的隐私防护不仅涉及"人"，更涉及"物"，如传感器位置信息、采集的真实数据、监控视频、军事基地信息、人员身份信息、医疗数据等。

此外，物联网应用层根据不同的物联网应用场景会有独特的功能需求。例如，化工厂要求物联网数据采集、传输及智能决策要具有实时性和可靠性；智慧交通要求能够统计各交通路口的拥堵时间和程度，以及及时处理应急事件；工业互联网中零部件加工参数（尤其是涉及军工企业的）必须采用高级别数据安全防护机制。

## 4.1.2 应用层主要特征

物联网应用层的最大特色功能体现在应用服务方面，主要有如下特征。

### 1. 多样化

物联网应用可以是智能家居、智能电网、智慧城市、智慧农业、智慧交通等，几乎覆盖了社会经济发展的各行各业，核心是实现人与人、人与物、物与物之间的信息交换。在现实社会中，围绕解决的不同问题及达到的目的会产生不同的物联网应用，因此物联网应用的多样化特征显著，能够更快、更好、更精准、更高效地提供服务是物联网应用的现实意义之一。

### 2. 规模化

数字经济的发展带动了经济的发展，物联网技术也因此得到了更好的应用，极大地促进了行业的规模化和产业化。物联网应用涉及人与物之间数据交换、感知和传输海量数据，对产业发展及行业带动作用明显。因此，物联网应用的规模化是数字经济发展的必然结果。

### 3. 大数据化

物联网应用中涉及很多传感器，如温湿度传感器、图像传感器、振动传感器等。这些传感器每天要完成不同领域的数据采集任务，如智慧医疗中产生的大量数据、智慧农业中第几天各种植物及环境数据、智慧交通中每日交通情况及车辆拍照信息等。这些数据不仅种类繁杂，而且数量庞大。因此，如果采用传统的数据存储技术来处理海量数据，很显然在响应时间上无法满足数据查询、更新、修改和删除操作需求，大数据处理技术由此应运而生。

### 4. 智能化

物联网中产生的大数据中蕴藏巨大的潜在价值。因此，智能决策的意义是帮助人们寻找如何利用数据来挖掘潜在价值的有效路径。因此，需要借助人工智能技术、数据挖掘技术来处理海量数据，并根据一定的算法及策略做出智能决策，供人们参考和使用。

### 5. 安全化

物联网数据的价值具有无可比拟性，尤其在目前的数据时代，如何保证物联网数据的安全性，防止被非法访问、恶意操作或破坏，不仅涉及数据安全技术，还涉及大数据安全存储、安全查询等。尤其是在网络攻击行为常态下，如何保障物联网数据安全或物联网系统安全，是摆在人们面前的另一个紧迫问题。

## 4.1.3 应用层关键技术

应用层技术能够对接收或存储的感知数据进行深度处理，如计算、决策、安全等，并形成满足不同需求的各种物联网应用型服务，然后通过人机交互平台或界面呈现给用户。应用层技术分为终端设计技术、应用设计技术和应用支撑技术3类。

### 1. 终端设计技术

终端设计技术主要包括手机终端、计算机终端、显示系统、专用终端、I/O 和人机工程等技术，也可以分为智能终端与非智能终端。前者计算能力较强，后者计算能力较弱。

### 2. 应用设计技术

应用设计技术主要分为行业类及专业类两个方向的软件应用设计、系统建模、系统分析、SOA 中间件等。行业类可以理解为通用型，主要面向物联网应用的某个行业，如智慧农业、智能电网等。而专业类主要面向一些特定需求，如某种专用元器件的设计与制造等。

### 3. 应用支撑技术

应用支撑技术主要包括 M2M 平台、媒体分析、分布式数据处理、云计算、人工智能、海量存储、数据库和数据挖掘、安全技术等技术。

现以 RFID 应用为例进行简单介绍。

应用物联网技术的目的就是让"物体"具有智慧功能，能够"开口说话"。例如，通过植入各种自动识别标志（如各类传感器、电子标签和二维码等）实现指定物体的各种属性信息（如状态、位置等）的及时获取。然而，这些"智慧物体"产生的信息量是庞大的。假设每个传感器节点每分钟传回 1KB 的数据，则 1000 个这样的传感器节点每天传输的数据总量将达到 1.4GB 左右；在部署物联网应用系统时，每个传感器产生的数量可能更大，传感器数量也更多，系统每年运行产生的数据总量将达到天文数字，形成物联网大数据。

显然，采用传统的数据库技术无法解决物联网大数据的存储与处理的问题，因此要引入分布式数据处理技术来满足显示需求。

再如数据挖掘（Data Mining，DM），它是从大量的、不完全的、有噪声的、模糊的，以及随机的实际应用数据中，通过算法挖掘出隐含的、未知的、对决策有潜在价值的数据的过程。物联网产生的海量数据中隐含着某些令用户感兴趣的数据（用户并不知道这些数据究竟是什么），但这些数据必须使用海量数据中的数据挖掘技术才有可能被找到。所以，人们采用数据挖掘技术对数据进行统计、分析、综合、归纳和推理，以此揭示事件及数据间的潜在关系，预测未来趋势，为决策者提供决策支撑。常见的数据挖掘算法包括聚类及关联分析、分类、回归及时间序列分析等。

综合上述，应用层技术涉及学科多、交叉性强，能够为物联网系统的具体应用提供应用支撑平台，具有支撑跨行业、跨应用、跨系统的信息协同、共享、互通功能。所以，物联网应用层是物联网在行业应用发展中价值体现之处，涉及软件技术更多，需要面临和解决的复杂问题具有多学科交叉性。扎实的数学基础有利于问题建模和提高算法分析能力，熟练的专业知识和较强的专业能力有利于解决复杂的工程问题，强烈的安全意识能够保障物联网应用系统从设计开始就融入安全技术，尽可能减少安全故障。

# 4.2 云计算

云计算（Cloud Computing）是分布式计算技术的一种，能够将大量的网络资源纳入统一管理和调度中，构成一个庞大的计算资源池并向用户提供按需服务。

云计算网络服务可以在极短时间内处理海量信息，如同一台"超级计算机"，具有高效、动态和大规模扩展的资源处理能力。此外，云计算还能够对资源进行实时、智能的管理和分析，因此常常被人们用来解决物联网产生的"海量数据"。从另一个角度看，云计算同时作为一种新型服务方式，极大地促进了物联网向新型商业模式方向的发展，受到了社会各界的高度重视。

## 4.2.1 云计算概述

云计算概念的提出最早可追溯到大规模分布式计算技术时期。实际上，早在 20 世纪 90 年代，人们在提出网格计算思想时就考虑到充分利用空闲 CPU 资源来建立分布式计算模式。

云计算是指通过虚拟化技术将资源整合成庞大计算与存储网络，用户只需一台接入网络的终端就能够使用资源和服务。由于云计算的优势和发展势头强劲，很多企业也纷纷推出自己的基于云计算的产品，如 Google、亚马逊、IBM、Microsoft、华为、阿里巴巴、百度等。

### 1. 云计算的概念

什么称为云计算呢？云计算的定义较多，现列举主要定义如下。

2007 年，IBM 在其云计算计划的技术白皮书 *Cloud Computing* 中对云计算做如下定义："云计算一词用来同时描述一个系统平台或者一种类型的应用程序。一个云计算的平台按需进行动态的部署、配置、重新配置及取消服务等。在云计算平台中的服务器可以是物理的服务器或者虚拟的服务器。高级的云计算通常包含一些其他的计算资源，如存储区域网络（SANs）、网络设备、防火墙及其他安全设备等。云计算在描述应用方面，描述了一种可以通过互联网进行访问的可扩展的应用程序。'云应用'使用大规模的数据中心及功能强劲的服务器来运行网络应用程序与网络服务。任何一个用户可以通过合适的互联网接入设备及一个标准的浏览器就能够访问一个云计算应用程序。"

归纳起来，IBM 对云计算的定义包含两个含义：一是云计算基础设施和应用程序类似于计算机的操作系统；二是云计算的各类云计算应用是在基础设施上建立的。

美国国家标准与技术研究院（NIST）给出的定义为"云计算是一种提供便捷的通过互联网访问一个可定制的 IT 资源（包括网络、服务器、存储、应用、服务）共享池能力的按使用量付费模式，这些资源能够快速部署，并只需要很少的管理工作或很少的与服务供应商的交互"。该定义从用户角度描述了云计算的使用特点。

Gartner 认为云计算是一种使用网络技术并由 IT 使能而具有可扩展性和弹性能力作为服务提供给多个外部用户的计算方式。

国家标准 GB/T 31167—2014 中云计算定义为"通过网络访问可扩展的、灵活的物理或虚拟共享资源池，并可按需自助获取和管理资源的模式"。

国际标准 ITU-T Y.3500|ISE/IEC 17788 中云计算的定义为"云计算是一种通过网络将可伸缩、弹性的共享物理和虚拟资源池以按需自服务的方式供应和管理的模式。"

此外，云计算又有狭义和广义之分。狭义的云计算：云计算实际上是一种商业计算模型，能够利用大量计算机的计算能力、存储能力来完成计算任务，共享资源。广义的云计算：云计算是指服务的交付和使用模式，可以通过网络以按需、易扩展的方式获得所需服务。这种服务可以是基于互联网的软件服务、带宽服务，也可以是任意其他的服务。

### 2．云计算的理解

云计算的定义不仅仅局限于上述几个描述。综合来看，可以从技术和服务两个角度理解云计算的本质。

1）从技术角度看云计算

从技术角度来看，云计算可以理解为传统计算机技术和网络技术在互联网上融合发展的商业计算模型或商业实现，这些技术不限于网格计算（Grid Computing）、并行计算（Parallel Computing）、分布式计算（Distributed Computing）、网络存储（Network Storage）、虚拟化（Virtualization）、负载均衡（Load Balance）、效用计算（Utility Computing）等。

云计算利用高速互联网的传输能力，将网络上分布的计算、存储、服务构件、网络软件等资源集中到互联网上的服务器集群中并形成统一的管理，按客户的需要定制并分配计算资源，提供方便快捷的服务，实现与超级计算机同样的效果。

2）从服务角度看云计算

云计算是一种计算资源的新型利用模式，融合社交网络、Web 2.0 技术、虚拟化、协同工作、搜索引擎等，利用高性能计算平台对外提供商业服务。

### 3．云计算的特点和优势

1）按需计费服务

云计算能够在不需要或需要较少的云服务商人员参与的情况下，以多种计量方式提供服务，用户可以根据自己的实际需要进行按需购买计费服务方式获得所需的应用程序、数据存储空间、网络带宽、计算能力等资源。云计算所提供的服务规模会根据需求自适应动态变化以解决业务负载过重问题，而且将用户业务与需求进行关联，最大限度地避免因服务器性能过载或冗余而导致的服务质量下降或资源浪费。同时，云计算也可监控用户对资源的使用量，并根据资源的使用情况对服务计费。

2）泛在接入

泛在接入（Ubiquitous Access）是云计算服务可以被广泛访问的能力。用户通过标准接入机制来接入云计算平台。例如，可利用各种终端（如台式计算机、智能手机、笔记本电脑、平板电脑等），来实现不受时空限制的服务。

3）虚拟化

云计算支持用户不受空间位置限制来访问云计算平台上的应用服务，访问终端不限于台式计算机、笔记本电脑或智能手机。

4）资源池化

云计算服务商能够将云资源（如计算资源、存储资源、网络资源等）动态分配给多个用户使用。也就是说，用户能够使用云计算平台采用虚拟化技术提供的共享资源，但却不清楚这个资源的存储位置、资源配置、管理与分配等情况。

5）弹性服务

弹性（Elasticity）是一种能力。云计算平台根据系统当时的状态、条件或用户根据需要提出的需求动态扩展资源。对用户而言，仿佛可以不受速度、方式等限制来获取或释放云计算资源。

6）数据海量

云计算平台中的数据量非常庞大，属于海量数据以上级别。云计算中心往往采用分布式并行处理技术来解决在这些数据上的高性能计算和群组协作问题。

7）低成本

云计算的自动化集中管理模式有助于大量企业降低购买硬件及管理的费用，用户访问云计算的终端也可以是廉价的设备，同时云计算提供软件服务可以提升企业效率，实现低成本目的。

8）高可靠性

云计算在数据备份及容错方面提供安全保障服务，其可靠性高于本地计算机。

9）通用性

在云计算平台下，各项服务可以扩展或演变出多种应用。即使是同一个云计算，也可以同时支撑不同的应用运行。

10）超大规模

云计算的规模巨大，能赋予用户前所未有的计算能力。例如，Google 云计算拥有 100 多万台服务器，Amazon、IBM、Microsoft 等的云计算均拥有几十万台服务器，普通企业私有云拥有的服务器也达到数百或上千台。

11）高兼容性

云计算能够兼容不同配置和各类外设，包括操作系统和应用程序，兼容性非常高，消除了特定设备的依赖性。

12）高可扩展性

云计算可将计算任务无缝地扩展到大规模计算机集群上并可同时处理。云计算的规模可以动态扩充和缩小，满足应用和用户规模增长的需要，在终端上实现泛在接入，因此其服务具有高可扩展性。

## 4.2.2 云计算体系结构

### 1．云计算体系结构模型

由于云计算技术还处于研究阶段，目前还没有一个统一的云计算体系结构，不同的厂家提供出不同的解决方案。现提供一种可供参考的云计算体系结构模型，如图 4-1 所示。

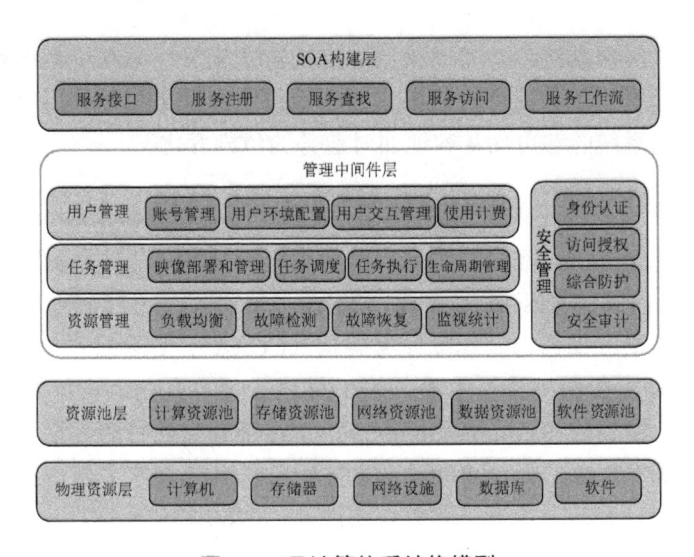

**图 4-1　云计算体系结构模型**

在本模型中，云计算体系结构分为物理资源层、资源池层、管理中间件层和 SOA（Service-Oriented Architecture，面向服务的体系结构）构建层。

1）物理资源层

物理资源层包括计算机、存储器、网络设施、数据库和软件等，它们构成了云计算的硬件和软件资源。

2）资源池层

所谓资源池层，是指将大量相同类型的资源构成同构或接近同构的资源集合，如计算资源池、数据资源池等。在构建资源池时，更多情况是集成和管理物理资源。

3）管理中间件层

管理中间件层实现资源管理、任务管理、用户管理和安全管理，使资源能够更加高效、安全地为应用提供服务。

（1）资源管理负责均衡地使用云资源节点，检测节点的故障并试图恢复或屏蔽，并对资源的使用情况进行监视统计。

（2）任务管理负责执行用户或者应用提交的任务，包括映像部署和管理、任务调度、任务执行、生命周期管理等。

（3）用户管理是实现云计算商业模式的一个必不可少的环节，包括提供用户交互接口、管理和识别用户身份、创建用户程序的执行环境、对用户的使用进行计费等。

（4）安全管理能够保障云计算设施的整体安全，包括身份认证、访问授权、综合防护和安全审计等。

管理中间件层和资源池层是云计算技术的最关键部分。

4）SOA 构建层

SOA 构建层是一个面向服务的技术架构模型，能将云计算中的功能封装成标准的 Web 服务，并通过服务定义良好的接口与契约联系起来，并纳入 SOA 体系内管理和使用，包括服务接口、服务注册、服务查找、服务访问和服务工作流等。SOA 构建层的功能更多依靠外部设施实现。SOA 与大多数通用的客户端/服务器模型的不同之处在于，它着重强调软件组件的松散耦合，并使用独立的标准接口。接口采用中立的方式定义，独立于具体实现服务的硬件平台、操作系统和编程语言，这使得构建在这样的系统中的服务可以使用统一和标准的方式进行通信，SOA 架构的系统能够更加从容地面对业务的急剧变化。

**2．云计算架构视图**

架构是通过系统元素、元素间的关系，以及系统设计和进化原则体现出来的一个系统在其环境中的基本概念或属性（ISO/IEC/IEEE 42010：2011）。

云计算体系框架也可以称为云计算参考架构（CCRA），国际标准 ISO/IEC 17789：2014《信息技术 云计算 参考架构》中将其用于描述云计算角色、云计算子角色、云计算活动、共同关注点、功能架构和云计算功能组件，该标准制定的目的是描述云计算利益相关者群体、云计算系统基本特征、云计算活动和功能组件，并描述它们内部及它们与环境之间的关系，识别 CCRA 设计和改进原理。此外，还涉及 CCRA 的核心标准化目的、重点关注内容及其他方面内容。

需要特殊说明的是，我国在国际标准方面一直处于劣势。自从物联网技术兴起后，我国积极向国际标准化组织（ISO）提交了诸多物联网技术标准，目前已经取得了一些成果（如 RFID 技术在集装箱管理方面的应用标准等），感兴趣的读者可以自行查阅。

我国于 2015 年 12 月 31 日发布了国家标准 GB/T 32399—2015《信息技术 云计算 参考架构》，并于 2017 年 1 月 1 日开始实施。该标准是在国标标准 ISO/IEC 17789：2014 的基础上修改而来的，并定义 CCRA 包括云计算角色、云计算活动、云计算功能组件，以及它们之间的关系，以下根据我国国家标准进行内容阐述。

1）CCRA 的架构视图

云计算系统能采用视图方法进行描述，CCRA 采用 4 个不同的视图，即用户视图、功能视图、实现视图、部署视图，如图 4-2 所示。

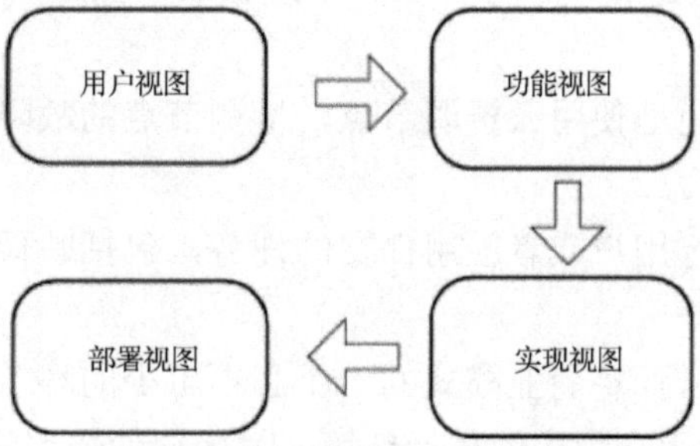

**图 4-2　不同架构视图之间的转换**

（1）用户视图：系统环境、参与方、云计算角色、云计算子角色和云计算活动。

（2）功能视图：支撑云计算活动的所需功能。

（3）实现视图：实现服务、基础设施部件内的云服务所需的功能。

（4）部署视图：基于已有或新增的基础设施完成云服务功能的技术实现。

2）CCRA 的分层框架

CCRA 的分层框架包括四层和一个跨越各层的跨层功能集合，如图 4-3 所示。

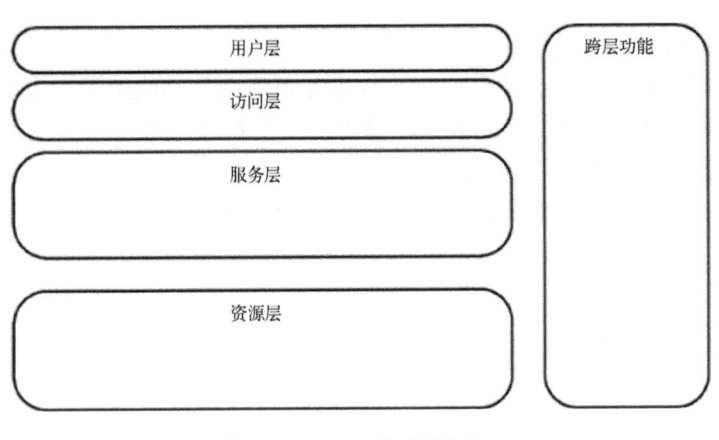

图 4-3 CCRA 的分层框架

（1）用户层。

用户层也是用户接口。通过该接口，云服务用户和云服务提供者及其云服务进行交互，执行与用户相关的管理活动，监控云服务。用户层也可提供云服务输出到另一个资源层的实例。

（2）访问层。

访问层提供对服务层能力进行手动和自动访问的通用接口。这些能力既包含服务能力，也包含管理能力和业务能力。

访问层负责通过一种或多种访问机制来展现云服务能力。例如，通过浏览器访问一组 Web 页面，或在安全通信的基础上通过编程的方式访问一组 Web 服务。访问层的另一个职责是为云服务能力的访问提供合适的安全功能。访问层负责通过用户证书来验证用户请求，以及验证用户是否被授权使用特定的能力。访问层还负责在需要时进行加密处理，并检查请求的完整性。

访问层还负责对来自用户层（如提交给云服务提供者的服务请求）和流向用户层的（如云服务的输出）的流量实施 QoS 策略。

访问层将经过验证的请求传递给服务层组件。访问层接收云服务用户或云服务提供者的云服务消费请求，并访问云服务提供者的服务和资源。

（3）服务层。

服务层包含云服务提供者提供服务的实现过程。服务层包含和控制实现服务所需的软件组件（但不包含底层的虚拟机监控器、主机操作系统、设备驱动程序等），并安排通过访问层为用户提供云服务。

服务层的服务实现软件依赖于资源层的可用能力来提供服务，并确保满足服务的任何服务级别协议（Service Level Agreement，SLA）需求。例如，通过使用充足的资源来提供服务和满足 SLA 需求。

（4）资源层。

资源层驻留各类资源，包括数据中心通常使用的设备（服务器、网络交换机、路由器、存储设备等）和服务器上运行的非云计算特有的软件及其他设备（主机操作系统、虚拟机监控器、设备驱动程序、通用系统管理软件）。

资源层也表示和提供云传输网络功能。通过此功能，在云服务提供者和用户之间、云服务提供者内部、云服务提供者和对等云服务提供者之间可以实现底层的网络连接。

（5）跨层功能。

跨层功能包括一系列与上述四层交互来提供支撑能力的功能组件，这些支撑能力包括但不限于运营支撑系统能力（如运行时管理、监控、供应和维护等）、业务支持系统能力（如产品分类、计费和财务管理等）、安全系统能力（如认证授权、审计、验证、加密等）、集成能力（如连接不同组件以实现所需的功能），以及开发支撑能力（如服务和服务组件的创建、测试和生命周期管理等）。

## 4.2.3　云计算关键技术

云计算技术的应用需要突破一些关键技术。在各种技术中，最基本的关键技术是云计算上的数据存储和分布式的计算能力。

### 1. 数据存储

云存储与传统存储技术不同，访问的数据量及并发数量非常大，需要利用分布式存储系统，实现提高云计算可用性、可靠性、吞吐率、传输速率和经济性的目的。数据存储节点数量、数据可靠性、数据安全性、读写设备的吞吐率和网络传输速率等都会影响云计算数据存储技术的发展。目前，典型技术有 Google 的非开源 GFS（Google File System）、Hadoop 团队开发的 HDFS（Hadoop Distributed File System）等。

### 2. 数据计算

云计算整个系统类似一台"超级计算机"。为了获得"超级计算机"的计算能力和处理数据速度，云计算采用虚拟化技术来提高硬件资源和软件资源的共享能力，力争使用现在资源做更多的事情。

### 3. 虚拟化技术

虚拟化是将计算机资源转换为虚拟资源的过程，如服务器、存储设备、网络、电源等。在虚拟化中，需要用虚拟软件创建新的虚拟机（Virtual Machine，VM）。首先要分配物理计算机资源，然后安装操作系统，再安装所需的应用软件，在虚拟机上运行操作系统和应用软件就像在物理计算机上运行一样。

虚拟化分为硬件虚拟化和软件虚拟化，实际上就是对硬件资源和软件资源进行虚拟化。运行虚拟化软件的物理计算机称为物理主机（Physical Host），其硬件由虚拟化软件来访问。这样即使物理硬件不同，但在安装虚拟化软件后创建的虚拟机却是相同的，此时再安装任何软件就会体现出与物理硬件的无关性。

虚拟化软件也可以在一台物理主机上虚拟出多台虚拟机，这些虚拟机充分共享物理主机资源。如果需要备份虚拟机，可以通过复制虚拟机文件等方式来进行备份。

市场中的虚拟化软件较多，常见的虚拟化软件或工具包括但不限于 Xen、KVM、vSphere、ESXi、Sun VirtualBox、Microsoft Hyper-V、IBM PowerVM、Sun LDOMs、Parallels OpenVZ 等。

1）Xen

Xen 是英国剑桥大学开发的一款基于 X86 架构的开放源代码虚拟机监视器，通过"准虚拟化"技术获得高性能（如效能损失较少时可达到 2%，最多时大约为 8%，而其他使用完全虚拟化的效能损失最多时大约为 20%），可以在一套物理硬件上虚拟出多台虚拟机（或服务器）。每台虚拟机可以安装不同应用，并且在不停机情况下实现多台物理主机之间的实时迁移。

该虚拟化技术以占用资源少、发展快、性能稳定的优点受到 IBM、AMD、HP、Red Hat 和 Novell 等软/硬件厂商的高度认可和大力支持，已被国内外众多企事业用户选用。

Xen 特别适用于服务器应用整合，可有效节省运营成本，提高设备利用率，最大化利用数据中心的 IT 基础架构，典型应用案例为腾讯公司、宝马集团、云谷科技等通过 Novell SUSE Linux Enterprise Server 中的 Xen 超虚拟化技术建立数据中心或管理平台。目前，基于 Xen 的发行版产品如表 4-1 所示。

表 4-1 基于 Xen 的发行版产品

| 序 号 | 类 型 | 商业和开源产品 |
|---|---|---|
| 1 | Linux 发行版 | 可从大多数 Linux 和 UNIX 发行版（包括开源和商业发行版）中以软件包形式获取最新的 Xen 二进制文件 |
| 2 | 商用服务器虚拟化产品 | 提供 Citrix Hypervisor、华为 UVP、Oracle VM for X86 |
| 3 | 嵌入式 Xen 发行版 | 提供 Crucible Hypervisor、Virtuosity（以前称为 XZD）、Xen Zynq |
| 4 | 基于 Xen 的安全产品 | 提供 Bitdefender HVI、Magrana Server、OpenXT、Qubes O |

2）KVM

基于内核的虚拟机（Kernel-based Virtual Machine，KVM）是一种内建于 Linux 中的开源虚拟化技术，属于 Linux 的一部分。它可将 Linux 转变为虚拟机监控程序，使物理主机能够运行多个隔离的虚拟环境（虚拟客户机或虚拟机）。

KVM 公布于 2006 年，在 2007 年以后发布的 Linux 版本中都含有 KVM，安装时需要将它安装到支持虚拟化功能的 X86 物理主机上，然后加载主机内核模块、处理器相关模块、一个模拟器，以及用户想要安装的程序。

3）vSphere

vSphere 是 VMware 公司推出的基于云计算的新一代数据中心虚拟化套件（也可以理解为云操作系统），提供了虚拟化云计算基础架构、高可用性、集中管理、监控等一整套解决方案，虚拟化并汇总多个系统间的基础物理硬件资源，同时为数据中心提供大量虚拟资源。vSphere 组件之间的关系如图 4-4 所示。

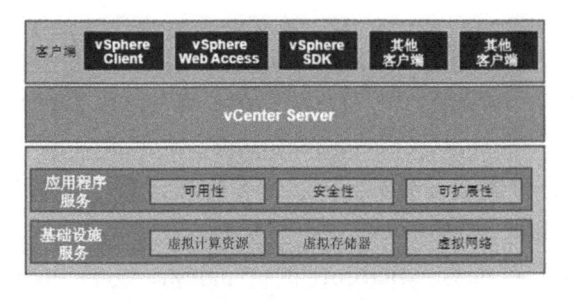

图 4-4 vSphere 组件之间的关系

（1）基础设施服务包括从众多离散服务器中聚合的虚拟计算资源、高效利用和管理的虚拟存储器、虚拟环境中简化并增强的虚拟网络。

（2）应用程序服务可用于确保应用程序的可用性、安全性和可扩展性。

（3）vCenter Server 不仅为数据中心提供一个单一控制点，还提供基本的数据中心服务，如访问控制、性能监控和配置功能。

（4）客户端用于访问 vSphere 数据中心的终端，如 vSphere Client 或 vSphere Web Access（通过 Web 浏览器）等。

随着云计算应用的普及，虚拟化软件及工具也在不断满足新要求，用户可根据实际需求、建设资本、维护与运营等选择不同产品。虚拟化技术保障了软/硬件资源的共享与高效利用。

**4．云安全**

云计算作为一种新的计算模式，涉及数据的存储、管理与处理，以及虚拟化软件编程模式等技术，又由于运行云计算的基础硬件设施的可靠性、差异性大而面临众多安全问题。例如，在云计算环境下如何提高反病毒技术水平，如何加强云计算基础设施的安全防护，如何提高安全态势感知能力，如何增强云计算数据中心安全和云计算用户隐私保护等。

## 4.2.4　云计算部署及服务模式

**1．云计算的部署模式**

根据使用云计算平台的用户范围的不同，将云计算分成私有云、公有云、社区云和混合云 4 种部署模式。

1）私有云

私有云是指云计算平台仅提供给某个特定的用户使用，可以分为以下两种。

（1）场外私有云。

场外私有云，即云计算基础设施一般由云服务商拥有、管理和运营，也称为外包私有云。

（2）场内私有云。

场内私有云，即云计算基础设施由用户自己建设、管理和运营，也称为自有私有云。

由于私有云是特定用户使用的，可以为用户自己提供所有的服务，行业特点比较明显，适用于拥有众多分支机构的大型企业或政府部门，但其部署过程中一次性投资较大、运营成本相对较高。

2）公有云

公有云是指云计算平台不是仅供特定某个用户使用的，而是没有限制的，任何用户都可以申请，即公有云可以为广域范围内的用户提供云计算服务，具有社会性、普遍性和公益性等特点。

公有云的云计算基础设施由云服务商拥有、管理和运营。从用户角度分析，用户可节省相关软件、硬件及维护成本，但存在一定安全风险。

目前，典型的公有云产品有 Microsoft 的 Windows Azure Platform、亚马逊的 AWS、Salesforce.com，以及国内的百度云、华为云和阿里云等。

3）社区云

社区云是指云计算平台仅供限定的、特定用户群体使用，该群体中用户具有相同属性或约束条件。社区云根据云计算基础设施的拥有、管理和运营情况分为场外社区云和场内社区云两种。

4）混合云

由私有云、公有云或社区云混合组合的云计算称为混合云。混合云所提供的服务不受限定，完全根据用户需要进行建设，要求云服务提供者具有更高的技术、管理和维护能力。

**2．云计算的服务模式**

根据云服务商提供的资源类型的不同，云计算的服务模式主要可分为软件即服务（Software as a Service，SaaS）、平台即服务（Platform as a Service，PaaS）和基础设施即服务（Infrastructure as a Service，IaaS）3 类。

1）SaaS

SaaS 是指用户通过云计算平台获取云计算基础设施上软件服务的一种模式。在该模式下，用户无须购买和开发软件，只需要按照服务协议利用不同云终端设备上的用户端（如 Web 浏览器）或程序接口并通过网络访问或使用云服务商提供的应用软件，如办公系统、物资管理系统等。尽管用户不能管理或控制底层资源，但是该模式改变了传统模式中用户购买软件并安装到本地硬件设备上的模式，用户可以对应用软件进行有限的配置管理。通过 SaaS，用户可以获得安全、便捷、随需应变的服务。SaaS 的优势如下。

（1）节省用户软件使用费用。对于用户而言，SaaS 模式将用户需要运行的软件放在管理运营方，包括软件的维护等，而用户只需要按照使用时间或流量付费即可。这样做不仅降低了应用程序软件的软件许可、服务器及其他基础设施的开销，而且也降低了内部应用程序运行维护人员的费用。

（2）方便软件管理和知识产权保护。对于软件供应商而言，SaaS 模式方便软件开发商控制和限制软件的使用，遏制软件的复制和分发，控制软件衍生版本，同时可使软件开发商或者软件供应商通过多个业务建立持续的收入，却不需要在用户的每个设备上都预装软件。

（3）SaaS 模式的针对性更强。SaaS 模式将特定的应用软件功能封装成服务，对外提供统一的服务接口供用户或程序调用，如在线网络会议、在线杀毒、在线 CRM、在线项目管理等服务。

SaaS 模式已吸引了众多厂商参与，如 Microsoft、用友、金蝶等国内外大型软件企业。

2）PaaS

PaaS 是云服务商向用户提供云计算基础设施上的软件设计与开发、应用测试和平台托管服务，如标准语言与工具、数据访问、通用接口等。在此模式下，用户无须购买硬件和软件，只需要利用 PaaS 平台就能完成项目工作。同样，用户通常不能管理或控制支撑平台运行所需的底层资源，但可对应用软件的运行环境进行配置，控制自己部署的应用。PaaS 的优势如下。

（1）在软件开发方面，PaaS 比传统基于数据中心平台的软件开发节省很多费用。

（2）用户应用程序不需要过多考虑节点间的配合问题，但 PaaS 平台需要具备资源动态扩展和容错功能。

（3）节约硬件设备的更新成本，使企业无须购买新的设备来满足软件运行需求。

3）IaaS

IaaS 是指云服务商向用户提供虚拟计算机、存储器、网络传输、虚拟化服务等计算资源，以及客户访问云计算基础设施服务的接口，即消费者可以通过互联网从完善的计算机基础设施中获得服务。在该模式中，用户不能管理或控制云计算基础设施，但可以在这些资源上部分或全部部署及运行操作系统、中间件、数据库、应用软件、存储、网络组件等。图 4-5 所示为一种简化的 IaaS 实现机制。

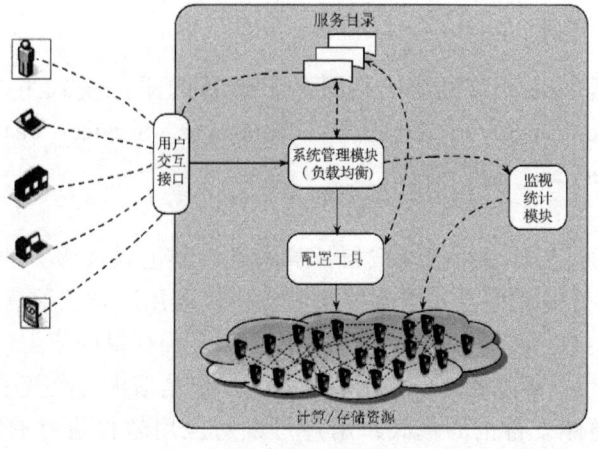

**图 4-5　一种简化的 IaaS 实现机制**

IaaS 实现机制主要由用户交互接口、服务目录、系统管理模块、配置工具、监视统计模块和计算/存储资源组成。

（1）用户交互接口。用户可以通过"端"与"用户交互接口"实现与"云"的 Web Services 方式交互，使用"云"提供的"计算"服务。

（2）服务目录是用户可以访问的服务清单。用户可以付费购买或定制服务。

（3）系统管理模块负责管理和分配所有可用的资源，其核心是负载均衡。不仅如此，系统管理模块还负责身份认证、权限管理和调度等。

（4）配置工具负责根据服务目录提供数据和系统来管理控制，在节点分配任务并准备运行环境。

（5）监视统计模块负责监视节点运行状态和使用情况，并监测异常情况，完成节点情况的统计。

（6）计算/存储资源为服务器集群，能够满足用户的需求，包括海量数据计算、快速检索等数据处理功能。

IaaS 的优势如下。

（1）允许用户动态申请或释放节点，按使用量计费。

（2）为最终用户、SaaS 提供商和 PaaS 提供商提供 IaaS（云计算能力），大大降低用户的运营成本。

（3）由于 IaaS 以共享方式提供服务，因此资源利用率较高。

目前，国内华为、腾讯、百度、阿里巴巴等企业提供各类弹性云服务、存储服务等，共享使用硬件基础设施资源，用户可以在云服务器上快速安装并运行任意操作系统，大大节约时间。

## 4.2.5　云际计算

由于各个云计算平台服务的效益、费用、平台锁定和服务模式提高了云计算的挑战性，行业及商业需要有一种新的云计算模式来改善或解决上述面临的问题。

云际计算（JointCloud Computing，JCC）以服务提供者之间的开放协作为基础，通过深度融合多方云资源来方便开发者"软件定义"所需要的定制云服务，实现"服务无边界、云间有协作、资源易共享、价值可转换"的新一代云计算模式，即云际计算是一种通过网络将不同云实体的云服务能力进行整合、供应和管理的模式。

**1. 云际计算参考架构**

国家标准 GB/T 40690—2021《信息技术 云计算 云际计算参考架构》规定了云际计算参考架构（JointCloud Computing Reference Architecture，JCRA）的功能、角色与活动，可被用于云际计算架构的设计、实现、部署、使用及具有云际资源协作需求的各类云服务参与者。云际计算参考架构如图 4-6 所示。

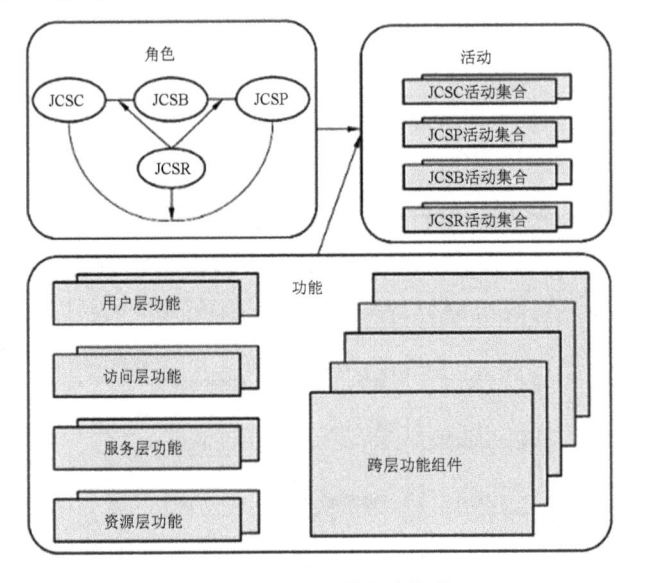

**图 4-6　云际计算参考架构**

为便于理解云际计算参考架构，本节先介绍几个专业术语。

（1）云际服务（JointCloud Service，JCS）：是由多个云服务提供者协同为云用户提供的云服务，也是云际计算功能的体现。

（2）云际协作环境（JointCloud Collaboration Environment，JCCE）：为不同云际服务参与者以自主对等方式提供信息交换、资源交易的支撑环境。

（3）对等协作机制（Peer Cooperation Mechanism，PCM）：支持不同云际服务交易者屏蔽自身异构性，加入云际生态系统的软件，定义规则框架。

（4）云际服务生态秩序（JointCloud Service Ecological Order，JCSEO）：云际计算各类参与者通过连续交易、对等自治和重复博弈达成有序协作均衡，并进而形成个体行为理性、群体行为规范、可持续发展的良性生态。

本质上，云际计算是一种特殊服务形态下的云计算，其核心在于：通过 JCCE 和 PCM 为云际计算生态参与者提供利益交换、留痕存证、权益确认及竞争合作等支撑，支持多个云之间协作共赢的新一代云计算模式。

在云际计算中，涉及云际服务提供者（JointCloud Service Provider，JCSP）、云际服务消费者（JointCloud Service Consumer，JCSC）、云际服务代理者（JointCloud Service Broker，JCSB）、云际服务监管者（JointCloud Service Regulator，JCSR）角色，这些角色具有一定的功能并执行相应的活动。而在功能中，以用户层、访问层、服务层、资源层和跨层等功能（能力的表示）为核心组成部分，各个角色是功能的拥有者，并通过执行活动来体现各角色的能力。

云际计算参考架构具有自主协作与利益交换原则，JCSP 直接（而不是间接）参与自由交易，云际计算提出支持 JCSP 直接参与云际协作的 PCM 和支持公平交易的 JCCE。在 PCM 中，JCSP 是行为主体，而 JCCE 是主体之间交易的依托或平台，该平台应具备分布云交易、分布云社区和分布云监管 3 类核心服务。

### 2．云际计算功能参考架构

云际计算功能参考架构以提供云际服务功能作为架构的核心组成部分，该架构可归纳为几个大类的功能集合，如图 4-7 所示。

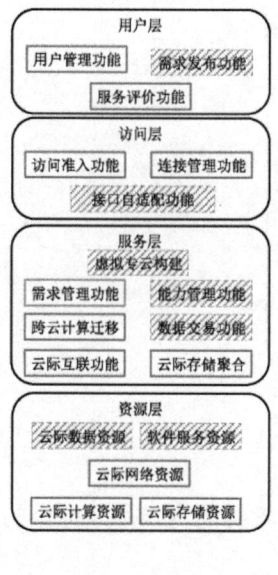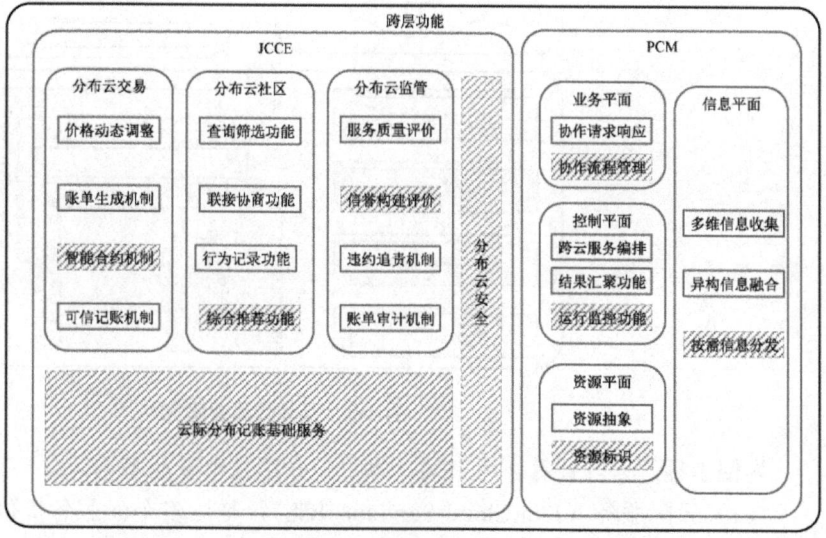

**图 4-7　云际计算功能参考架构**

云际计算功能参考架构根据功能属性不同，分为应具备的功能和宜具备的功能。宜具备的功能包括用户层的需求发布功能，访问层的接口自适配功能，服务层的虚拟专云构建、能力管理功能、数据交易功能，资源层的云际数据资源、软件服务资源，以及跨层功能中的分布云安全、云际分布记账基础服务、智能合约机制、综合推荐功能、信誉构建评价、协作流程管理、运行监控功能、资源标识和按需信息分发。

需要说明的是，参考架构图中方框代表功能（框内名称不一定含有功能二字）。例如，跨云计算迁移、云际存储聚合、云际网络资源、云际存储资源、账单生成机制、协作请求响应、异构信息融合等。

云际计算功能参考架构所涉及的功能归纳为用户层、访问层、服务层、资源层和跨层五大类功能。

1）用户层

用户层具有支撑 JCSC、JCSP、JCSB 的云际计算活动的功能。其中，用户管理功能支持 JCSC 自身信息管理，包括注册信息、密钥信息等。该接口通常由 JCSB 集成开发，支持用户在终端设备上通过浏览器进行访问；需求发布功能负责 JCSC 向云际生态系统发布自身对不同地理位置、不同类型的计算、存储和带宽的资源需求，甚至包括对定制软件服务和特定跨多个组织数据的需求；服务评价功能为云际服务参与者提供评价 JCSP、JCSB 服务质量的接口。

2）访问层

访问层具有支持其他功能分配和交互的功能，主要包括访问准入功能、连接管理功能、接口自适配功能。访问准入功能支持云际生态系统对 JCSC 的活动进行准入验证，包括注册访问、需求信息发布、评价信息许可等。连接管理功能依据用户层组件的流入与流出流量来执行服务质量策略，连接管理组件与跨层功能交互以获取存储在那里的策略，并在访问层执行这些策略。接口自适配功能提供对不同云服务实体进行接口抽象的方法，消除云平台锁定对云业务跨云部署的障碍，从而实现用户访问云服务业务自动适配功能。

3）服务层

服务层具有提供云际服务，以及实现相关的管理能力、业务能力和服务编排能力的功能，主要包括对来自访问层的需求和来自资源层的能力进行综合管理的功能。

虚拟专云构建功能对 JCSC 提供综合定制的虚拟专云环境，满足用户面向特定领域的云际服务需求。例如，针对数据交易，可以为其部署所有参与方都认可的数据交易方法或分布机器学习算法等，确保只使用而不泄露用户数据。需求管理功能为需求方管理需求信息，以便通过综合推荐模块为用户提供高效的服务推荐结果。能力管理功能综合管理一个云际生态系统中实时的可用计算、存储、网络、数据、软件服务等功能。跨云计算迁移功能支持业务在不同云服务实体之间进行跨云迁移，并完成不同参与主体之间的可靠计量计费功能。数据交易功能可以为跨不同云服务实体、不同数据拥有者之间进行数据交易提供算法支持和环境支持等，因此数据交易功能应支持数据使用权和所有权的分离，应支持数据的隐私保护和数据确权。云际互联功能提供不同云服务实体之间高效可靠的互联互通功能。云际存储聚合功能将不同云服务实体之间的块存储、对象存储和文件系统等资源进行整合，实现云际之间的存储访问。

4）资源层

资源层具有为实现云际计算系统提供所需资源的功能，为云际服务提供云际数据资源、软件服务资源、云际网络资源、云际计算资源和云际存储资源等各类资源。

云际数据资源包括不同云实体的数据中心存放的数据，如各云际服务中产生的数据实体。软件服务资源包括各云际服务资源，如各 JCSP 提供的应用或服务。云际网络资源包括各网络硬件资源，如路由器、防火墙、交换机、网络链路和网络连接器等。云际计算资源包括各计算硬件资源，如服务器的 CPU、图形处理器和内存等。云际存储资源包括各种存储硬件资源及分布式存储系统，如硬盘、磁盘阵列、分布式文件系统等。

5）跨层功能

跨层功能是指为整个云际生态构建提供核心特色支撑的功能，主要包括 JCCE 和 PCM。云际生态参与者通过跨层功能可以相互协作融为一体。其中，前者作为磋商和协作平台，支持参与者以自主对等的方式协作交易；后者充当适配器，能屏蔽不同参与者的异构性，支持其具备互操作的能力。

（1）JCCE。

① 分布云交易。

价格动态调整功能支持 JCSP、JCSB 动态调整服务的价格策略及服务的单价等。账单生成机制为供需双方提供计量计费账单生成的功能支持。智能合约机制为特定云际服务构建各类可信赖的智能合约，提高系统服务效能、治理效率。可信记账机制针对监控、过滤、计量、计费等各个环节，为供需双方提供可信赖记账机制支持。

② 分布云社区。

查询筛选功能提供系统查询能力，并结合服务提供方的信誉和价格等信息，为需求方初步筛选可提供服务的对象。联接协商功能提供供需双方在网络、计算、存储、可用来源数据，以及特定功能的软件服务等信息，协商跨云联接的可行方案。行为记录功能提供记录云际生态各个参与方的服务行为。综合推荐功能借助智能学习算法，结合云际生态系统的海量日志数据，为供需双方综合推荐合适的合作对象。

③ 分布云监管。

服务质量评价功能对云际协作相关方提供的各类服务的评价提供支持。信誉构建评价功能支持云际计算参与者构建信誉行为信息系统，确保任何一个参与者的信誉信息都可以累积。违约追责机制是确保系统健康有序运行，JCSR 保留对交易各方的违约追责职能。账单审计机制是在有 SLA 违约等情况发生的前提下，JCSR 接收 JCSC、JCSP 和 JCSB 的多方请求，对已经发生的云际服务账单进行客观审计。

④ 分布云安全。

分布云安全功能可以完成身份鉴别、授权、加密和完整性验证等安全能力集成，以及与安全能力相关的策略机制集成。

⑤ 云际分布记账基础服务。

云际分布记账基础服务支持参与者重要服务行为、计量计费行为等以可审计、防篡改的方式被可信存储，便于事后审计。

（2）PCM。

① 业务平面。

协作请求响应功能对用户层 JCSC、JCSB 及 JCSP 发布的云际服务协作请求进行汇聚分析，能够实现匹配综合考虑价格、服务级别协议等多种因素云际服务的功能。协作流程管理功能是云际服务的协作请求响应后，各个云际服务的参与者按照规范和固定的流程进行协作请求响应，支持协作流程的实时进度查询及状态更新。

② 控制平面。

跨云服务编排功能提供 JCSC 在不同地理位置需要不同类型云际计算、存储、网络带宽、多来源数据、特殊的定制软件服务等需求，云际应用层组件为跨云服务编排功能提供跨不同云实体的服务部署，解决平台锁定问题、软件栈异构问题。结果汇聚功能为 JCSC 面向不同应用提供分布计算结果的汇聚功能。运行监控功能提供对云际服务过程中的服务质量、履约情况、系统运营健康度等指标的监控。

③ 资源平面。

资源抽象功能可以访问云际数据资源、软件服务资源、云际网络资源、云际计算资源、云际存储资源，确保对底层基础设施进行高效、安全和可靠的使用，该组件的控制特性能实现对资源抽象特性的管理。资源标识功能为云际资源建立统一描述规范，涵盖云际资源的各种属性与特征（如性能指标、价格描述等），支持对云际资源的统一检索管理。

④ 信息平面。

多维信息收集功能提供从业务平面、控制平面、资源平面收集的多维异构信息的接口，支持跨层数据收集的能力。异构信息融合功能提供云际多维异构信息融合的接口，支持跨层数据汇总、融合和挖掘的能力。按需信息分发功能提供对业务平面、控制平面、资源平面的信息需求进行信息分发的接口，支持跨层数据交换与传输的能力。

### 3. 角色与活动

云际计算的运行是通过拥有相应功能的各个参与者执行一定的活动来实现的。云际计算模式下的参与者是一个或一组自然人或者法人，他们是云际计算中相关活动（以下简称活动）的执行者。在执行活动时，他们担任相应的角色/子角色。

角色是参与者在执行某种活动时的身份；子角色是在执行某个活动中仅分担部分活动责任的角色；活动是角色/子角色执行一组特定任务时的行为。

云际计算参与者担任的主要角色及相关活动的执行主要有以下 4 类。

（1）JCSC 主要执行的活动是使用云际服务。

（2）JCSP 主要执行的活动是提供云际服务。

（3）JCSB 主要执行的活动是为 JCSC 和 JCSP 提供云际中介服务。

（4）JCSR 主要执行的活动是为 JCSC、JCSP 和 JCSB 提供云际协作的引导、监管和仲裁等服务。

以上 4 类角色及其包含的子角色如图 4-8 所示。

受篇幅所限，本节不再详细介绍其他部分，感兴趣读者可以参阅国家标准 GB/T 40690—2021。

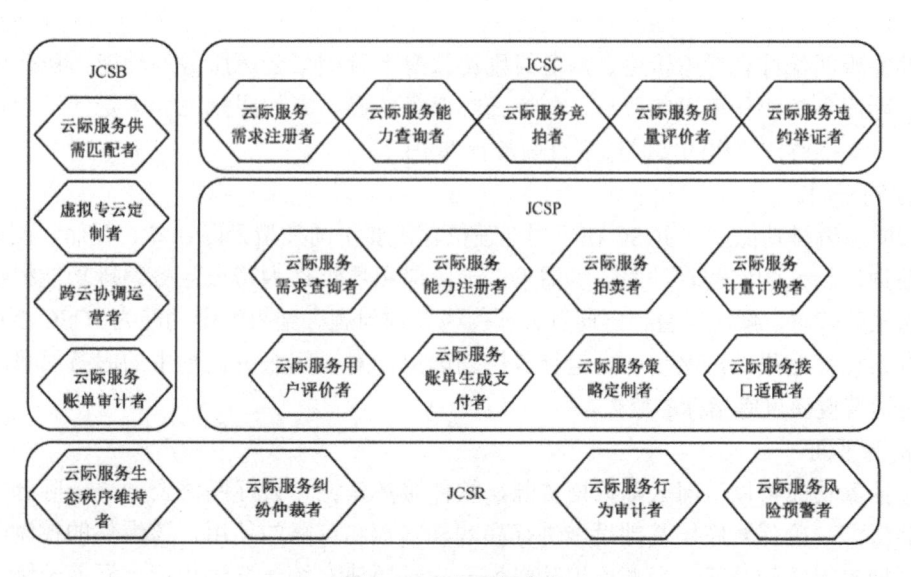

图 4-8　角色和子角色

# 4.3　数据处理与智能决策

物联网中涉及大量的各类型传感器、RFID 标签的应用，系统长期工作后会产生海量数据。通过对数据进行汇总、聚合、挖掘和智能计算得到有价值的知识、决策等，为各行各业提供智能化服务，改善服务质量，做出更精准的决策。

## 4.3.1　数据挖掘

### 1．基本概念

1）数据

在生活中，我们经常听到数据一词。那么什么是数据呢？所谓的数据（Data），是根据客观事物情况进行观测、记录和鉴别得到的且用于反映或归纳事物属性及逻辑关系的物理符号。

数据具有客观性和可鉴别性，前者是指能够对事物的属性进行客观反映和描述；后者是指能够对客观事实采用可鉴别的特定符号来表示和记录。

目前，数据不但包括数字、图形、图像、视频、音频、光、电等，而且还包括文字、字母、图标、符号等，如数字 0、1、2、高兴、跳跃、学习、成绩情况、故事小说等都是数据。

2）信息

信息（Information）一词在不同领域有多种理解，如典型的有：电子信息学家和计算机科学家认为"信息是电子线路中传输的以信号作为载体的内容"；我国著名的信息学专家钟义信教授认为"信息是事物存在方式或运动状态，可以这种方式或状态直接或间接地表述信息"；美国信息管理专家霍顿认为"信息是为了满足用户决策的需要而经过加工处理的数据"。

综合来看，信息是对客观事物动态变化、内在联系及作用的实质内容表征。简单地说，信息是经过加工后的数据集合。关于信息的常见说法如下。

（1）信息是数据加工后的结果。

（2）信息是有助于正确决策的知识或外界情况。

（3）信息是减少不正确因素后的有用知识。

（4）信息是领悟客观世界现象或观察信号、语义解释后的知识。

3）知识

知识（Knowledge）是指在实践中获得的认识、逻辑和经验。

4）信息和数据的区别

信息与数据既有联系，又有区别，主要区别如下。

（1）数据源于客观事物，是一种描述，本身没有意义；而信息则是人们根据主观需求和一定规则对数据进行加工后的结果，它加载于数据上并反映数据内涵。例如，学生成绩描述学生的学习状态；但若按照分数大于或等于60进行筛选（加工），则筛选后的数据表示本门课程已经通过了，具有"通过"这个含义。

（2）数据是符号性、物理性的；而信息是逻辑性、观念性的。

### 2. 数据挖掘与知识发现

数据挖掘（Data Mining）的概念可以从技术和商业角度进行解释。从技术角度来看，数据挖掘就是利用计算机算法从大量的数据中提取出有价值信息的过程。从商业角度来看，数据挖掘就是一种商业信息处理技术，通过在大量业务数据中进行抽取、转换、分析和建模等操作，从而得到辅助商业决策的关键性信息。

与数据统计相比，数据挖掘得到的信息具有事前未知性、有效性和实用性的特点，其最大优势为挖掘出来的信息是无法靠直觉、经验来获得的，该信息甚至违背常识性或可预测性规律。

简而言之，数据挖掘是有组织、有目的地收集数据，通过分析数据使之成为信息，从而在大量数据中寻找潜在规律以形成规则或知识的技术。

## 4.3.2　大数据

近些年，大数据的概念比较流行，甚至在应用时已经模糊了何为大数据，究竟数据大到什么程度才称为大数据？一般而言，大数据的"大"与传统数据量比应该具有"显著""远远多出"的差距，甚至数据量之大在概念提出的时候就已经超出人们的预料，有人认为数据量级应该达到 TB 级或 PB 级。随着大数据技术的不断进步，大数据的数据量级在不断变大，而人们似乎更关注于大数据技术和数据价值，不再关注大数据具体有多"大"。尤其是当前数字经济时代，大数据的国家战略发展意义已经远远超过其物理意义。

### 1. 大数据特征

大数据（Big Data）是指具有体量大、来源多样、生成极快和多变等特征，并且难以用传统数据体系结构有效处理的包含大量数据集的数据。在国际上，大数据有4个特征，即体量、多样性、速率和多变性。

1）体量或容量

数据体量或容量（Volume）是指构成大数据的数据集的规模。

计算机内部最小的基本单位是二进制位，即 bit，最小的存取单位是字节，即 Byte（1Byte = 8bit），然后按数量级分为 KB、MB、GB、TB、PB、EB、ZB、YB、BB 等，各级之间进率为 1024（2 的 10 次方），换算关系如下：

1KB（Kilobyte）= 1024Byte = 8192bit

1MB（Megabyte）= 1024KB = 1 048 576Byte

1GB（Gigabyte）= 1024MB = 1 048 576KB

1TB（Terabyte）= 1024GB = 1 048 576MB

1PB（Petabyte）= 1024TB = 1 048 576GB

1EB（Exabyte）= 1024PB = 1 048 576TB

1ZB（Zettabyte）= 1024EB = 1 048 576PB

1YB（Yottabyte）= 1024ZB = 1 048 576EB

1BB（Brontobyte）= 1024YB = 1 048 576ZB

2）多样性

数据可能源于多个数据仓库、数据领域或多种数据类型，简单地说，数据多样性（Variety）就是数据类型的多样性。

由于物联网中有许多类型、功能各异的传感器，而且物联网应用领域涉及各行各业，因此数据有模拟的、数字的，也有图像的、文本的、声音的，等等，数据来源、类型及应用领域比较复杂，体现出物联网中大数据的多样性。

3）速率

数据的速率（Velocity）是指单位时间的数据流量，即数据获得及传输的速率。这一点在工业互联网或高实时性网中表现突出。

数据传输的速率对于计算机系统而言是一个重要指标，物联网系统中往往需要传输大量数据，所以对传输的速率具有一定的要求，特殊需求场合会提出实时性要求，如工业互联网。所谓实时性，是指在规定时间内系统的反应能力。

4）多变性

大数据的多变性（Variability）是指大数据的体量、速率和多样性等特征都处于多变状态，造成数据处理和管理复杂度的提高。

大数据具有很高的数据价值，是以数据价值为主导的战略性新兴产业，对我国数字经济的发展具有支撑作用。

## 2．大数据关键技术

物联网中大数据关键技术一般包括大数据采集、大数据预处理、大数据存储及管理、大数据分析及挖掘、大数据展现和应用（大数据检索、大数据可视化、大数据应用、大数据安全等）。

1）大数据采集

物联网通过各类传感器、RFID 技术及各类网络技术等手段获得数据。由于结构化、非结构化数据的类型差异较大，而且数量级别很大，因此在处理物联网大数据时，在建模难度、处理速度方面存在较大挑战性。例如，如何解决或突破分布式高速高可靠性数据的捕获或采集、如何建立大数据高速存取时数据的高效映射技术、如何整合大数据、如何设计大数据质量评估模型等问题一直是研究的热点问题。

物联网大数据的采集技术主要集中于物联网感知层。它结合人工智能技术、物联网感知层的大数据智能感知技术，已经成为领域内的核心技术，如利用智能终端设备进行智能化识别、定位、跟踪、监测等。为更好提高智能感知功能或性能，研发专家在物联网感知层也会综合利用网络的接入技术、传输技术、数据融合与处理技术、数据安全技术、认证技术等。随着数字经济地位日益突出，大数据的获取、存储、分析、决策、可视化、安全传输、压缩、大数据隐私保护等技术越来越重要，尤其是大数据的安全技术成为无法回避的问题。

2）大数据预处理

与数据挖掘技术类似，大数据在正式使用之前也需要进行辨析、抽取、清洗等操作。

物联网智能感知到的数据中存在一些对数据利用有干扰或无用的数据，如在无特殊意义情况下，需要对这些数据进行分辨或分析，根据指定的条件在复杂的数据中抽取可以被转化或快速利用的数据，以此实现快速数据分析处理。由于大数据中存在无价值的数据，甚至这些数据严重干扰数据的分析，因此需要通过数据清洗技术提前删除数据中的干扰成分。

3）大数据存储及管理

物联网感知到的数据需要存储起来用来计算、管理和调用。由于物联网数据结构复杂多样，要求用于存储数据的数据库不仅能够存储关系数据，还要能够存储非关系数据及缓存数据。因此，需要开发新技术来解决物联网环境下大数据的可表示、可存储、可计算、可靠性和可传输等问题，如大数据中的分布式文件系统（DFS）、异构数据的融合处理技术、非关系数据管理技术、大数据索引技术、大数据的可视化技术等。

4）大数据分析及挖掘

大数据分析技术能够在已有的数据挖掘和机器学习技术上进行改进，适用于网络数据挖掘、异构数据挖掘、图挖掘等。它高于传统数据处理技术，分析和挖掘也不再局限于客户兴趣分析、用户网络行为分析、舆情分析、情感语义分析等领域，能够从大量有噪声、模糊、异构的应用数据中提取出隐含的、潜在的、事前不为人知的信息或知识。

5）大数据展现和应用

大数据分析与处理技术之后的结果往往需要展示给用户，尤其是那些能够揭示数据内部隐藏的、有价值的信息。而数据展示形式越明晰、形象越逼真、信息维度越适合、数据涉及时间越充足，越能体现大数据的可视化效果，越有利于进一步提高大数据分析水平和明确知识挖掘导向。

人们利用大数据技术揭示的规律，为人类社会、政治、经济、科技等活动提供参考依据，提高或改善数据的应用效果，主要应用领域有政府决策、公共服务、商业活动、教育服务、金融科技等。

例如，在公共服务领域中，以智慧交通为例，可以通过物联网技术建立道路交通的云监控系统来监控道路拥堵情况、车辆遵守交通情况、应变突发情况、行人监控情况及其他可监控设施情况等。再如教育大数据技术，可以收集学生的学习行为规律、知识掌握程度、知识障碍点、学生心理健康情况、学习方法改进策略、学习智能训练等。

此外，人们还对大数据的融合、查询、高性能计算、并行处理、智能决策与控制等方面进行研究、探索和应用，这不仅使工程管理更加科学，还可以节约各类成本，提高开发速度，优化各个流程，同时促进大数据技术的快速发展。

### 3. 物联网大数据

物联网中传感器产生大量的数据，如每天全国城市运行的各种车辆行驶路线、天眼工程每天 24h 不间断监控、各个楼宇中设备运行状态、各地工厂设备运行产生的数据等。这些数据经过实时采集后，需要进行数据清洗、数据分析和处理，巨大的数据量需要强大的计算能力才能保证完成正常的数据计算。而计算时间超长、速度慢甚至失败，都是客户无法容忍的问题。

物联网大数据主要涉及以下方面。

1）物理世界信息的实时感知或监控

物联网利用大量的传感器等感知设备或终端对现实中的物理世界进行实时数据采集。例如，办公室或家中的温度、湿度、光照度，工厂在生产过程中设备的监测数据、各类传感器的采集数据，智慧交通中车辆定位、运行轨迹、拍照等，智慧医疗中人体心跳、血压、血糖等数据，智慧农业中的温度、湿度、光照、土壤酸碱度等。

2）数据清洗

有些直接采集到的数据无法直接利用，或影响利用效果，研究人员需要对数据进行一定的预处理。例如，需要先去除冗余数据、脏数据，然后将数据用于后面的数据建模与分析等环节。

3）数据分析

为了能够揭示数据后面隐藏的，甚至不为人知的"价值"，研究人员会综合利用统计学、数据挖掘、大数据分析等技术来挖掘有价值的信息，揭示看不到的、隐藏的信息和内在联系。

4）物联网过程控制和优化

对于采集的数据，以及对部件的联动，涉及物联网应用中的过程控制，使器件能够根据情况及时响应，并且优化该过程。

5）智能决策

对于复杂数据计算，需要通过人工智能技术、智能决策技术来得到计算结果，并及时做出决断。智能决策过程往往涉及云计算和数据中心。

6）数据可靠性

传感器采集的数据并非百分百准确，会存在误差和"狼来了"的误报。这些数据在某种程度上都影响了数据分析质量。例如，机械装置的松动、传感器发生故障、网络延迟都可能导致数据出现异常。

7）数据安全性

数据安全是一个永恒的话题。黑客的存在、国际政治的影响，使数据安全始终处于考验之中。物联网中的数据安全同样非常重要，有些非常珍贵的数据的安全性更应该得到相关人员的重视，如智能制造中的数据、精密器件生产数据、企业涉密数据等。

物联网大数据涉及的问题不限于上述方面，人们更愿意采用多种技术来解决问题，尤其是近些年人工智能技术日趋成熟，应用日益广泛，给物联网大数据处理带来了很多新的解决途径。

#### 4．大数据数据库

为满足物联网大数据计算与存储需求，大型企业都要建立自己的数据中心，人们经常说的"数据中心"实际上是指企业、政府或学校等单位建立并用于存放各类服务器、数据存储设备的中心机房，如图4-9所示。

（a）采用英伟达 GPU 的数据中心　　　（b）Google 数据中心　　　（c）腾讯光明数据中心

**图 4-9　数据中心机房**

这些机房根据业务性质、数据量大小、算力大小、网络带宽、数据安全、网络安全等需求，少则配备一台或几台数据服务器，多则配备几十台或更多服务器，甚至采用服务器集群、磁盘阵列等。随着云计算技术日益成熟，云计算数据中心的建立成为一种必然。云计算数据中心是集成刀片服务器、高宽带网络、环境检测与控制设备、现场监控设备及安全装置等系列设备的复杂设施系统，是云计算的载体，能为云计算及各种平台的运行提供硬件资源。

在软件方面，采用传统数据库技术显然已经无法满足大数据访问速度、存储速度等要求，人们采用分布式思想来解决数据存储与处理问题，产生分布式数据库、分布式计算等。

1）HBase

HBase 是基于 Google BigTable 的开源分布式数据库，具有高可靠性、高性能、面向列和可伸缩的特点，主要用来存储非结构化和半结构化的松散数据。HBase 希望能够利用廉价的计算机集群来处理由超过 10 亿条记录和数百万列元素组成的数据表，并且已经成功应用于互联网服务领域和在线数据分析处理系统中。

2）MongoDB

MongoDB 是由 C++编写、基于分布式文件存储的开源数据库系统。MongoDB 最初设计是想为 Web 应用提供一种高扩展性能的数据存储解决方案，该方案将数据存储为一个文档，数据结构由键值对组成，字段值可以是文档、数组及文档数组，并且 MongoDB 文档本身就类似于 JSON 对象，在高负载情况下即使增加许多节点也依然能够保证服务器性能。

例如，如果在数据库 school 的 student 集合中插入文档，操作如下。

（1）首先定义一个变量 document，代码如下：

```
document=({
    name : '张三',
    sex : '男',
    age : 19,
```

```
    weight : 120,
    subject : ['语文', '数学', '英语']
});
```

（2）执行后显示如下：

```
{
    "name" : "张三",
    "sex" : "男",
    "age" : 19,
    "weight" : 120,
    "subject" : ["语文", "数学", "英语"]
}
```

MongoDB 的主要特点如下。

（1）以文档形式存储数据，操作简单易行。例如，使用 use school 创建数据库 school，使用 show dbs 查看所有数据库，使用 db.student.insert({"name" : "李四"})实现插入数据。

（2）可以建立属性索引实现更快速的排序。例如，使用 db.collection.fine().sort({KEY:1}) 实现对 KEY 字段按升序排序（在 sort()方法中用 1 表示升序，用-1 表示降序）。

（3）可通过强大的查询表达式查询文档中内嵌的对象及数组。例如，可以用 find()方法查询。

（4）聚合功能便于处理数据（如求和、求平均值等）。

（5）在负载情况下依然保持良好的水平扩展性能。

（6）可以批量指定数据字段、文档或数据。

（7）支持的编程语言丰富，如 Python、Java、C++、C#、PHP、Ruby 等语言。

（8）MongoDB 安装简单，到 MongoDB 官网下载并安装文件即可。

3）云数据库

云数据库是在云计算环境中部署的数据库。它基于共享基础架构的方法来完成数据库功能，增强分布式数据存储与处理能力，利用云计算平台优势来避免软/硬件资源的重复配置，轻松完成维护工作。云数据库具有动态可扩展性、高可用性、高性能、免维护、易用、安全、低使用成本等优点，可对外提供租赁服务。常见的云数据库产品如表 4-2 所示。

表 4-2 常见的云数据库产品

| 企　　业 | 产　　品 |
| --- | --- |
| 阿里巴巴 | 阿里云 RDS |
| 百度 | 百度云数据库 |
| 腾讯 | 腾讯云数据库 |
| Google | Google Cloud SQL |
| Microsoft | Microsoft SQL Azure |
| Oracle | Oracle Cloud |
| Amazon | Dynamo、SimpleDB、RDS |
| Yahoo! | PNUTS |
| Vertica | Analytic Database v3.0 for the Cloud |
| EnerpriseDB | Postgres Plus in the Cloud |

此外，还有其他数据库，如 NoSQL 数据库，该数据库目前已经成功应用到百度、腾讯、新浪、华为、Google、Facebook 等企业。

数据库作为重要的基础性软件，我国在此方面需要做的工作还有很多，我国的科技发展与国际发展前沿相比还有很多不足之处。我国政府对此非常重视，尤其注重拥有自主知识产权的基础性软件。

**5. 大数据的发展机遇**

大数据中隐藏着人们事先无法预知的价值，而且这个价值极有可能超出人们的意料。目前，国与国之间的竞争本质就是科技竞争，科技是第一生产力，促进国家综合实力发展，数字经济更是目前热议主题之一，具有前所未有的发展意义。

大数据的产生及内部隐藏的价值，是人们热切想知道和应用的。从微观层面着眼，发现大数据的隐藏价值，有利于企业发现商机，实现商业增值；而从宏观层面着眼，大数据潜在价值的利用可能影响国家政策制定，对大数据潜力的深入理解有利于实现国家快速发展，提高国际地位和影响力。

1）大数据对商业价值的影响

根据通过大数据分析得到的价值进行决策，能够充分发挥数据的商业价值。在客户消费行为统计领域，能够统计出不同客户的消费特点、购物喜好，从而向用户推荐用户可能喜欢的商品，甚至根据用户购买的商品进一步推测出用户需求的目的或背景。

2）大数据对科技发展的影响

科技数据是科学研究中的基础，是重要的科技资源，其价值具有不可比拟性，如药物研究中的数据、临床实验数据、人类基因库、宇宙探索等。

3）大数据与人文、社会发展的影响与融合

大数据技术的应用已经渗透到人们的日常生活中，典型如淘宝、京东等网站对用户的消费行为、搜索信息等进行大数据收集与分析，并向用户推送产品广告或信息，促进用户消费。此外，一些学术组织根据全世界学科工作者的成果与合作者进行合作关系及成果的分析。事实上，物联网中大量传感器采集的各类数据，不仅数量庞大，而且拥有很多潜在价值，甚至包含与人类活动密切相关的信息。目前，大数据技术的应用已经对人们的生活、文化及社会发展产生了很大的影响，成为家喻户晓的词语之一。

## 4.3.3　物联网智能决策

物联网系统能够将现实物理世界与网络虚拟世界联系在一起，将采集到的物理世界实体信息传输到网络虚拟世界中的数据服务器上。服务器通过建模、数据挖掘、智能处理来获取感兴趣的知识或内容，并结合智能控制策略（或算法）将决策结果（或执行指令）传输给感知层的执行设备（或执行器）。最终，执行设备就会完成相应的任务。

在这个虚实结合的过程中，想要在一定的响应时间内完成对物联网大数据的快速处理，这不仅对计算能力提出要求，还对数据库技术、数据处理技术、决策技术、控制技术、网络传输速率、网络可靠性提出新的要求。

人工智能技术在数据智能处理、智能决策和智能控制方面发挥巨大作用。数据的价值只有被发现和利用才有意义。同样，物联网数据被自动发现、自动完成决策和控制才是人们的理想目标，智能化是物联网应用层数据应用方面的最大特征。

工业互联网中，在传感器完成工业生产过程中的数据采集之后，数据将会被可靠地传输到数据库（如云数据库）中。之后，科研人员会根据这些数据继续提高产品质量，而生产管理人员则会根据生产进度及订单提前准备生产原材料，提高效率。在复杂的采购、生产、销售、新产品研发、设备维护的过程中，如何优化各环节以提高生产效率已经成为工业互联网中的一个重要问题，也是工业互联网的魅力之一。

在我国提出发展工业互联网战略之后，工业互联网的发展势头迅猛。以工业互联网联盟为代表的研究组织及单位不断发表相关技术白皮书，纷纷推出自己的标准，各企业也在积极转型并向工业互联网过渡，工业互联网纵深发展指日可待。

# 4.4  本章小结

本章首先从应用角度介绍了物联网应用层的主要功能、主要特征和关键技术；然后介绍了云计算相关内容，如云计算的体系结构、关键技术、部署及服务模式和云际计算等；最后介绍了物联网中数据处理与智能决策的基本知识，如数据挖掘、大数据、物联网智能决策等。在介绍过程中，本章重视国家标准的介绍，如云计算体系结构等相关内容。

## 习题

4.1 请阐述物联网应用层具有哪些主要功能。

4.2 请说明物联网应用层的主要特征。

4.3 请阐述物联网隐私保护的重要性。

4.4 请复述什么称为云计算，以及它具有哪些主要特点。

4.5 请说出云计算的体系结构分为哪几层，请简要说明每层的主要功能。

4.6 请从国家标准方面阐述云计算体系结构。

4.7 请描述 CCRA 中的 4 种视图，以及每种视图具有什么作用。

4.8 请列举云计算的关键技术。

4.9 请阐述云计算的 4 种部署模式。

4.10 【实践】使用互联网的云计算服务来完成任意工作。

4.11 请解释云际计算的概念。

4.12 请描述云际计算的参考架构。

4.13 请阐述对云计算概念的理解。

4.14 请简述 IaaS 模式。

4.15 请分析云安全面临哪些问题。

4.16 请写出数据挖掘的概念。

4.17 请解释什么称为大数据。

4.18 请说明大数据具有哪些特征。

4.19 请阐述大数据关键技术涉及哪些方面。

4.20 请举例说明大数据数据库技术。

4.21【实践】查阅资料并列举几款云数据库产品。

4.22【实践】查阅 PLC 产品及具体性能指标。

4.23【实践】查阅我国 PLC 产品发展现状。

4.24 数据存储单位是什么？有哪些表示数据量的单位？

4.25 请解释什么称为知识。

4.26 常见的数据库有哪些？

# 第 5 章　边缘计算

★ 学习指导

- 学时建议：理论 2 学时，实验/实践 0 学时，自学 1 学时（方案三 0 学时）。
- 教学目标：使学生能够复述边缘计算的概念、雾计算的概念；能够解释边缘计算的参考架构、雾计算的体系结构；能够说明 KubeEdge、腾讯云物联网边缘计算平台或其他边缘计算平台的应用。
- 主要内容：边缘计算的概念、发展现状、参考架构和关键技术，雾计算的概念和体系结构，KubeEdge，腾讯云物联网边缘计算平台。
- 重点难点：边缘计算的概念、参考架构和关键技术，雾计算的概念和体系结构。

在经济全球化形势下，数字经济得到许多国家的重视，行业数字化转型成为一个备受关注的经济发展趋势，我国也将数字经济上升到国家战略地位。在数字化转型过程中，数字化是基础，网络化是支撑，智能化是目标。发展物联网就是加快数字化转型，利用物联网的智能化可以催生经济价值和社会效益，也可以为企业降低成本、提高效率提供优化方案。

事物往往是机遇和挑战并存的，数字化转型也不例外。数字化转型的前景固然广阔，却也面临物理世界、商业环境、信息安全、文化交融、行业协作、技术标准、产业升级等一系列新挑战，人们提出许多新技术、新方法、新方案、新服务来解决遇到的各类问题，边缘计算的概念也由此被提出。

## 5.1　边缘计算概述

### 5.1.1　边缘计算背景

在物联网与智能化发展过程中，计算能力始终是发展的核心问题之一，它的作用类似于人类社会中的能源。由于物联网应用中存在的大量节点在分布位置、节点功能、性能、数据传输带宽、计算能力、响应时延等方面显著不同，有些任务在云计算中心（或数据中心）中执行可能无法满足要求，尤其是物联网中的智能化计算。

　　物联网计算资源需求离不开各类应用场景，因此当人们使用云计算技术对物联网资源进行集中式数据处理，虽然资源的高度集中使得计算变得更加通用，但面对终端设备数量暴增而带来的诸多问题，如计算服务的实时性、网络时延、资源消耗、数据安全保护等，云计算在计算能力上却始终存在先天不足。

　　物联网应用中，传感器数据的类型、精度、数据量具有显著差异，数据的异构性突出；尤其是在带宽有限的环境下，终端设备的数据传输将会严重影响网络传输的整体效率，而网络拓扑的复杂性又可以使传输时延变得更高，可能严重影响云计算的性能和效率。在通信环境恶劣的物联网特殊应用场景（如地下室、矿井、海岛等）下，数据传输的可靠性更加难以保障。此外，尽管云计算的计算能力、存储能力比较强大，但资源开销也非常巨大，能耗问题极其突出。而优化恰好可以完全解决不必要的计算或能耗问题。除上述问题外，物联网中的感知安全、隐私保护等问题也对云计算提出了挑战。为了解决上述系列问题，人们提出边缘计算的概念。

　　2016 年 11 月，由华为、中国科学院、Intel 等联合成立了边缘计算产业联盟（Edge Computing Consortium，ECC），该联盟旨在集聚技术前沿力量，共同搭建边缘计算产业协作平台，促进边缘计算产业发展。

## 5.1.2　边缘计算定义

　　由于 5G、物联网的应用及场景发展迅猛，大量的智能终端被连接到网络中，并且大部分任务产生在网络的边缘，大量数据向数据中心传输过程中时延过高。而大量计算任务放在数据中心完成也会增大计算量。因此，人们考虑将工作负载部署在物联网边缘上，形成一种特殊的计算模式，即边缘计算。

　　作为近几年的专业热词，边缘计算（Edge Computing，EC）最早于 2003 年被提出，在 2015 年得到迅速发展并受到学术界广泛关注。此后，随着人们认识的不断深入，边缘计算的定义、规范也逐步形成，相关技术也被应用到智慧城市、智能家居等场景中。

　　边缘计算中的"边缘"，在多数情况下是指从数据源（如传感器或智能终端）到云计算中心之间的任意资源。所谓边缘计算，是指靠近用户并在网络边缘执行计算的一种计算模型或服务，也是一种能够在网络边缘、云计算下行传输数据和物联网上行传输数据中进行计算的技术。通俗理解，边缘计算是更靠近用户和智能终端，使用户近距离体验到高效率的计算。

　　边缘计算产业联盟（ECC）与工业互联网产业联盟（AII）联合发布的《边缘计算参考架构 3.0（2018 年）》中对边缘计算做出如下定义："边缘计算是在靠近物或数据源头的网络边缘侧，融合网络、计算、存储、应用核心能力的分布式开放平台（架构），就近提供边缘智能服务，满足行业数字化在敏捷连接、实时业务、数据优化、应用智能、安全与隐私保护等方面的关键要求。"

## 5.1.3　边缘计算发展现状

　　目前，边缘计算的研究日益广泛，涉及领域较多，但比较集中地反映在移动边缘网络、雾计算、边缘云、体系结构等领域。

### 1. 通用边缘计算体系结构

目前研究以通用边缘计算体系结构为典型，多围绕基础设备层、统一接口层、应用服务层、动态智能层、安全保障、运维管控等方面进行。基础设备层主要为分布在网络边缘侧，且靠近用户的海量异构智能终端设备，它们是计算、存储、带宽、缓存等资源调配的资源池，能够为边缘用户提供服务的边缘基础设施。统一接口层能整合海量智能设备形成有效统一的接口，实现规范标准的通信方式，解决设备异构问题，有利于资源调度和提高资源利用效率。应用服务层靠近应用服务商，能够为用户提供应用和系统程序，协同调配资源来满足用户需求。动态智能层涵盖基础设备层、统一接口层、应用服务层，可以实现高效、智能、自动的计算管理。

### 2. 移动边缘计算

智能手机、平板电脑、笔记本电脑等移动设备的数量逐年剧增，移动计算地位不断上升，有学者提出移动边缘计算（Mobile Edge Computing，MEC）概念并对其开展研究。截至目前，MEC 得到快速发展，并将成为下一代移动通信网络的关键组成部分。业界一致认为 MEC 能够降低物联网中的时延和提高其可靠性，可被应用于多个行业。

欧洲电信标准组织（ETSI）对 MEC 定义了计算框架，如图 5-1 所示。

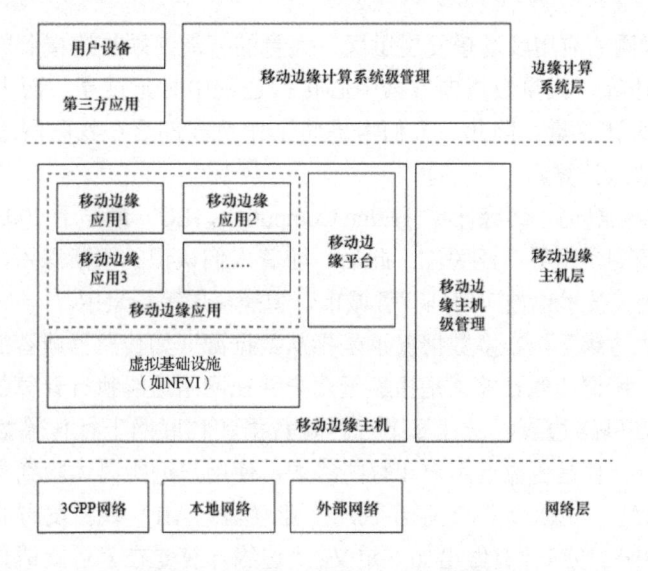

图 5-1　ETSI 定义的 MEC 计算框架

在 ETSI 定义的 MEC 计算框架中，自下而上分为网络层、移动边缘主机层和边缘计算系统层，其中移动边缘主机层又被分为移动边缘主机及移动边缘主机级管理。移动边缘主机由虚拟基础设施（如网络功能虚拟化基础设施解决方案，即 NFVI，实现虚拟资源统一分配、管理、配置和故障信息处理）、移动边缘平台（实现平台管理、规则设定等）及移动边缘应用（各应用的部署、实例化和标准化等）构成。相比较，网络层与边缘计算系统层的结构划分更为简单。整个 MEC 计算框架结构简单，脉络清晰，易于理解。

**3．多种解决方案促进边缘计算发展**

由边缘计算延伸出的诸多问题都激发业界的研究兴趣。例如，中国联通提出云与虚拟化、大容量服务器、启用应用程序和服务生态系统，旨在促进边缘计算成为下一代移动通信的关键技术。此外，针对边缘计算不同的应用场景设置不同的资源配置，使边缘计算终端节点的计算能力具有良好表现，也是业界关注的话题之一。例如，以控制为目的的节点可以配置计算能力较弱的微控制单元（MCU），计算需求较大的应用则分配矢量或多核处理的计算资源，甚至可以分配智能芯片资源以满足庞大的计算需求。

总之，边缘计算具有广阔的应用前景，但同样存在诸多亟待解决的技术难题和挑战。

# 5.2　边缘计算参考架构

2016 年 11 月，边缘计算产业联盟正式发布了《边缘计算参考架构 2.0》，该框架重点阐述边缘计算的概念、特点等，从概念、功能、部署三类视图对边缘计算进行框架介绍，并提出智能分布式开放架构。

## 5.2.1　边缘计算参考架构 3.0

根据物理世界与数字世界的协作、跨产业生态协作、跨平台移植性及有效支撑系统全生命周期活动四大理念，边缘计算产业联盟与工业互联网产业联盟联合发布《边缘计算参考架构 3.0（2018 年）》，边缘计算参考架构 3.0 如图 5-2 所示。

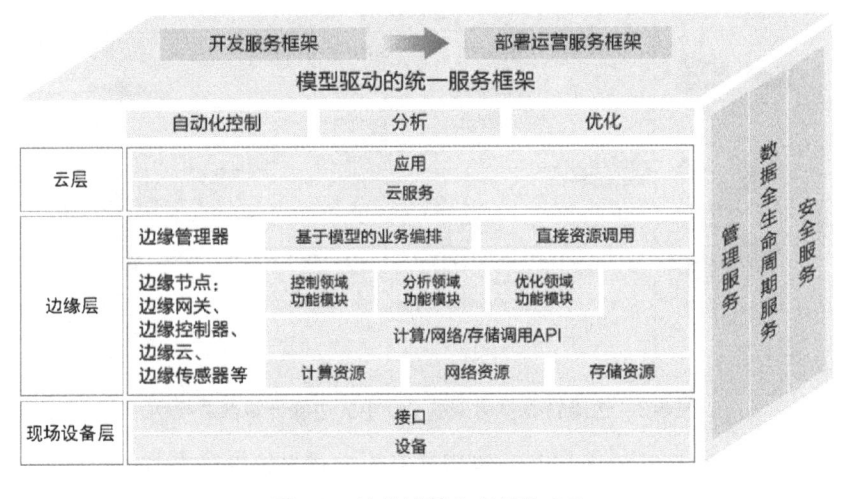

**图 5-2　边缘计算参考架构 3.0**

该架构自下而上分为 3 层：现场设备层、边缘层和云层。现场设备层将设备通过接口与边缘层连接，云层向边缘层提供云服务，而边缘计算将负责整合所有边缘资源。

## 1. 现场设备层

现场设备层也叫作现场层，它可以利用网络连接各类传感器、执行器、设备、控制系统和资产等现场中的设备节点。现场中的节点通过网络、工业总线和边缘层中的边缘网关等实现网络连接，达到现场设备层和边缘层之间的数据流与控制流双向传输的目的。

## 2. 边缘层

边缘层是边缘计算的核心层，负责接收、转发和处理现场设备层传输来的数据，并提供智能感知、信息安全、数据计算与分析、优化与控制等业务。

边缘层包括边缘节点和边缘管理器两个子层。边缘节点是计算业务的核心，根据业务及硬件的不同，边缘节点包括边缘网关、边缘控制器、边缘云、边缘传感器等。边缘管理器主要对边缘节点进行统一管理。

边缘节点一般具备计算资源、网络资源和存储资源，而边缘计算系统则通过对资源进行封装，对外提供 API 接口对边缘管理器进行调用。此外，通过建立控制领域功能模块、分析领域功能模块和优化领域功能模块，可以实现边缘计算业务开发和部署，能够大大提高工作效率。

## 3. 云层

云层也叫作云计算层，主要负责实现智能决策、智能处理、智能服务、智能管理和个性化定制等功能。云层接收从边缘层传输来的数据流，经过智能化处理与决策后向边缘层发送控制信息，控制信息再经过边缘层向现场设备层传输，以此实现对现场设备的控制。

现场设备层、边缘层和云层之间的部署视图可以充分体现三者之间的协作关系，如图 5-3 所示。

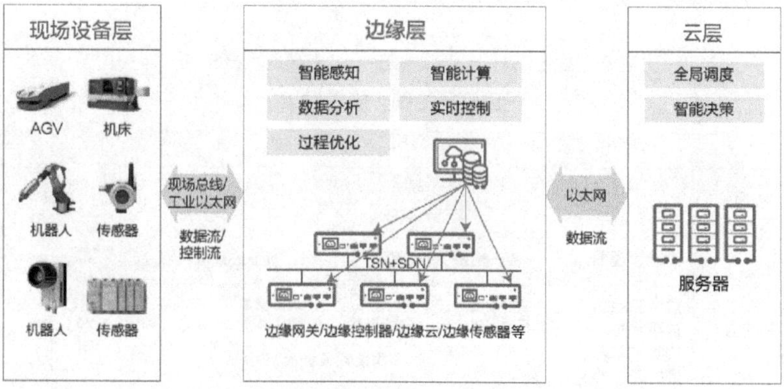

**图 5-3　边缘计算参考架构 3.0 中的边缘计算部署视图**

由图 5-3 可以看出，现场设备层与边缘层涉及内容较多，既涉及工业以太网（一种结合以太网和 TCP/IP 技术的工业网络）、现场总线，又涉及数据流和控制流。现场设备层包括各类传感器、机器人、机床、AGV 等。而边缘层不仅包括各类网络设备、边缘网关、边缘传感器等，还涉及多种智能计算，无形中增加了复杂度。云层作为计算机科学技术，通过网络技术与边缘层交互，传输数据流。注意，虽然由云层发出控制信息，但这些信息在没有传输到边缘层时仍然可被理解为数据。

## 5.2.2　边缘计算关键技术

在边缘计算环境中，边缘节点对数据进行计算和处理，然后将处理过的数据传输到云层。由于处理过的数据较原始数据更精准、数据量更小，所以传输时自然降低网络延迟和带宽需求。边缘计算量的大小取决于不同系统需求。理论上终端节点数量越多，计算量越大，功耗也越大。此外，系统不同，优化值也不同。尤其是当边缘节点自身安全无法得到保障时，该节点上计算的数据安全问题更加突出。因此，边缘计算主要涉及以下关键技术问题。

### 1．边缘计算体系结构

边缘计算涉及面广泛，涵盖了物联网、互联网、移动网等众多应用领域，最终目的是寻求如何优化和配置终端设备、网络设施、软件、存储、计算等资源。这一过程不仅涉及算法改进、算力优化和数据调配，还涉及不同应用场景和模式对边缘计算体系结构设计的严重影响。

### 2．终端设备配置及计算能力

在不同应用场景中，终端设备在功能、性能、功耗、计算能力、数据格式、精度、控制、网络延迟等方面始终无法统一。有的终端节点之间的差异很大，如智慧园区高清视频监控与温湿度监测、智慧农业中数据采集与智能轨道交通数据等，它们对数据要求、采集频率、计算能力要求完全不同，因此需要对不同边缘计算应用场景配备不同配置、计算能力的终端处理器。

### 3．边缘计算算法

边缘计算涉及设备算力不同、配置不同、场景中的应用需求不同，因此，即使是同样的功能，涉及的算法也不同。例如，在对视频数据的加密过程中，如果算力满足不了需求，则应该选择简单的加密算法。再比如，有些边缘计算要求高实时响应，则研究者要在节点计算、算法及延迟方面进行综合考虑。

### 4．边缘计算的任务调度机制

理论上讲，当边缘计算环境复杂性越高时，建立高效的任务调试机制的难度就越高，这甚至成为一个需要重点突破的问题。在边缘计算系统中，由于计算设备、存储设备、网络设备等资源在种类、性质、效能上存在显著不同，边缘计算执行任务时需调用不同的加速计算资源；而为减轻执行时的负担，甚至需要计算功能分布在多个边缘节点上。研究人员试图通过多种技术（如机器学习、博弈论、线性规划、图论等方法）来优化任务多样性和数据存储方式，解决边缘节点的异构性，降低边缘计算对任务调度的难度。

### 5．边缘计算安全

边缘计算涉及各类设备，同时联接物联网、互联网、移动通信网等网络，必然存在各类安全问题。而边缘节点的计算能力往往较弱，无法执行传统上多功能、多层次、多机制的安全保障措施。尤其是当边缘计算直接应用于控制系统时，潜在的安全问题更为突出，因此边缘计算安全成为研究人员关注的重要问题。

此外，边缘计算与云计算之间的协同调度、有无中心化、负载均衡等问题也需要研究和解决。

尽管边缘计算存在诸多技术难题，但它依然被视为构建物联网应用的一种优势选择。例如，在智能家居场景下，可以利用边缘操作系统在边缘网关上完成家居环境中的本地业务处理（如连接、数据处理、内部数据传输等）。这样做一方面可以减少互联网带宽占用，另一方面可以提高计算的安全性和管理的有效性。再如在智慧城市场景下，边缘计算可以根据级别的不同处理每天产生的大量数据。这种处理方式采用的原理是根据数据传输的必要性来决定是否上传到云端服务器，以此来减轻网络负担。

# 5.3 雾计算

5G 技术、移动智能终端等应用日益普遍。但是，随着产生于网络环境下的数据越来越多，数据的快速增长对计算能力提出新的要求。尽管云计算具有低成本、高可靠性、易用性和高可扩展性等优点，其中心化服务模式及接入带宽对其的限制却使得云计算具有高延时、低带宽、网络拥堵和故障规模影响大等弊端。为解决该问题，思科 Bonomi F 等人曾于 2011 年提出一种网络计算范式，并定义为雾计算（Fog Computing，FC）。该技术以半虚拟化架构的分布式计算为范式，融合了计算、网络、存储、应用等资源与服务。

雾计算概念实际是基于云计算提出的，思科之所以将它描述为"雾"，是因为雾气可在空中飘浮，千变万化，却又离人们很近。与云计算相比，雾计算可以将地理位置更为分散、计算功能更弱的边缘计算设备组合起来共同发挥计算功能。在雾计算环境中，数据可以在本地智能终端上处理，计算后的数据再向云端发送，这在无形中减少了数据传输量，降低了网络传输压力，因此雾计算适用于物联网环境。

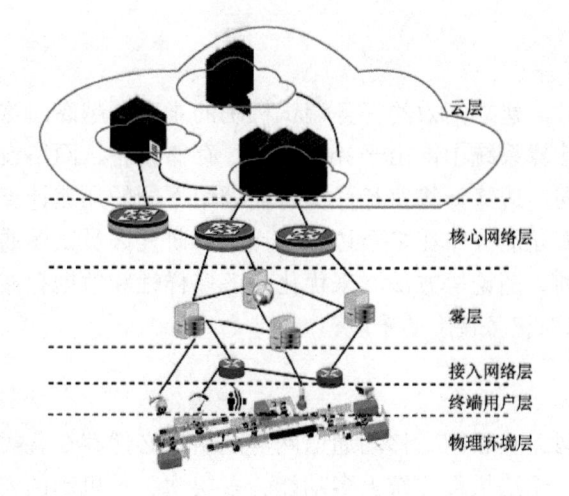

图 5-4　雾计算的系统架构

在雾计算体系结构的研究领域中存在多种技术。例如，将雾计算分成用户层、雾层和云层。再如，根据雾计算结构特征可以将雾计算分为物理资源层、监控层、预处理层、临时存储层、安全层和传输层 6 层结构。此外，还有人将雾计算分成物理环境层、终端用户层、接入网络层、雾层、核心网络层和云层，如图 5-4 所示。

（1）物理环境层为底层，主要功能是支持雾计算基础设施及物理设备。

（2）终端用户层主要为终端用户的智能手机、平板电脑、笔记本电脑、智能手环、智能传感器等设备，它们能够感知物理世界，产生、接收和利用数据。

（3）接入网络层以无线网络设备为

主，如无线路由器、无线热点。同时，一些有线网络设备也属于接入网络层。这些设备能够按照事前规则，转发终端用户数据或任务到对应的雾节点上。

（4）雾层主要由雾边缘节点、微雾、雾服务器组成，能够提供计算服务、数据存储和网络通信。

（5）核心网络层以核心级网络设备为主，将雾层计算能力、存储能力无法满足的任务转交给云层的数据中心来完成，适用于执行计算量较大的任务。

（6）云层以云数据中心服务器为主，主要完成海量数据的备份、存储，以及大计算量任务的处理。复杂度较高的计算往往在云数据中心完成。

雾计算作为一个新兴的研究热点，从提出之日起就受到了广泛的关注。雾计算适合于物联网应用，具有巨大的发展潜力。

# 5.4　典型边缘计算平台

## 5.4.1　KubeEdge

KubeEdge 是一个提供容器化的开源边缘计算平台，包含云端和边缘端，能够将本机容器化的应用程序编排和管理扩展到边缘端设备上。KubeEdge 是基于 K8s 原生边缘计算框架构建的，能够为网络及应用程序提供核心基础架构支持，并在云端与边缘端之间进行部署和同步元数据，从而实现云边协同、计算下沉、海量边缘设备管理、边缘自治等能力，具有固有的可扩展性。KubeEdge 框架如图 5-5 所示。

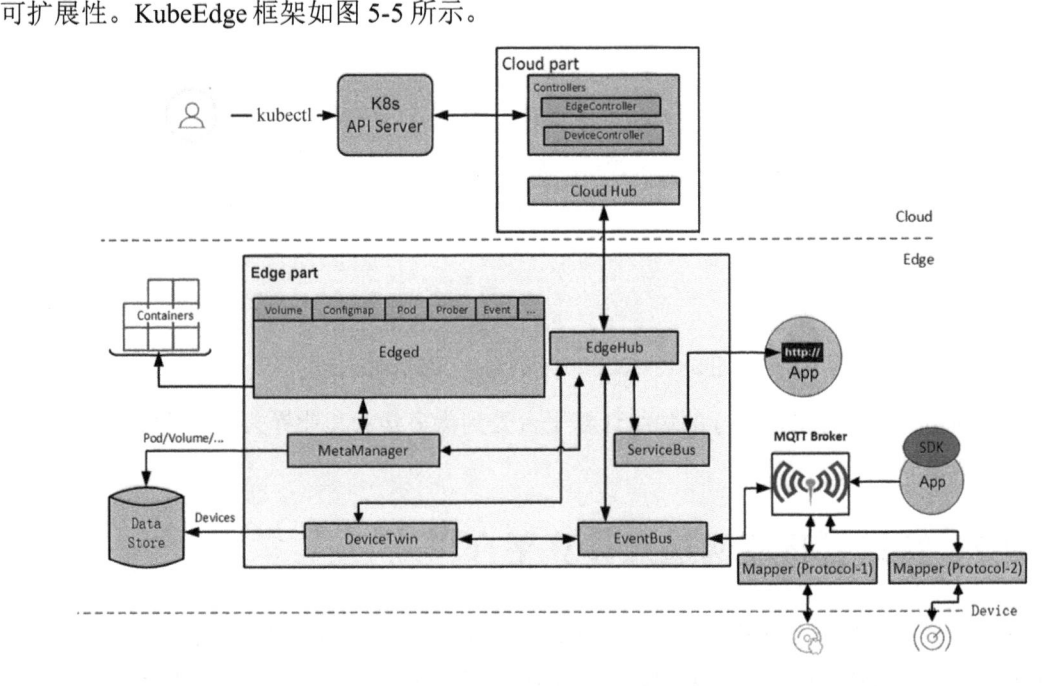

图 5-5　KubeEdge 框架

KubeEdge 不仅使用了 Apache 2.0 许可协议，可以免费用于个人或商业用途，还具有模块化、轻量化（66MB 足迹和 30MB 运行内存）等优点，可以部署在资源不多的设备上。甚至，KubeEdge 允许各边缘节点的硬件架构及配置存在不同，在连接方面支持标准 MQTT 等多种协议，有利于有效连接新的边缘节点和边缘设备来扩展形成边缘集群，解决当前智能边缘领域面临的挑战。程序员可以通过编写常规的基于 HTTP 或 MQTT 的应用程序，将程序放在云端和边缘端上运行，这既能简化程序开发过程，也能减轻开发人员的负担。

KubeEdge v1.4.0 版本在边缘监控与设备管理方面进行了重大改进，如设备管理的增强，支持 Metrics-Server 从云端收集边缘监控数据及边缘节点证书轮转等。KubeEdge v1.4.0 下载页面如图 5-6 所示。

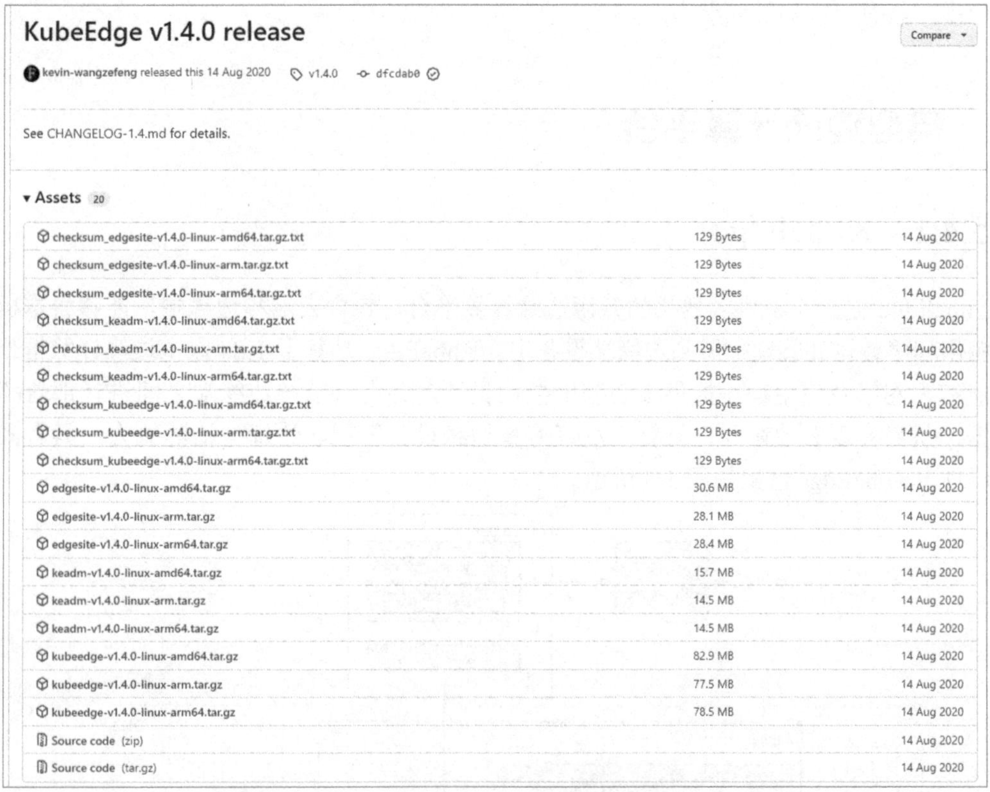

| KubeEdge v1.4.0 release | | Compare ▾ |
|---|---|---|
| kevin-wangzefeng released this 14 Aug 2020  ○ v1.4.0  -○- dfcdab0 ⊘ | | |
| See CHANGELOG-1.4.md for details. | | |
| ▾ Assets  20 | | |
| checksum_edgesite-v1.4.0-linux-amd64.tar.gz.txt | 129 Bytes | 14 Aug 2020 |
| checksum_edgesite-v1.4.0-linux-arm.tar.gz.txt | 129 Bytes | 14 Aug 2020 |
| checksum_edgesite-v1.4.0-linux-arm64.tar.gz.txt | 129 Bytes | 14 Aug 2020 |
| checksum_keadm-v1.4.0-linux-amd64.tar.gz.txt | 129 Bytes | 14 Aug 2020 |
| checksum_keadm-v1.4.0-linux-arm.tar.gz.txt | 129 Bytes | 14 Aug 2020 |
| checksum_keadm-v1.4.0-linux-arm64.tar.gz.txt | 129 Bytes | 14 Aug 2020 |
| checksum_kubeedge-v1.4.0-linux-amd64.tar.gz.txt | 129 Bytes | 14 Aug 2020 |
| checksum_kubeedge-v1.4.0-linux-arm.tar.gz.txt | 129 Bytes | 14 Aug 2020 |
| checksum_kubeedge-v1.4.0-linux-arm64.tar.gz.txt | 129 Bytes | 14 Aug 2020 |
| edgesite-v1.4.0-linux-amd64.tar.gz | 30.6 MB | 14 Aug 2020 |
| edgesite-v1.4.0-linux-arm.tar.gz | 28.1 MB | 14 Aug 2020 |
| edgesite-v1.4.0-linux-arm64.tar.gz | 28.4 MB | 14 Aug 2020 |
| keadm-v1.4.0-linux-amd64.tar.gz | 15.7 MB | 14 Aug 2020 |
| keadm-v1.4.0-linux-arm.tar.gz | 14.5 MB | 14 Aug 2020 |
| keadm-v1.4.0-linux-arm64.tar.gz | 14.5 MB | 14 Aug 2020 |
| kubeedge-v1.4.0-linux-amd64.tar.gz | 82.9 MB | 14 Aug 2020 |
| kubeedge-v1.4.0-linux-arm.tar.gz | 77.5 MB | 14 Aug 2020 |
| kubeedge-v1.4.0-linux-arm64.tar.gz | 78.5 MB | 14 Aug 2020 |
| Source code (zip) | | 14 Aug 2020 |
| Source code (tar.gz) | | 14 Aug 2020 |

图 5-6　KubeEdge v1.4.0 下载页面

KubeEdge 作为目前比较流行的边缘计算平台受到诸多学者和业界关注，开源性大大有利于学者的研究。

## 5.4.2　腾讯云物联网边缘计算平台

腾讯云物联网边缘计算平台（IoT Edge Computing Platform，IECP）功能比较强大，能够快速地将腾讯云中的数据存储、AI、安全等云端计算能力扩展到距离物联网数据源头最近的边缘节点上，使用户能够远程管控物联网设备，转发、存储、分析设备上的数据，甚至利用云端视频汇聚、流式计算实现设备数据的本地化视频处理、AI 推理、流式分析。

IECP 对用户提供了低时延、安全、灵活、便捷的边缘计算服务，可在运维、开发、网络带宽等方面为用户节约成本，同时与腾讯云物联网一起为用户提供统一、可靠、弹性、联动、协同的物联网服务，IECP 架构如图 5-7 所示。

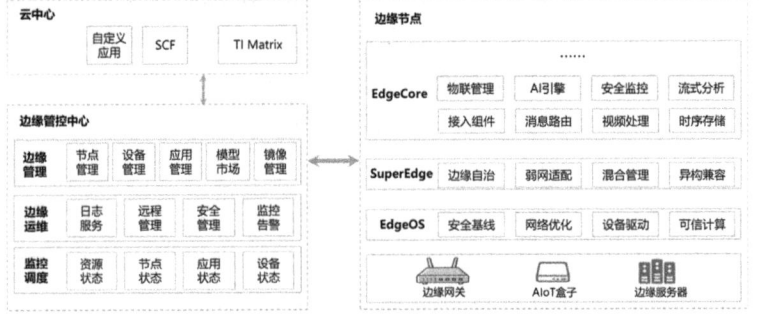

图 5-7　IECP 架构

部署 IECP 具有如下优势。

### 1．实时响应

IECP 能够将物联网设备连接到本地边缘节点上，然后利用本地边缘计算服务实现对物联网设备的数据实时采集、数据预处理、数据分析功能，从而满足边缘智能硬件对低时延的响应处理需求。

### 2．离线处理

通过部署 IECP，可以将腾讯云的大数据分析、机器学习、图像识别等智能数据分析能力无缝集成到本地边缘节点上。这样，当网络受限（如权限控制）或间隙断网时，系统依然能够实现本地数据分析的自治运行，待网络恢复后再自动连接云端，并根据预先设定的策略保存物联网设备中的数据和使用云端计算服务。

### 3．简化部署

通过部署 IECP，可以在云端控制台选择和编排将要部署到本地的云计算服务。在边缘节点和云物联网中心网络连通后，可以通过简单的脚本和控制按钮快速地完成边缘网关的连接云端、数据分析及机器学习计算等服务本地部署，构建边缘计算服务环境。

### 4．快速编程

通过腾讯自研的数据处理引擎，可以在本地快速、灵活地定义数据过滤、数据聚合、数据转发、数据分析的处理规则和处理流程。同时，也可以通过 Node.js、Python 等语言来定义复杂数据处理和分析逻辑，交由数据处理引擎在本地执行，极大降低了边缘数据分析逻辑的开发和运维成本。

### 5．优质传输

使用 IECP 可以打通边缘节点与云端、App 应用与边缘节点、App 应用与物联网设备之间的网络通信，同时通过腾讯云的优质网络服务能力来提供安全、稳定、低时延、低抖动的数据传输服务。

### 6. 云边协调

使用 IECP，可以选择和控制是将物联网数据交由本地边缘节点分析，还是交由云端节点分析，同时通过云端一体化的管理控制台，实现云端和本地的计算节点、计算服务的一体化管理和弹性调度，为用户提供灵活的、弹性的、按需的边缘计算服务。

IECP 以智慧工厂为应用背景设计应用框架，如图 5-8 所示。

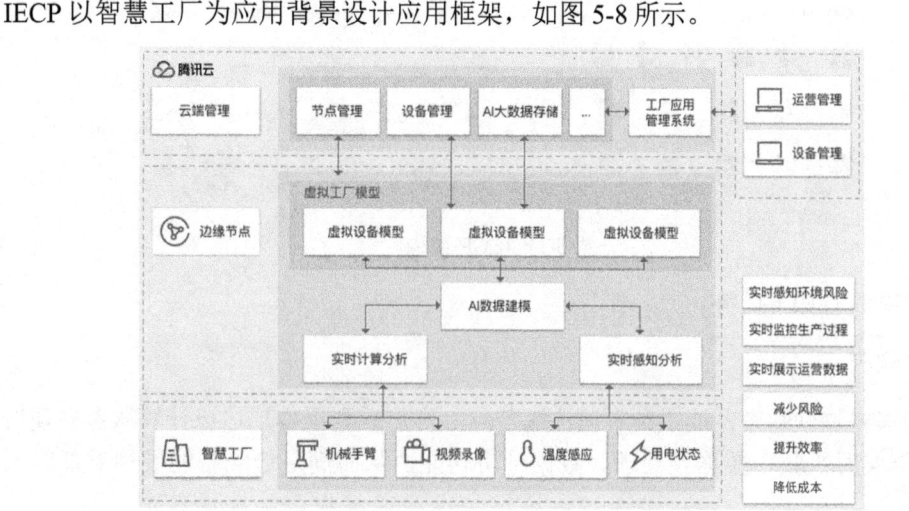

图 5-8　智慧工厂

智慧工厂可以帮助用户实现能够靠近智慧工厂中物联网设备数据源头的边缘计算平台的快速搭建。该平台可以提供实时采集数据，并在最短时间进行数据的实时分析，根据数据及生产流程建立智慧工厂模型用于分析和管理，从而实时感知、尽最大努力降低生产环境和生产过程中可能存在的风险，提升企业生产效率和质量，降低企业的生产成本和运营成本。

腾讯提供的另一个边缘计算平台是智能楼宇，如图 5-9 所示。

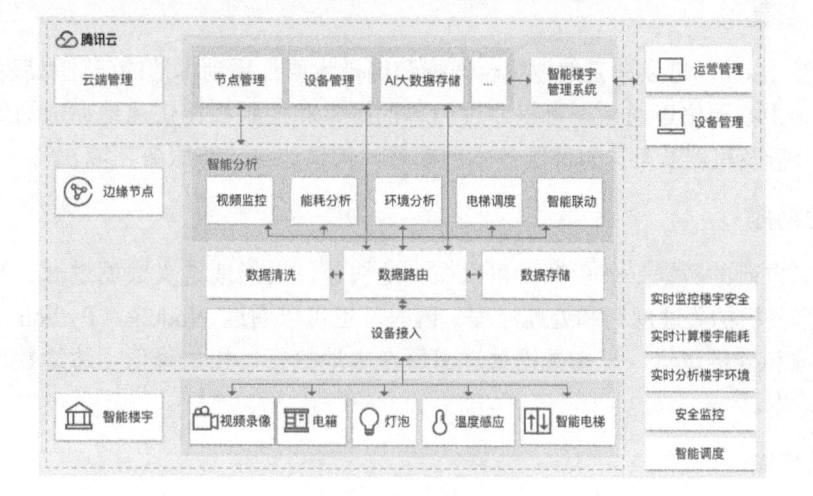

图 5-9　智能楼宇

智能楼宇边缘计算平台能够帮助用户快速地搭建一个靠近楼宇物联网设备数据源头的边缘计算平台。该平台可以完成实时采集数据、数据清洗、数据存储和以各种楼宇为应用场景的数据分析，如楼宇环境分析、楼宇监控、楼宇调度优化、楼宇能耗优化等。

### 5.4.3　其他边缘计算平台

边缘计算的兴起引起许多公司的关注。除上面介绍的边缘计算平台外，还有许多边缘计算平台产品，如华为云智能边缘平台、Microsoft Azure IoT Edge 及 Linux 基金会旗下的开源 Akraino Edge Stack 项目（提供的高可用性云服务能够支持边缘计算系统和应用软件优化）等。受本章篇幅所限，上述边缘计算平台不再介绍，读者可自行查阅学习。

## 5.5　本章小结

本章主要介绍了边缘计算的背景、定义、发展现状，以及边缘计算参考架构 3.0、边缘计算关键技术，然后又介绍了雾计算的概念和体系结构，最后介绍了典型边缘计算平台。

### 习题

5.1 什么称为边缘计算？

5.2 边缘计算参考架构 3.0 主要分为哪几层？请简述各层功能。

5.3 边缘计算的关键技术有哪些？请举出至少 3 个问题进行说明。

5.4 什么称为雾计算？

5.5 雾计算主要由哪几部分组成？

5.6 【操作】下载并安装开源边缘计算平台 KubeEdge。

5.7 分析边缘计算平台 KubeEdge 的架构及功能模块。

# 第6章　物联网安全

★ 学习指导

> 📂 学时建议：理论4学时，实验/实践2学时（方案三4学时），自学2学时。
> 📂 教学目标：使学生能够阐述物联网安全的需求、特征和关键技术；能够分别复述感知层、网络层和应用层的安全技术；能够总结工业互联网面临的主要安全问题；能够解释工业互联网安全的重要性；能够说明工业互联网安全标准体系包含哪些内容。
> 📂 主要内容：物联网安全的需求、特征和关键技术；感知层安全核心技术、网络层安全核心技术和应用层安全核心技术、国家标准对物联网云安全的要求；工业互联网面临的安全威胁或主要安全问题，工业互联网安全重要性；工业互联网安全标准体系及其内容。
> 📂 重点难点：物联网安全的特征和关键技术；感知层安全核心技术、网络层安全核心技术和应用层安全核心技术；工业互联网主要安全问题；工业互联网安全标准体系及其内容。

物联网安全是物联网应用过程中的重要问题，涉及物联网体系中的各个层次，与互联网安全密切相关，又有自己的独特之处。物联网技术在工业领域中的应用实际就是工业互联网，所以本章安排一节讲述工业互联网安全。

工业互联网作为国家战略发展方向之一，近些年发展迅猛，政府、研究机构与技术联盟不断推出关于工业互联网的文件、标准或白皮书，极大地推动了该领域的发展。

## 6.1　物联网安全概述

### 6.1.1　物联网安全需求

在立法方面，我国颁布了《中华人民共和国国家安全法》（2015年7月1日起施行）、《中华人民共和国网络安全法》（2017年6月1日起施行）、《中华人民共和国个人信息保护法》（2021年8月20日起施行）等多部法律，国务院学位委员会也根据国家发展需要及时批准设置了"网络空间安全"一级学科（学科代码为"0839"）（2015年6月）、"国家安全学"一级学科（学科代码为"1402"）（2021 年 1 月）和"信息安全"本科专业（代码：080904K，授予管理学或理学或工学学士学位）（2020 年），为加快网络安全紧缺人才培养铺设道路。

物联网应用系统以互联网为核心、以某个应用为场景，通过"物与物""物与人""人与人"之间的连接，最终实现自动感知物理世界、智能处理数据，满足人们的工作或生活需求。物联网应用系统的安全性与互联网既密切相关又显著不同，尤其是"万物互联"产生许多新的安全需求和安全问题。例如，在军事领域中，军用设施情况及位置信息作为机密数据，一旦泄露就会产生不可预料的严重后果，尤其是在战争期间；再如智慧交通中红绿灯的自动控制，一旦系统出现故障，轻则导致交通拥堵，重则产生重大交通事故；再如智慧医疗，一旦患者的医疗信息遭到泄露或者被恶意利用，则可能对患者造成财产损失，甚至威胁到人身安全。

随着物联网技术的迅猛发展，物联网的应用已经渗透到各行各业，物联网安全需求也变得越来越强烈。由于物联网固有的特殊性，除原有传统网络安全威胁外，还存在着物联网自身特殊的应用安全问题。

### 1. 物联网接入安全

在接入安全中，感知层存在大量的接入节点，这些节点的自身安全性成为安全防护重点。当一个感知节点或智能终端在未经认证授权的情况下被访问，就极有可能发生隐私泄露、数据丢失、节点被控制等安全事件，因此增加感知节点的身份认证、访问控制等方面的安全功能十分必要。更严重的是，接入节点可能遭受恶意攻击、窃听或篡改传输数据，导致数据的一致性遭到破坏。

### 2. 物联网访问控制

在物联网应用中，因为不同位置的相同传感器所采集的数据即使数值相等，但意义不同，所以每个信息采集终端都要有唯一的标识或身份 ID，其他物联网设备也是如此。

物联网应用系统中的"人"和"物"具有唯一性，传统网络安全中的身份认证、访问控制、权限管理、安全审计等功能需求在物联网应用系统中依然存在。不同的是，一旦众多传感器、执行器或智能终端在被接入网络后遭到恶意控制，就有可能产生极为严重的安全事故。例如，控制化工厂有毒气体的阀门被黑客控制后，可能会被打开并释放毒气，威胁居民生命健康安全。而核电厂重要设备被控制后，可能产生难以想象的灾难。此外，物联网会接入众多用户，有的设备可以实现多人控制和使用。例如，智能冰箱、家庭摄像头可能由多个终端或多个用户控制，而这些用户对设备的控制行为和需求不可能完全相同。更何况，某些智能家庭摄像头上存储着大量家庭隐私，如果设备访问控制权限方面存在漏洞，这些设备就可能被不法分子利用，最终导致安全事件的发生，对社会治安和公共安全造成难以估量的损害。

### 3. 物联网通信安全

近些年，物联网中的通信终端呈指数级增长，因此，大量终端节点的接入考验通信网络承载能力。一旦网络承载能力难以满足需求，就可能导致严重的网络拥塞现象，给攻击者带来可乘之机，严重威胁网络的安全。拒绝服务攻击就是典型案例。

目前，无线通信技术被广泛运用到生活中，自动化理念使大多数设备处于无人值守状态，网络安全无法得到保障，重要数据很容易被窃取或恶意跟踪。此外，物联网中某些设备因算力等原因而采用安全性级别低的加密算法，使得数据在传输过程中容易遭到攻击和破坏。不仅如此，工业互联网发展使通信技术不仅需要满足各种各样的通信安全要求，还需要满足一些特殊网络协议要求，如蓝牙、PROFIBUS 等工业物联网通信协议。

### 4. 物联网数据安全

随着万物互联时代的到来，大量传感器、终端设备被连接到物联网系统中，使得采集和传输的数据呈现爆炸式增长。此外，由于很多设备暴露在恶劣或者无法维护的环境中，而物联网系统对数据的安全要求却远远高于传统时期。因此，人们需要在算力资源和数据安全方面进行权衡选择，若想追求更高的算力资源时，就要承担失去控制数据的风险。因此，采用数据安全技术来提高数据对威胁的抵御能力十分关键。

### 5. 隐私保护

隐私问题是网络时代最重要，也是用户最关心的问题之一。同传统设备相比，物联网系统中各类设备存储着更多的信息，尤其是面部信息、指纹信息、健康信息等无法更改的个人特殊信息。这些信息一旦泄露，将会对用户的正常生活产生严重干扰。

### 6. 攻击检测与防御

相比于传统互联网检测与防御，物联网设备安全性要求更高。然而，由于物联网设备分布性较广、设备种类多样、设备协议种类复杂，因此物联网网络检测相对于传统网络检测更加困难，防御策略也更加复杂。

## 6.1.2 物联网安全特征

近些年，物联网技术融合了嵌入式技术、通信技术和云计算等技术，已经成为智能制造、智慧社区、智慧城市等领域的核心技术之一。物联网安全除具备信息安全特征外，还具备以下特征。

### 1. 安全设计

传统物联网设备在设计过程中往往忽视了安全问题，就像最初设计互联网 TCP/IP 协议时没有考虑安全一样，而后期增加的安全性设计则容易受限于系统原有设计。因此，需要在物联网系统的早期设计开始，预先设计安全性策略，并考虑后期系统安全运行和安全维护机制。

### 2. 硬件安全

在物联网系统中，涉及信息感知、数据传输、智能决策与控制，有的物联网平台与云计算平台结合使用，同时互联网的开放性使大多数物联网设备处于不安全的开放环境中，物联网系统的硬件设备受到恶意攻击或网络入侵，因此对上述设备进行实时监控或安全维护成为硬件安全的必要运维手段，物联网安全从基础设施就要考虑。此外，还需要预先对设备节点的安全配置进行设置，如设置防篡改功能、设备访问控制权限等。

### 3．网关安全

物联网网关是物联网设备和网络之间的重要转发设备。大量的终端节点采集的数据（也可能经过初级处理）通过物联网网关转发给其他网络或设备，因此网关安全是物联网安全的重中之重。此外，由于大多数物联网设备受限于节点内存、节点功能和数据处理能力而无法使用复杂的安全策略，因此网关安全必须受到重视。合格的网关应该具有下述功能，如防火墙功能、通信协议兼容、加解密算法等。

### 4．身份管理

物联网系统中存在大量权限类型不同的设备和用户，安全问题涉及"人"与"万物"。为了安全、科学地管理物联网系统的用户行为、资源配置、信息安全等，需要通过使用多种标识技术来区别物联网设备、物联网用户的身份，如 RFID 标签、内嵌标识符（可能为数字或字符序列）。这些标识符必须具有唯一性、不可假冒性等，便于安全管理或使用物联网系统。

### 5．数据安全

物联网中大量用户和设备产生的数据具有海量特点，增长速度很快，数据直接反映人、机、物的信息，数据的潜在价值不可估量。如果数据一旦泄露，可能造成物联网系统故障、生产故障、商业机密泄露、客户流失、产品下线等事件，严重威胁个人隐私信息安全和企业生存。

### 6．控制安全

由于物联网中存在大量异构、部署在不同位置、资源受限的设备，这些设备分担不同角色，有的功能单一，采集或传输的数据的类型也不尽相同，随时可能动态更新节点，互联网的开放性、不安全性、非实时性又对某些设备的访问控制策略提出新要求。这些因素增加了物联网在安全访问控制方面的挑战。所以，访问控制技术作为解决物联网控制安全的保障，也应该在项目设计早期考虑。

物联网安全特征不限于上述内容，不同应用领域、不同技术、不同设计理念、不同性能需求都会影响和反映物联网安全的不同特征。

## 6.1.3　物联网安全关键技术

物联网安全技术涉及设备、软件系统、数据等，我们常依据物联网分层结构思想分析物联网安全技术。本节从物联网中的密钥管理机制、数据处理与隐私性、安全路由协议、认证与访问控制、入侵检测与容侵容错技术、决策与控制安全等关键技术进行阐述。

### 1．密钥管理机制

密钥管理机制是物联网安全关键技术之一，是实现信息、数据及隐私保护的基础技术手段，相比互联网，物联网密钥管理系统存在两个主要问题：第一，如何构建一个贯穿物联网感知层到应用层的密钥管理系统。由于物联网系统中终端节点的多样性、节点功能不一、物联网协议的复杂性、数据的异构性等，物联网系统中的密钥分配也比传统互联网中的密钥分配更复杂，密钥自身安全性应该得到更多重视，因此，建立的密钥分配系统不仅要贯穿整个系统，而且还要满足物联网的所有设备的需求。第二，如何解决物联网的密钥管理（如密钥的分配、更新等）问题。传统的密钥管理是以互联网为中心的集中式管理方式，由互联网密钥中心负责网络密钥管理。然而，在物联网中，密钥管理系统设计受到其自身特征限制。例如，在 WSN 中，无线网络密钥与有线网络密钥设置有所不同，而物联网中存在大量不同的协议和不同形式的设备，因此集中式管理方式已经不适合物联网的密钥管理方法。

### 2．数据处理与隐私性

物联网数据需要经过信息感知、收集、融合、传输、存储、分析与决策控制等一系列流程，而每个网络节点都要涉及以上过程的若干部分，所以物联网数据传输不仅需要考虑其可靠性，也需要考虑信息传输的安全性，既要求信息不能被篡改或者被其他用户获得，又要考虑整个物联网传输的可靠性。物联网的使用，首先要保证其可靠性。

### 3．安全路由协议

物联网中存在多种不同的协议，且各协议之间可能存在兼容性问题。例如，有基于 IP 地址的互联网路由协议、基于标识的传感网路由协议、基于特殊工业网络的路由协议等。

物联网的安全路由协议中主要存在两个主要问题：一是多网络协议融合的路由问题，二是 WSN 或者工业互联网等特殊的物联网路由体系问题。

### 4．认证与访问控制

在物联网应用系统中，感知物理世界信息的传感器及智能终端的数量是海量级的，许多终端的安全性受到极大的挑战（如节点的远程访问与控制、采集到的数据的融合处理等），合法的、受控的远程访问对于设备的运行起着重要作用，这时就需要采用安全可靠的身份认证与访问控制技术。身份认证可以通过通信确定对方身份，交换回话密钥。但是在工业互联网中，工业生产与数据通信紧紧地绑在一起，认证有其特殊性。例如，当用户需要使用合法身份在工业互联网中执行数据采集任务时，用户只需要利用网络层认证的结果，而不需要进行业务层的认证。如果当前业务是敏感型业务（如生产控制业务或金融业务等），就需要使用更高级别的安全保护，此时就需要做业务层的认证。因此，物联网应用系统中的身份认证机制是物联网安全中的重要研究部分。

### 5．入侵检测与容侵容错技术

物联网应用系统广泛应用于各类工业生产和生活中，在物联网系统中很多终端部署在远端，恶劣的气候环境经常导致各种故障问题，黑客的存在也会导致各种终端受到网络入侵。然而，这些设备往往无法进行停机维护，因此需要在物联网系统设计过程中增加入侵检测与容侵容错技术。这种技术能够保证在网络出现入侵或者故障时，可以检测到网络入侵或者网络故障点；能够保证在不影响系统运行的情况下，设备仍然正常运行。例如，WSN 的容错性指的是当部分节点或链路失效后，网络能够进行传输数据的恢复或者网络结构自愈，从而尽可能减小节点或链路失效对 WSN 功能的影响。

### 6. 决策与控制安全

在物联网中，从感知端采集到的数据，经过数据处理后传输到终端，并存储在物联网的数据库中。根据用户的需求，还需要将采集到的数据进行分析和决策后对终端进行控制及修改。因此，物联网数据是一个双向流动的信息流，不仅需要在数据采集过程中考虑数据的隐私性、安全性等问题，也需要考虑决策及控制的可靠性，以及控制及决策访问的合法性。在传统物联网安全中，主要考虑数据的隐私性，对决策控制安全考虑较少。

物联网安全是影响物联网系统应用的关键之一。在传统密码学的基础上，物联网安全更注重安全机制、密钥管理、决策控制、节点安全等，因此设计时需要考虑物联网系统的具体应用环境、需求、性能、规模等要素，对系统的安全性进行分析和评价，尽可能保障物联网系统的安全。

## 6.2  物联网安全体系结构

目前，物联网安全体系结构存在多种分类，国家标准化管理委员会围绕具体的物联网应用领域推出了相应的安全标准。例如，2020 年 3 月 1 日起实施的《信息安全技术 智慧城市安全体系框架》（GB/T 37971—2019），就是针对智慧城市保护对象和安全目标，从安全角色和安全要素的视角提出的物联网安全体系结构。本节从物联网公认的、最简单的三层物联网安全体系结构（感知层、网络层和应用层）来介绍物联网安全体系结构，如图 6-1 所示。

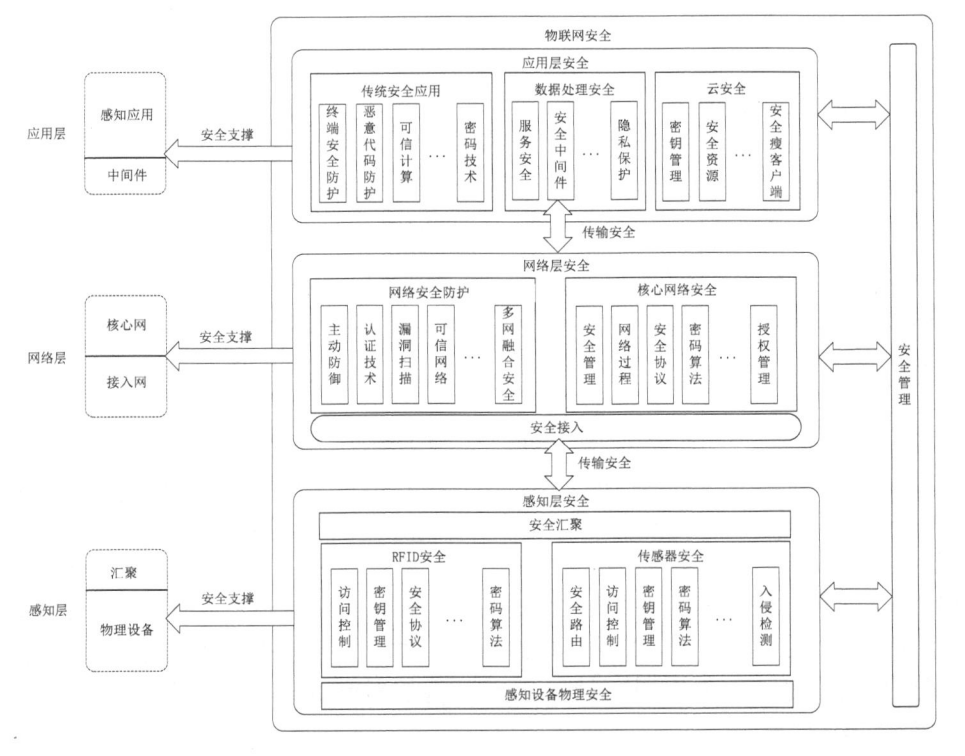

图 6-1  物联网安全体系结构

各层安全概括性介绍如下。

### 1．感知层安全

物联网感知层主要负责信息采集。为防止采集的信息被窃取、被篡改、被伪造和被攻击，需要节点认证安全、节点密钥、节点安全芯片、节点入侵检测等技术。

### 2．网络层安全

物联网网络层是网络安全重点关注之处，涉及网络设备、各种网络接入技术、网络防御技术、网络安全协议、密码算法应用、网络追踪等。所以，本层要保障网络传输过程中数据的可用性、真实性、完整性、保密性。

### 3．应用层安全

物联网应用层要保证信息的存储、处理过程中的私密性、安全性，主要技术涉及身份认证、访问控制、可信终端、内容分析、入侵检测、安全态势感知评估等。

## 6.3　感知层安全

物联网感知层设备较多，不仅有各类传感器、执行器，而且还有许多智能设备，甚至这些智能设备的计算能力比较强大（如智能摄像头、智能手机等），面临的安全威胁也突破了传统意义上的安全威胁范围。

### 6.3.1　传感器安全

各类传感器的主要功能是完成信息采集。在这一过程中，人们更关注传感器的精度及可靠性，而对安全性则关注较少。但工业物联网、工业互联网的安全性离不开数据源头，作为重要数据源的传感器有可能被恶意替换、数据被恶意修改，甚至通过恶意破坏工作环境来实现恶意干扰数据采集。因此，传感器的安全成为第一重要，毕竟数据源头对后续工作意义重大。

### 1．工作环境

不同应用场所的安全保护级别不同。例如，在重要的工业生产车间的生产过程中，各部件的安全维护非常重要，一般会配备专人管理和维护。但是，有些环境本身是开放的，如户外监控等，这些传感器本身就暴露于攻击者视野内，其自身安全受到极大挑战。

通过加强环境安全来提高传感器安全的方案是常规性操作，也是人们容易想到并首先采用的方式。这就要求从传感器自身角度来提高安全性，传感器必须具备一定的计算能力。那些不具备计算能力的传感器（如光照度传感器等）则成为传感器安全问题的一个盲区，可以采用增强外包装强度、物理安装稳固性、通信线缆的专用性、在线检测心跳时间等技术手段保障此类传感器的安全。

### 2. 智能传感器

随着物联网的发展，智能传感器的应用越来越多。除具备非智能传感器的基本特点外，此类传感器的最大特点是具备智能化数据处理能力，即在完成信息采集外，还具备算法运行、数据融合与处理，甚至智能决策能力。

智能传感器数据采集、接收指令和执行指令的能力往往为黑客攻击提供远程操控的可能。例如，在工业互联网中互联网与工业网络的互联互通和互操作，使黑客能够利用互联网攻击技术入侵工业互联网；再通过进一步修改或操控工业互联网中的智能终端或智能传感器，从而达到入侵智能传感器的目的。

传感器安全问题的提出也说明物联网感知层安全性的重要，智能传感器的安全性更是不容忽视的问题。此外，物联网数据的异构性、各种网络协议的兼容性都影响感知层安全防护体系规范的建立。

### 3. 物联网终端安全

随着物联网技术及设备的不断发展，物联网终端的智能化程度越来越高，应用数量越来越多，功能也越来越强大。但同时，设备感染病毒或被恶意入侵的机会也在增加，并且网络终端系统会因为成本影响而缺乏完整的保护机制和验证机制，容易受到恶意者连接并入侵，导致个人信息和隐私泄露。

## 6.3.2 传感器网络安全

在感知层中，传感器网络在信息采集及传输方面独具特色，并应用到很多领域。关于传感器网络安全问题的研究由来已久。

### 1. 传感器节点安全

传感器网络是一种具有无线通信能力、信号处理能力及数据传输能力的网络，也是物联网中一种特殊类型的计算机属性网络。传感器网络往往由大量的低功率、低成本的传感设备组成，每个设备称为一个节点，每个节点根据需要连接一个或多个其他节点，各节点在监测区域内完成数据收集、数据处理和数据传输等不同功能。

传感器节点一般由传感器系统、处理器系统和通信系统组成。其中，传感器系统主要用来感知环境、收集数据；处理器系统主要用来处理并计算数据；通信系统主要负责与邻近的节点或主系统进行信息交换和数据传输。每个节点都面临能源受限（如使用电池）、节点自身被假冒、通信被恶意中断等安全问题。

### 2. 数据的机密性

传感器主要目的是收集数据，因此其最重要的安全问题是数据的机密性，要保证传感器节点数据不发生泄露。然而，为了保证数据传输，传感器网络的无线通道一般是开放的，以保证设备的接入。这就使得攻击者可以通过无线电或任意一个节点获取网络数据。在一些军事或工业方面，这些数据是高度敏感且保密的，因此需要建立一个安全的传输网络，其主要实现方法是数据加密、数据密钥等，主要功能是保证数据传输安全。

### 3. 数据的完整性

传感器节点主要部署在一些恶劣的室外环境中，长期的恶劣环境往往会导致传感器节点的可靠性降低。此外，当这些外部节点受到其他人的恶意破坏时，传感器网络在传输过程中的数据的可靠性就会发生极大改变。例如，一些故障节点会发送大量的错误数据，而一些被黑客攻击的节点则在短时间内恶意传输大量错误数据并进行 DoS 攻击，导致整个网络出现故障。主要解决方案一般是根据节点功能，使用数据完整性代码对节点数据完整性进行验证，保证收到的数据的完整性。

### 4. 数据的真实性

在传感器网络中，存在大量的网络节点，这些节点不仅会出现故障，还会存在由于攻击者可以很容易进入某一个网络节点中并传输虚假数据而造成损害的可能性。因此，在验证数据的完整性的同时还需要对数据的真实性进行验证，一次保证传输的数据的真实可靠。主要解决办法是采用身份验证、签名验证、公钥等方法进行数据真实性验证。

### 5. 数据的实时性

在一些特殊网络中，要求数据的实时性。例如，在工业互联网中，要求收集到的环境数据及时传输到控制系统中，保证控制系统可以进行及时决策及控制。然而在这些特殊网络中，传感器节点往往布置在一些特殊环境中，很容易受到环境及攻击者影响；而延迟数据不仅会导致问题的隐藏，有时还会误导控制系统，导致错误决策。因此，在传输过程中，需要采用时间戳对数据传输报进行检测，以保证数据的实时性。

### 6. 数据的可用性

传感设备往往布置在恶劣的环境中，为防止某一节点发生故障导致整个网络瘫痪，传感器网络在布置过程中，会预留一些冗余节点。在运行过程中，少部分的节点发生故障往往不会影响这个网络运行。但是这些故障节点有时会被攻击者利用，进行数据传输模拟，从而对整个网络进行 DoS 攻击。因此，需要使用入侵检测技术及故障检测技术对整个网络节点进行可用性检测。

## 6.3.3 RFID 安全

射频识别（RFID）是一种自动识别技术，利用无线射频实现非接触式双向数据通信，通过对电子标签或射频卡的读/写，可以实现目标识别和数据交换。

目前，RFID 技术已经被广泛应用到物联网中。作为一个开放式的无线通信系统，RFID 在读写器、电子标签、数据传输等各个环节都存在着安全隐患，任意节点受到攻击都会导致数据泄露、网络故障等问题，因此安全与隐私保护已经成为 RFID 技术中亟待解决的问题之一。

为了防止系统被非法授权访问，导致位置跟踪、数据泄露及恶意篡改的情况出现，必须采用技术保证 RFID 数据及网络的安全性和隐私性。

### 1. RFID 系统安全问题

与计算机网络系统类似，RFID 系统安全问题主要用于保证数据和传输安全。与计算机网络系统不同的是，RFID 系统数据与传输具有一定的特殊性。在 RFID 系统中，对于电子标签，其计算能力和可编程能力与标签本身的成本相关。在一些应用中，为降低系统整体花销，往往采用成本较低的标签。这些标签往往较为简单，因此数据隐私和安全往往也存在较多的隐患。此外，RFID 系统一般是基于无线方式进行数据传输的，这就导致数据在传输过程中被"窃取"。因此在 RFID 系统中，比较常见的安全问题主要有以下几种。

1）电子标签安全问题

电子标签通常包含一个微芯片，这个芯片中带有表示这个电子标签所对应的数据。对于很多系统来说，受限于其标签成本，标签很难保证数据安全能力，因此很容易被人窃取标签代表的信息及数据。非法用户利用合法的读写器或者构建一个读写器就可以获得电子标签中的数据。例如，在物流传输过程中，非法用户利用其他读写器读取快递信息，或者采用一些通用读卡器读取电子标签中的数据，并且对电子标签中的数据进行修改或者删除。

2）通信安全问题

当读写器对电子标签进行读取中，一般是采用无线电波进行无线传输，这就导致一些非法用户可以通过特殊设备对无线电波进行收集、攻击、欺骗、干扰等一系列操作，影响整个系统的数据传输。

3）读写器安全

读写器在对电子标签进行读取后，会将信息存储在读写器中。如果读写器受到网络攻击或者入侵，整个系统和整个网络中的数据都会受到破坏或者篡改。

4）主机系统安全

读写器读取到的内容最终被传输到主机系统上，主机系统一般部署在客户机上，并连接到网络中，如果主机系统受到攻击或者入侵，那么会影响整个系统的安全。

传统 RFID 应用领域往往对隐私性要求不高，因此对于安全、隐私问题的研究还比较少，然而近些年，随着物流、快递、电商等行业的不断发展，RFID 的安全隐私问题已经成为物联网中亟待解决的安全问题，受到了研究者的广泛关注。

### 2. RFID 系统安全方案

在 RFID 系统中，安全和隐私保护与成本之间往往是成正比的，保护策略越复杂，成本就越高。例如，根据实验数据表示，一个 0.5 元的电子标签，其芯片成本一般低于 0.2 元，这就大大限制了芯片的功能，导致其能实现的安全策略较少。因此，RFID 的安全技术方案不仅需要考虑隐私保护及数据安全问题，还需要考虑系统的成本问题，从而找到最合适的方案。现有的 RFID 系统安全技术可以分为两大类：第一类是通过物理方法阻止电子标签与读写器之间通信；第二类是通过逻辑方法增加标签安全机制，其中物理方法包括 Kill 标签法、Faraday Cage 法、主动干扰法、阻止标签法等。

（1）Kill 标签法的原理是在读取并使用标签后使标签丧失功能，从而阻止其他用户或攻击者获得使用过的标签中的数据。然而这种方法的缺点就是在失去功能后无法对数据进行监控。例如，商品在购买后，标签信息丢失，这就导致商家对商品失去售后服务的标签，并且这种方法的识别序列号一旦泄露，有可能导致恶意者对商品进行盗取。

（2）Faraday Cage 法的原理是根据电磁场理论，建立一个屏蔽无线电波的网罩，使得其他人员无法收集无线电波数据，提高其传输可靠性及安全性。

（3）主动干扰法的原理是用户采用一种主动广播的无线电信号阻止或者破坏其他 RFID 系统，使得被攻击的其他 RFID 系统无法收集到本系统的传输信号。然而，这种方法很容易干扰并阻断其他的合法无线系统。

（4）阻止标签法的原理是采用特殊的阻止标签干扰的防碰撞算法来保护标签不被其他读卡器进行阅读。

在 RFID 安全技术中，常用的逻辑方法有 Hash 锁方案、随机 Hash 锁方案、Hash 链方案、匿名 ID 方案及重加密方案等。

（1）Hash 锁方案。

Hash 锁是一种完善的标签访问安全与隐私技术。其主要原理是采用 Hash 散列函数给 RFID 标签加锁，因此其成本很低，然而安全性较低。

（2）随机 Hash 锁方案。

作为 Hash 锁的一种增强及扩展，随机 Hash 锁解决了标签位置隐私问题，采用随机 Hash 锁方案，读写器每次访问标签的输出信息都不同。随机 Hash 锁方案的原理是在标签中包含 Hash 函数和随机数发生器。后台服务器数据存储所有标签的 ID，并在读取过程中生成一个随机数，后台对随机数和标签 ID 进行搜索，判定是否为对应 ID，最后进行解锁。然而这种方案增加了计算的复杂度，提高了系统成本。

（3）Hash 链方案。

如果需要追踪标签情况，可以采用 Hash 链方案，该方案在每次读写器读取访问后自动更新标签方案，实现了前向安全性。

（4）匿名 ID 方案。

在消息传输过程中，将真实 ID 采用公钥加密、私钥加密或者其他加密方法生成匿名标签，然而这种方案会导致系统复杂度增加，系统成本提高，并且如果数据传输过程中出现错误，会导致数据错误或者彻底丢失。

（5）重加密方案。

采用公钥加密方法，通过其他加密设备对标签数据进行重写，并定时更新密钥，该方案安全性较高，但是需要定期对密钥方法进行更换，大大增加了系统的复杂性和操作难度。

# 6.4 网络层安全

## 6.4.1 网络层安全概述

物联网网络层主要包括互联网、无线网、移动网、专业网（如国家电网、广播电视网）等网络基础设施，核心功能用于将感知层收集到的信息安全可靠地传输到应用层。在网络层的传输过程中，需要经过一个或多个异构网络进行数据传输，这就导致在传输数据过程中，存在着大量的安全隐患。

物联网网络层采用各类承载网络传输信息，并根据应用需求进行有效处理或控制。在物联网中，承载网络层的传输技术除互联网外，还有 3G、LTE/4G、5G、WLAN、蓝牙等技术。与传统的 TCP/IP 网络不同，物联网网络安全存在以下几个特点。

（1）应用在不同场景的物联网对安全的需求和设备都不同，因此需要针对应用领域和设备的专业性来确定物联网的安全机制。

（2）物理网感知层采集了大量的数据，这些数据的内容和格式多种多样，这些异构数据也带来了复杂的网络安全问题。

（3）物联网对数据的实时性、可信性、可靠性要求较高。例如，医院的物联网中，要求保证很高的可靠性，保证不会因为物联网数据传输的错误而造成误诊。

（4）物联网不仅需要严密的安全性和可控性，而且需要保证数据传输的安全性，以防止网络攻击导致的个人隐私、公司机密的泄露。

由于物联网网络层的安全环境相对较复杂，尤其是不同的网络架构为了实现相互连接与通信，在安全方面会面临诸多问题，如网络安全接入、DDoS 攻击、中间人攻击、数据篡改等。物联网在接入节点时，跨网络架构的安全认证技术成为一个重要研究问题，需要建立跨网络架构的统一安全认证机制，保证网络用户、设备身份的合法性。

此外，在网络层的各类网络攻击是防范的重中之重。传统的网络攻击技术被运用到物联网中，攻击对象及攻击范围扩大了，防范要求也变高了。有的设备被攻击后不一定在第一时间被发现，在没有安全监控条件下，设备被攻击的情况会更糟糕。所以，关于物联网设备异常检测应急响应机制成为新的研究问题。

网络层的数据安全同样具有复杂性。物联网网络层涉及的协议更多，有的协议之间兼容性较弱，网络数据包格式也有所不同，信息在传输过程中很有可能被攻击者非法获取，甚至篡改敏感数据或指令，因此采取数据保护措施势在必行。

网络层数据同样要具备机密性、完整性等属性。由于网络层数据的流动性，数据安全必须满足动态环境下的安全需求。也就是说，网络层的数据安全要求在流动过程中既要满足合法读写，又要满足一定的安全级别，这对安全算法与加解密算法的复杂度提出新要求。尤其是在物联网中数据量达到 PB 级时，数据会被频繁加密和解密，这对部分节点的计算能力、转发能力、数据处理能力都是极大的挑战。

## 6.4.2　核心网络安全

在物联网网络层，核心网络实际依然以互联网为主，承载着网络层的主体功能，随着物联网技术的不断发展与开放，与传统网络相比，网络层面临 DoS 攻击、DDoS 攻击、假冒攻击等，网络安全威胁状况会更加严重，物联网中大量的节点都有可能是网络入侵的方向，存在着大量的安全隐患。

### 1. 互联网安全

从网络协议、网络服务、网络质量、网络攻击等方面考虑，互联网涉及的安全问题较多、内容较复杂。最初互联网采用 IPv4 地址方式，后来因为 IP 地址不够用、缺少协议安全设计，又推出了 IPv6 地址方式。由于地址空间巨大，该方式也可以用于解决物联网地址数量问题。

由于互联网采用 TCP/IP 协议，有的数据传输采用明文方式，这就造成数据很容易被窃听、篡改和伪造。尤其是涉及一些 FTP、远程登录服务时，甚至账号和密码也容易泄密。基于 TCP/IP 协议的常见攻击类型如下。

1）窃听攻击

攻击者通过 Sniffer、Snoop 等软件对网络上传输的数据进行监控和分析，从中获得账号及口令等敏感信息，然后利用窃取到的信息进行网络攻击。

2）地址欺骗攻击

IP 地址是代表互联网中唯一设备的标识符，具有唯一性。但 IP 地址又容易被攻击者假冒，导致网络溯源时无法追查到真正的攻击源。例如，修改数据包中的源地址。

3）序列号攻击

在建立 TCP 连接时需要 3 次握手，攻击者通过猜测随机序列号来实施攻击，从而达到假冒其他计算机实现连接的目的。

4）拒绝服务攻击

当服务请求数量超过一次限制时，服务器无法对各服务做出及时响应并造成拒绝服务的现象。利用该原理，攻击者使用 TCP SYN Flooding 等攻击服务器，使服务器无法对外提供正常服务。

除上述攻击方式外，网络层还有其他攻击方式，如中间人攻击、鉴别攻击等，本节不再介绍。

### 2．移动网络

智能手机的普及使网民数量增长又上了一个台阶，人们似乎已经习惯了使用智能手机来解决生活中的许多问题，如在线生活缴费、在线语聊、在线填写表格、在线购物等，真正实现了移动办公。

随着移动通信技术从第一代发展到目前的第五代，无线通信模式让其安全性一直备受关注。受移动技术难度、技术发展速度及保密性限制，移动通信安全技术与互联网网络层安全技术相比难度更大，更多的安全威胁来自智能终端的应用层。现围绕已经商用的 5G 技术进行简要介绍。

由于 5G 技术不再局限于人与人之间的通信，更倾向于人与物、物与物之间的通信，不仅是全 IP，更具有开放性和服务性，对网络内部和外部安全考虑更加充分。所以，5G 技术更适用于物联网，其低时延（1ms）更适用于工业互联网（对实时性要求高）。

5G 技术在安全域方面采用网络接入域安全、网络域安全、用户域安全、应用流程域安全等架构，在机制方面采用身份认证、用户隐私保护、空中接口业务防护、网络域安全机制。因此，目前业界公认 5G 技术是最安全的一代移动通信技术。

而人们生活中常听到智能手机安全事件实际发生在手机应用程序上的居多，如手机病毒（尤其是木马病毒）、电信诈骗、网络钓鱼等，当用户受侵害后则产生个人信息泄露、密码丢失、个人财产损失等危害。因此，加强公民个人信息安全与网络安全防护意识是一件非常重要且有意义的事情。

# 6.5　应用层安全

## 6.5.1　应用层安全概述

物联网应用层功能直接满足用户业务需求，它直接与用户接触和"打交道"，所涉及的安全问题直接面向众多用户群体，与互联网安全具有很大的相似性。其所涉及的具体应用带有强烈的行业色彩，甚至直接面临用户隐私保护、物联网业务管理与控制、云安全等问题。

### 1．数据安全

由于物联网应用层接收到的数据往往是海量级的，甚至达到大数据级别，所需算力也极其巨大。因此，仅仅通过提高服务器计算速度解决算力问题会遇到瓶颈，而分布式计算技术则被采用。该技术能够利用分布式算法将复杂的计算任务分配到不同的计算设备（如服务器等）上，这些分散的计算机犹如一台"超级计算机"，可被形象比喻为"人多力量大"。

对于物联网中的大数据，采用加密算法和解密算法是常见技术。由于不同的加密算法与解密算法在计算效率和安全性能方面表现不同，巨大差异可能在无形中对物联网应用层的算力提出新的要求。此外，数据泄露、数据存储、数据销毁、产权保护等也成为物联网应用层中具有挑战性的问题。

### 2．隐私保护

隐私保护是一个广泛话题，其在物联网应用层中地位非常重要，直接关系到用户自身，如用户消费记录、出行轨迹、医疗数据及其他个人敏感信息，使得隐私保护成为一个不得不考虑的重要问题。

人们通过多种技术来实现隐私保护。例如，根据不同数据应用情况下不同用户类型与级别来设计不同数据防护级别。再如，通过共享资源和服务方式或语义 Web 方式来保护隐私信息，同时不影响最终计算结果或智能决策。

## 6.5.2　认证与访问控制

在物联网应用系统中，用户身份的真实性往往是第一个考虑的问题。如同用户在互联网访问个人电子邮箱一样，首先需要用户提供合法的账户及密码。而物联网应用层不仅涉及用户本身，还涉及一些设备自身合法性，可能某些设备发出的信息是恶意的（如某些设备被假冒或恶意控制等）。因此，物联网应用层中认证问题的复杂性要高于传统互联网。

### 1．认证

认证主要是指用户通过某种方式来确认对方身份的合法性。物联网应用层中的认证主要涉及身份认证或消息认证，而身份认证又涉及用户的身份认证和设备的身份认证。

在认证过程中，同样需要保密技术来传输一些重要信息（如密钥等）。为防止重要信息被窃取，人们设计不同的认证机制来提高整个认证过程的安全性。

### 2．访问控制

物联网中的设备不仅有数据源设备，还有被控制设备或执行部件。假如化工厂中控制有毒气体的阀门被国外黑客远程控制后，人们的生命和财产会受到严重威胁；若发生在战争期间，则将可能发生严重的安全事件，其后果是不可想象的。所以，物联网中的设备的访问控制权限成为另一个无法规避的问题。

人们对于设备的访问控制往往采用授权的方法。授权是指系统根据不同合法用户的安全级别、权限级别来设置不同的访问设备权限。由于访问控制是一项非常特殊的任务，需要从用户类型、用户权限级别、用户享受资源情况、设备自身被访问时的限制条件等设计不同的访问控制机制。

传统的访问控制机制往往通过角色来设计，如系统管理员、普通用户等，而这种方式显然已经无法满足物联网应用层的访问控制需求，因为物联网应用中的角色已经由用户扩展到物联网设备，物联网设备的身份认证及权限管理成为物联网应用领域中的新问题。

所以，对于物联网应用层中认证、访问控制的研究已经不再局限于传统认证技术和访问控制技术，需要结合新问题设计新机制来实现技术突破。

## 6.5.3　物联网云安全

云计算为用户提供了一种新的计算模式，该模式同样适用于物联网系统，其高效的计算模式可以解决物联网应用系统中的巨大算力问题。云计算将复杂的计算任务分布给由大量计算机构成的资源池，通过应用系统为计算任务分配不同算力等资源。这些资源对用户是隐藏的，仿佛在"云"中。

云安全是云计算技术的一个重要方面，涉及并行处理、病毒查杀、网格计算等技术，具有多种技术融合发展特征。

将云计算技术引入物联网应用系统中，涉及如下问题。

### 1．云计算自身安全问题

云计算安全包括云计算系统安全、云计算应用服务安全、云计算数据安全、云计算访问控制安全、云计算用户隐私保护安全等。

### 2．云计算服务安全

云计算在对外以服务形式实现各种功能时，不可避免地涉及多方面的信息交互，因此可能遭受恶意攻击、病毒感染等，需要采用云计算及安全技术来提升系统整体安全性能。

### 3．云计算基础设施安全

云计算基础设施安全主要涉及云计算基础设施资源优化、基础设施安全防护。具体可通过基础设施安全信息实时采集、监控、智能分析与智能处理、基础设施的安全态势感知等技术，提升云安全基础设施安全感知与安全防护能力。

### 4．云安全反病毒技术

与传统技术相比，云安全反病毒技术涉及云计算的并行处理等技术。云安全反病毒技术要满足云计算模式，在病毒主动感知、防御和查杀上不仅要与硬件厂商合作，还要符合云计算安全机制。

### 5．云安全的开放性

物联网中涉及硬件设备非常多，更新频率也非常快，一个新的硬件设备在接入物联网系统时被要求在协议支持、设备身份等方面符合云计算安全机制。反之，云计算安全技术也要以开放态度兼容新的物联网设备及其他软件。

物联网除感知层、网络层、应用层 3 个层次外，还涉及物联网中间件安全、物联网服务质量安全等方面，有些内容贯穿多个层次（如物联网服务质量安全等），这也是由物联网安全特点来决定的。

## 6.5.4　国家标准对物联网云安全的要求

我国于 2019 年 12 月 1 日起实施了《信息安全技术　网络安全等级保护基本要求》（GB/T 22239—2019），该文件中对物联网数据安全要求进行了如下扩展。

### 1．安全物理环境

基础设施位置要求位于中国境内。这是安全的前提，尤其是当国际政治形势危险系数上升时，这一点越加重要。

### 2．安全通信网络

要求网络架构应保证云平台不承载高于其安全保护等级的业务应用系统，不同虚拟网络之间要隔离，能够根据客户业务需求自主设置安全策略，提供开放接口允许接入第三方安全产品，提供对虚拟资源的主体和客体设置安全标记能力，提供协议数据交换模式，尤其是为第四级业务应用系统划分独立的资源池。

### 3．安全区域边界

要求在虚拟化或不同等级网络边界上部署访问控制机制。入侵检测要求能检测到云服务客户、虚拟网络节点、虚拟机与宿主机之间的网络攻击行为，并记录攻击类型、攻击时间、攻击流量，在检测到攻击行为或异常流量时进行告警。安全审计要求对云服务商和云服务客户在远程管理时进行特权指令审计，如删除或重启虚拟机，云服务商对服务客户系统和数据的操作可被云服务客户审计。

#### 4．安全计算环境

身份鉴别要求远程管理平台设备时在管理终端和云计算平台之间建立双向身份验证机制。访问控制要求访问控制策略能够随虚拟机迁移，并允许云服务客户设置不同虚拟机之间的访问控制策略。

入侵检测应能检测虚拟机之间资源隔离是否失效、虚拟机新建与重启、恶意代码感染及传播，同时进行告警。

镜像和快照保护要求针对重要业务系统能够提供加固的操作系统镜像或操作系统安全加固服务，提供虚拟机镜像、快照完整性校验功能防止虚拟机镜像被恶意篡改，采取密码技术或其他技术手段防止虚拟机镜像及快照中可能存在的敏感资源被非法访问。

数据完整性和保密性要求确保云服务客户数据、用户个人信息等存储于中国境内（如需出境应遵循国家相关规定），保证只有在云服务客户授权下云服务商或第三方才具有云服务客户数据的管理权限，使用校验技术或密码技术保证虚拟机迁移过程中重要数据的完整性并能够在检测到完整性受到破坏时采取必要的恢复措施，支持云服务客户部署密钥管理解决方案，保证云服务客户自行实现数据的加解密过程。

数据备份恢复要求云服务客户应在本地保存其业务数据的备份，能够查询云服务客户数据及备份存储位置，保证云服务客户数据存在若干可用的副本，各副本之间的内容应保持一致，并为云服务客户将业务系统及数据迁移到其他云计算平台和本地系统提供技术手段，协助完成迁移过程。剩余信息应保证虚拟机回收时完全清除曾使用的内存及存储空间，并在客户删除应用数据时保证同步删除云存储中的所有副本。

#### 5．安全管理中心

集中管控要求对物理资源和虚拟资源按照策略做统一管理调度与分配，分离云计算平台管理流量与客户业务流量，收集各自控制部分的审计数据并实现各自的集中审计，根据云服务商和云服务客户的职责实现各自控制部分（包括虚拟化网络、虚拟机、虚拟化安全设备等）的运行状况的集中监测。

#### 6．安全建设管理

选择安全合规且能提供相应等级的安全保护能力云服务商，服务水平协议中明确规定各项服务内容和具体技术指标、云服务商的权限与责任，包括管理范围、职责划分、访问授权、隐私保护、行为准则、违约责任等，规定服务合约到期时要完整提供云服务客户数据并承诺相关数据在云计算平台上被清除，签署保密协议，要求其不得泄露云服务客户数据。

供应链管理要求选择符合国家有关规定的供应商，并能将供应链安全事件信息或安全威胁信息及时传达到云服务客户，保证供应商的重要变更及时传达到云服务客户，并评估变更带来的安全风险，采取措施对风险进行控制。

#### 7．安全运维管理

安全运维管理主要为云计算环境管理，要求云计算平台的运维地点应位于中国境内，境外对境内云计算平台实施运维操作应遵循国家相关规定。

　　以上为《信息安全技术　网络安全等级保护基本要求》（GB/T 22239—2019）对物联网云安全的要求内容。尽管将云计算应用到物联网系统中拥有了诸多优势，但其安全方向仍然存在许多问题，这些问题会随着物联网安全技术的成熟逐步得到解决。

# 6.6　工业互联网安全

## 6.6.1　工业互联网安全概述

　　目前，数字经济下企业的数字化转型工作成为企业战略发展核心，国际上如 GE、西门子等跨国企业都已经进入此赛道。我国政府也加快推进企业数字转型，将工业互联网提升到我国发展战略层面。

### 1．网络安全威胁

　　在工业互联网概念提出前，工业网络所处的环境基本是密闭的、独立的，遭受网络攻击的可能性非常小，有些协议甚至只适用于某一款产品。但工业互联网则将传统互联网与工业网络连接起来以实现互通和互损伤。但是，互联网安全核心技术并没有掌握在我国手中，传统互联网安全威胁同样会传递给工业网络，造成工业互联网面临内外部威胁。

### 2．身份标识与认证机制

　　在工业互联网概念提出前，原有的工业网络属于非 IP 网络，每个工业网络有自己独特的设备身份标识与身份认证机制。但若要求互联网与原有的工业网络实现设备统一标识、身份认证与相互通信，则必须建立统一的身份标识系统和认证机制，否则无法识别已经侵入系统的黑客身份或假冒设备，甚至无法辨别数据的合法性。

### 3．工业互联网安全检测与评估

　　工业互联网平台的开发设计涉及互联网、工业网络、智能制造、供应链协同、流程优化等环节，过程复杂。在建立一个新的工业互联网平台时，不可避免地受到项目需求、项目投资、安全技术等条件影响，需要通过互联网安全检测与评估机制来检测平台自身的安全性。因此，需要研究工业互联网安全检测与评估的标准、技术。

### 4．工业互联网大数据安全

　　工业互联网中的数据存在结构不同、类型不同、范围不同、维度不同、海量数据等特点，而且数据可能在工业互联网的内外流动，存在数据泄露危险。随着工业互联网系统的复杂度、功能性、规模度越来越高，数据安全性就越重要。

### 5．工业互联网设备安全性

　　工业互联网中的智能设备是实施智能化生产的核心部件，这些部件上运行不同的嵌入式操作系统或智能化程序。如果这些设备被黑客控制，则势必造成对工业互联网的严重威胁或破坏。因此，要加快工业互联网中智能设备的漏洞检测与修补、安全访问控制等技术的研究工作。

由上述内容可以看出，工业互联网安全是目前我国数字经济发展中具有特殊意义的重要研究内容。国际上各个国家也非常重视工业互联网安全，例如，美国曾于 2016 年提出美国工业互联网安全实施框架 1.0，该架构定义了端点保护、通信和连接保护、安全监测和分析、安全配置和管理、数据保护、安全策略 6 部分；德国出版了《工业 4.0 安全指南》《跨企业安全通信》《安全身份标识》等系列旨在加强企业安全防护的指导文件。我国围绕工业控制系统推行了几十个标准，如《信息安全技术　工业控制系统安全防护技术要求和测试评价方法》（GB/T 40813—2021）、《信息安全技术　工业控制系统漏洞检测产品技术要求及测试评价方法》（GB/T 37954—2019）、《工业控制网络安全风险评估规范》（GB/T 26333—2010）等。下面将围绕工业互联网安全标准体系为纲要进行介绍。

## 6.6.2　工业互联网安全标准体系

2021 年，在《国务院关于深化"互联网+先进制造业"发展工业互联网的指导意见》《加强工业互联网安全工作的指导意见》《工业互联网创新发展行动计划（2021—2023 年）》等文件要求背景下，《工业互联网安全标准体系（2021 年）》被推出。

该标准是由工业互联网产业联盟、工业信息安全产业发展联盟、工业和信息化部商用密码应用推进标准工作组共同发布的。它包括 3 个类别、16 个子领域和 76 个方向，促进了工业互联网企业安全防护能力、网络安全产业高质量发展。工业互联网安全标准总体框架如图 6-2 所示。

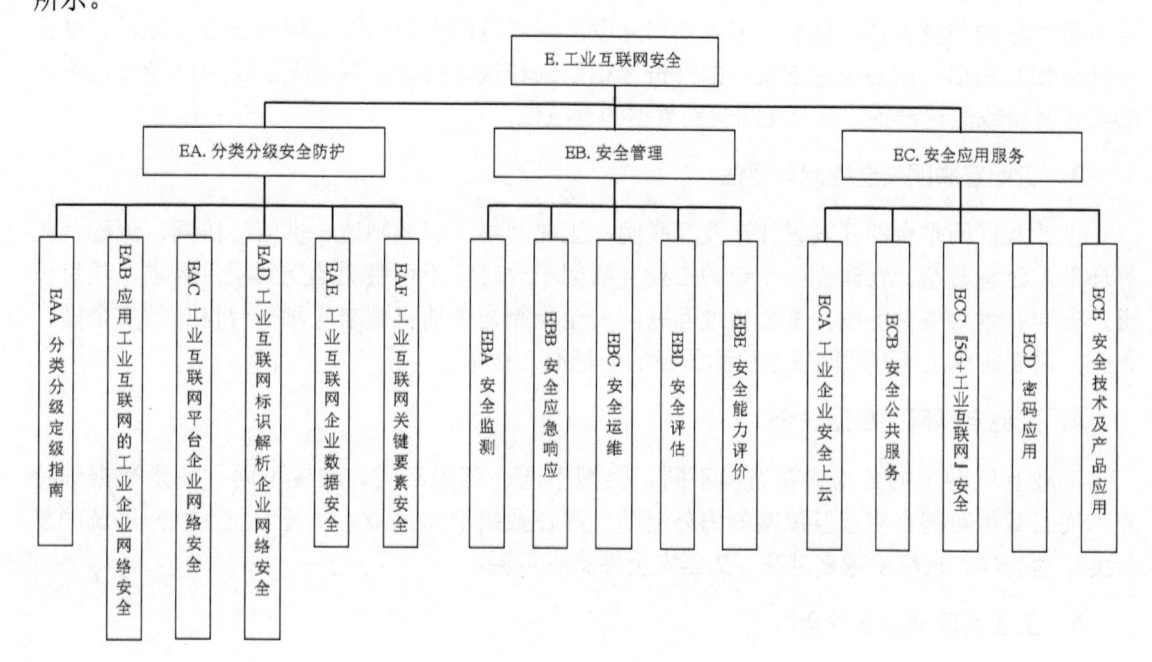

**图 6-2　工业互联网安全标准总体框架**

详细内容如下。

### 1．EA 分类分级安全防护类

该类包括 6 个分类和 31 个方向。

6 个分类为 EAA（分类分级定级指南）、EAB（应用工业互联网的工业企业网络安全）、EAC（工业互联网平台企业网络安全）、EAD（工业互联网标识解析企业网络安全）、EAE（工业互联网企业数据安全）和 EAF（工业互联网关键要素安全）。

每个分类下面又细分不同方向，其中：

1）EAA 类

该类分为 3 个方向：应用工业互联网的工业企业网络安全定级方法（规范应用工业互联网的工业企业网络安全分类分级依据、企业定级流程及安全定级要求）、工业互联网平台企业网络安全定级方法（规范工业互联网平台企业网络安全分类分级依据、企业定级流程及安全定级要求）、工业互联网标识解析企业网络安全定级方法（规范工业互联网标识解析企业网络安全分类分级依据、企业定级流程及安全定级要求）。

2）EAB 类

该类分为 8 个方向：应用工业互联网的工业企业网络安全防护要求（规范应用工业互联网的工业企业的不同级别的安全防护基本要求）和 7 个垂直行业领域方向，即钢铁行业工业互联网企业网络安全分类分级防护要求（规范钢铁行业联网工业企业设备、控制、网络等安全防护技术要求及其他要求）、石化化工行业工业互联网企业网络安全分类分级防护要求（规范石油化工行业联网工业企业设备、控制、网络等安全防护技术要求及其他要求）、电子行业工业互联网企业网络安全分类分级防护要求（规范电子行业联网工业企业设备、控制、网络等安全防护技术要求及其他要求）、机械行业工业互联网企业网络安全分类分级防护要求（规范机械行业联网工业企业设备、控制、网络等安全防护技术要求及其他要求）、船舶行业工业互联网企业网络安全分类分级防护要求（规范船舶行业联网工业企业设备、控制、网络等安全防护技术要求及其他要求）、民航制造行业工业互联网企业网络安全分类分级防护要求（规范民用行业联网工业企业设备、控制、网络等安全防护技术要求及其他要求）、建材行业工业互联网企业网络安全分类分级防护要求（规范建材行业联网工业企业设备、控制、网络等安全防护技术要求及其他要求）。

3）EAC 类

工业互联网平台企业网络安全防护要求（主要规范工业互联网平台企业不同级别的安全防护技术要求及其他要求）。

4）EAD 类

工业互联网标识解析企业网络安全防护要求（规范工业互联网标识解析企业不同级别的安全防护技术要求及其他要求）。

5）EAE 类

工业互联网企业数据安全防护要求（规范工业互联网企业在工业互联网这一新模式、新业态下产生或使用的数据的安全防护技术要求及其他要求）。

6）EAF 类

该类围绕工业互联网关键要素安全，又分为总体类、设备和控制、平台和应用、网络和标识、数据。

（1）总体类。

工业互联网安全体系架构（面向工业互联网企业，规范工业互联网安全体系架构，包括防护对象、防护措施落实、安全建设管理等方面）、工业互联网智能化安全防护参考架构（规范工业互联网安全智能化安全防护参考架构）、工业互联网零信任体系框架（规范工业互联网使用零信任技术的安全体系框架）、工业互联网安全接入技术要求（规范工业互联网安全接入防护技术及相关要求）。

（2）设备和控制。

工业互联网数据采集终端（终端采集设备）安全基本要求（规范工业传感器、数据采集探针等终端采集设备进行数据采集的可读存储介质、终端等安全防护基本要求）、工业互联网联网 PLC 安全技术要求（规范联网 PLC 安全基本要求）、工业互联网智能终端安全技术要求（规范工业机器人、AGV 小车、工业摄像头、智能仪表等与互联网智能终端的安全防护要求）、工业互联网数控系统安全技术要求（规范工业互联网数控系统包含的相关设备、协议等安全防护技术要求）。

（3）平台和应用。

工业 App 安全防护通用要求（规范工业 App 安全防护技术及相关要求，从应用开发者的角度，针对工业互联网平台 App、计算机应用软件、移动应用软件 3 种场景提出具体的安全防护要求）、工业微服务安全防护要求（规范工业互联网平台中微服务架构、组件及开发等安全防护技术要求）、工业互联网边缘计算平台安全技术要求（面向工业互联网企业，规范工业互联网边缘计算平台相关网络、节点、计算资源、容器、微服务及边云协同等安全技术要求）。

（4）网络和标识。

工业互联网网络隔离与安全传输技术要求（规范工业互联网企业内部网络隔离与数据传输的安全技术要求）、工业互联网标识解析安全认证技术要求（规范工业互联网标识解析节点接入认证技术要求及其他要求）、工业互联网标识解析系统异构互通安全技术要求（规范工业互联网标识解析系统异构互通的安全要求及其他要求）、工业互联网标识解析数据安全互操作要求（规范工业互联网标识解析数据安全共享、隐私保护等技术要求及其他要求）。

（5）数据。

工业互联网重要数据识别指南（规范工业互联网工业控制数据、工艺模型数据、工业网络配置数据等重要数据识别操作指南）、工业互联网数据跨境安全防护要求（规范工业互联网数据跨境传输、存储等安全技术要求及其他要求）。

### 2. EB 安全管理类

1）EBA 安全监测

工业互联网安全态势感知系统技术要求（规范工业互联网安全态势感知的技术要求及其他要求）、联网工业企业安全态势感知平台技术要求（规范工业企业侧态势感知平台的技术要求）、联网工业企业安全态势感知平台接口规范（规范工业企业侧态势感知平台的接口规范)、工业互联网平台企业安全态势感知平台技术要求（规范平台企业侧态势感知平台的技术要求）、工业互联网平台企业安全态势感知平台接口规范（规范平台企业侧态势感知平台的接口规范）、工业互联网标识解析企业安全态势感知平台技术要求（规范标识企业侧态势感知平台的技术要求）、工业互联网标识解析企业安全态势感知平台接口规范（规范标识企业侧态势感知平台的接口规范）。

2）EBB 安全应急响应

工业互联网安全事件应急响应实施规范（规范工业互联网安全事件应急响应实施与操作要求）。

3）EBC 安全运维

工业互联网安全运维管理要求（规范工业互联网安全运维管理要求）。

4）EBD 安全评估

应用工业互联网的工业企业安全评估规范（规范应用工业互联网的工业企业安全评估框架、流程、实施等要求）、工业互联网平台企业安全评估规范（规范工业互联网平台企业安全评估框架、流程、实施等要求）、工业互联网标识解析企业安全评估规范（规范工业互联网标识解析企业安全评估框架、流程、实施等要求）、工业互联网企业数据安全评估规范（规范工业互联网企业数据的安全评估要求）、工业互联网控制系统安全评估规范（规范工业互联网控制系统的安全评估要求）、工业互联网设备安全评估规范（规范工业互联网设备的安全评估要求）、工业 App 安全测试评估规范（规范工业 App 安全防护要求及对应的测试评估要求）、工业机器人安全测试评估规范（规范工业机器人接入、控制等方面的安全防护要求及对应的测试评估要求）。

5）EBE 安全能力评价

该级别从企业层面、产业层面进行阐述。

（1）企业层面。

应用工业互联网工业企业安全能力评价要求（规范应用工业互联网工业企业在落实《应用工业互联网的工业企业网络安全防护要求》后在管理、技术能力等方面的安全能力评价要求）、工业互联网平台企业安全能力评价要求（规范工业互联网平台企业在落实《工业互联网平台企业网络安全防护要求》后在管理、技术能力等方面的安全能力评价要求）、工业互联网标识解析系统服务安全能力评价要求（规范工业互联网标识解析企业在落实《工业互联网标识解析企业网络安全防护要求》后在管理、技术能力等方面的安全能力评价要求）。

（2）产业层面。

工业互联网企业数据安全防护能力评价（规范工业互联网企业在落实《工业互联网企业数据安全防护要求》后在管理、技术能力等方面的安全能力评价要求，即规范工业互联网数据安全保护能力评价要求）、工业互联网漏洞检测产品安全能力评价要求（规范工业互联网漏洞检测相关产品安全能力评价要求）、工业互联网防火墙安全能力评价要求（规范工业互联网防火墙安全能力评价要求）、工业互联网安全监测与审计设备安全能力评价要求（规范工业互联网安全监测与审计产品安全能力评价要求）、工业互联网安全隔离与信息交换系统安全能力评价要求（规范工业网络安全隔离与信息交换系统安全能力评价要求）。

### 3. EC 安全应用与服务类

**1）ECA 工业企业安全上云**

工业互联网设备上云安全技术要求（规范工业互联网设备接入云平台的安全技术要求及其他要求）、工业互联网业务上云安全技术要求（规范工业业务上云与云化服务的安全技术要求及其他安全要求）。

**2）ECB 安全公共服务**

工业互联网安全服务机构能力认定准则（规范工业互联网安全服务机构能力认定的要求）、工业互联网网络安全公共服务平台技术要求（规范工业互联网网络安全公共服务技术要求及其他要求）。

**3）ECC "5G+工业互联网"安全**

面向钢铁的"5G+工业互联网"应用安全技术要求（规范钢铁行业的"5G+工业互联网"安全技术要求及其他要求）、面向矿山的"5G+工业互联网"应用安全技术要求（规范矿山行业的"5G+工业互联网"安全技术要求及其他要求）、面向航空航天装备制造的"5G+工业互联网"应用安全技术要求（规范航天航空装备制造的"5G+工业互联网"安全技术要求及其他要求）、面向船舶的"5G+工业互联网"应用安全技术要求（规范船舶行业的"5G+工业互联网"安全技术要求及其他要求）。

**4）ECD 密码应用**

工业互联网密码应用基本要求（规范工业互联网密码应用基本要求）、工业互联网身份鉴别密码应用指南（规范工业互联网用户和设备等身份鉴别相关密码应用要求）、工业控制系统轻量级密码应用技术要求（规范工控系统轻量级密码技术要求及其他要求）、风力发电工控系统密码应用技术规范（规范风力发电工业控制系统密码应用要求）、数控系统商用密码应用技术要求（规范数控系统商用密码应用技术要求）、工业互联网标识解析密码应用技术要求（规范工业互联网标识解析应用密码过程中的技术要求及其他要求）、工业互联网平台密码应用技术要求（规范工业互联网平台应用密码过程中的技术要求及其他要求）。

**5）ECE 安全技术及产品应用**

工业互联网内生安全智能设备技术要求（规范工业互联网内生安全智能设备技术要求）、工业互联网入侵诱捕技术要求（规范工业互联网蜜罐、蜜网及入侵行为分析的技术要求）、工业互联网资产识别技术要求（规范工业互联网软/硬件资产识别设备的技术要求）、工业互联网安全编排、自动化和响应技术要求（规范工业互联网安全分析、威胁情报处置、安全编排与自动化响应的技术要求）、工业互联网流量采集与安全分析技术要求（规范工业互联网流量采集与安全分析技术要求）。

## 6.6.3　工业互联网安全关键技术

工业互联网安全技术是工业互联网系统安全可靠运行的保障。2022 年 4 月 13 日，工业和信息化部印发《工业互联网专项工作组 2022 年工作计划》，其中第十条"安全保障强化行动"重点围绕工业互联网安全防护制定任务及重点工作，具体如下。

重点工作：（一）依法落实企业网络安全主体责任。

具体举措：49. 健全完善工业互联网安全管理制度，深入实施工业互联网企业网络安全分类分级管理制度。

年度目标成果：推动工业互联网安全管理制度建设，建立健全工业互联网企业网络安全分类分级管理机制。完成工业互联网企业网络安全分类分级系列防护国家标准研究报告，推动企业网络安全分类分级系列防护国家标准立项研制。开展工业互联网企业网络安全分类分级管理相关政策及标准规范宣贯。

重点工作：（二）加强网络安全供给创新突破。

具体举措：50.加快工业互联网安全关键核心技术创新突破。

年度目标成果：依托工业互联网创新发展工程，推动工业互联网安全关键技术创新。

重点工作：（三）促进网络安全产业发展壮大。

具体举措：51.做好网络安全产业政策文件宣贯落实。

年度目标成果：推动建立网络安全产业创新发展联盟，培育壮大工业互联网安全供给能力。

具体举措：52.面向重点省份组织开展工业互联网安全深度行活动。

年度目标成果：编制工业互联网安全深度行活动方案，面向不少于 5 个重点省份宣贯工业互联网安全相关政策标准，持续深入推进工业互联网企业网络安全分类分级管理工作。

重点工作：（四）强化网络安全技术保障能力。

具体举措：53.持续提升国家工业互联网安全技术监测服务能力。

年度目标成果：完善工业互联网安全技术监测服务体系，不断丰富平台功能，健全协同联动的通报处置机制。

具体举措：54.推动制定网络安全常态化建设和运营制度，鼓励网络安全企业探索新技术的研发。

年度目标成果：形成网络安全态势感知常态化建设和运营监测规范，推动加入各国有能源企业网络安全管理办法。完成能源工业互联网安全态势感知平台技术和管理标准的发布。建设国家级能源工控安全实验室，开展能源领域工控系统安全前沿技术、漏洞挖掘等工作。

具体举措：55.搭建一批网络安全测试环境和攻防演练靶场。

年度目标成果：持续推进电力行业网络安全仿真验证环境建设。

重点工作：（五）开展企业网络安全能力贯标。

具体举措：56.针对重点行业、企业开展宣标贯标、培训等，企业实施达标自评估和安全改造，遴选一批贯标示范企业。

年度目标成果：面向重点行业、企业开展工业互联网安全标准宣标贯标，遴选一批贯标示范企业。

以上面的计划内容可以看出，我国在工业互联网安全方面的重视程度是非常高的，主要有如下关键技术。

### 1．工业大数据安全防护技术

工业互联网中的数据价值是不可估量的，这些数据与智能制造设备结合起来可以提高制造效率、产品质量、管理效率和网络协同程度。但是，这些数据可能在工业互联网的内外流动。随着工业互联网系统的复杂度、功能性、规模度的提高，数据安全性就越重要。如果数据安全方面出现问题，如失窃、破坏、篡改、假冒等，则严重威胁或危害工业互联网系统的可靠运行。

关于工业互联网大数据的安全防护，目前主要采用传统的数据加解密技术、数据安全检测技术、数据安全溯源技术，同时结合具体业务进行数据生命周期、访问权限管理。

### 2．工业互联网安全防护技术

目前，工业互联网安全防护技术以传统网络安全技术为基础，采取分区域、安全边界隔离、设备权限管控、纵向精准防御等策略。分区域是指根据业务不同、安全级别不同划分不同安全防护区域。例如，管理区域负责日常办公文件管理，设备区域负责各类生产设备的接入、维护等，管控区域负责设备运行、采集与控制管理等。安全边界隔离主要指安装和设置工业防火墙产品、数据监测与过滤软件等。设备权限管控是指建立设备权限管理名单，如每个设备拥有哪些权限、能够与哪些设备或用户进行通信等。纵向精准防御体现对设备管理、安全分析实现精准化的思想，其安全分析甚至可以涉及协议、数据包、网络异常行为等。

### 3．设备安全防护技术

工业互联网设备复杂多样，终端设备有智能传感器、智能执行器，中间设备有 PLC、工业交换机、工业路由器、工业数据转发器等。此类设备主要实现设备的系统安全、设备身份认证、证书安全、控制安全等防护技术。

### 4．工业互联网云平台安全

有的工业互联网采用云计算平台作为数据中心，并涉及云计算安全，范围更加广泛，此外，作为工业互联网云平台，安全防护技术从来不是孤立的，大多数会涉及很多方面。例如，通过窃听技术获取了账号和密码后，可以登录云平台或某些设备，再以该设备为跳板攻击或控制其他设备，在此过程中涉及数据安全、认证安全、设备安全等。

### 5．工业互联网安全检测与评估

工业互联网安全性究竟如何，需要按照安全标准进行评测。在工业互联网发展初期，人们自然会借助传统安全评测标准。随着研究水平的提高与行业的不断发展，适用于工作互联网的安全检测与评估技术必然会产生并不断完善发展。

目前，工业互联网发展迅猛，相关政策、行业标准、国家标准快速涌现，该方向已然成为国际竞争热点。

## 6.7  本章小结

本章首先介绍了物联网安全的需求、特征、关键技术和体系结构，然后按照物联网 3 层体系结构分别简要介绍了感知层安全、网络层安全和应用层安全的主要技术，以及国家标准对物联网云安全的要求，最后介绍了目前的工业互联网安全的标准体系、关键技术等。

**习题**

6.1【实践】请结合自己的理解，谈一谈物联网安全的重要性（或撰写一篇课程论文）。

6.2 物联网安全特征有哪些方面？

6.3 物联网安全的 5 个要素是什么？

6.4 物联网安全关键技术有哪些方面？

6.5 物联网安全体系结构按感知层、网络层和应用层来划分，简要阐述各层涉及的安全技术。

6.6 请说出传感器网络存在哪些安全问题。

6.7 什么称为 RFID?其安全问题有哪些？

6.8【实践】查阅资料，调研工业互联网安全面临哪些问题。

6.9 为什么说工业互联网是国家发展战略，请结合自己的理解撰写一篇课程论文。

6.10 工业和信息化部于哪年推出工业互联网安全标准体系。

6.11 我国工业互联网安全标准体系分为几类？简述每类名称及主要方面。

6.12【实践】查阅文献并列举近 3 年我国在工业互联网方面取得的成就（至少列出 3 项）。

6.13 工业互联网有哪些关键技术？除教材介绍内容外，还有哪些关键技术？请举例说明。

# 第 7 章　物联网数据安全

★ 学习指导

▱ 学时建议：理论 5 学时，实验/实践 2 学时，自学 2 学时（方案三的三种学时分别为 6 学时、4 学时、3 学时）。
▱ 教学目标：使学生能够描述数据安全基本概念、数据加密和解密基本概念；能够说出常用密码算法名称；能够叙述常见密码算法原理、数据恢复、数字证书、区块链技术、数据存储安全等。
▱ 主要内容：数据安全基本概念、密码算法与实践、散列函数、密码破解与实践、数字证书、区块链技术、数据存储安全、工业互联网数据安全等。
▱ 重点难点：数据加解密、密码算法与实践、散列函数、密码破解与实践、数字证书、区块链技术、数据恢复、工业互联网数据安全等。

## 7.1　数据安全概述

### 7.1.1　数据安全基本概念

物联网世界中的数据正以前所未有的速度增长，互联网中网络安全事件频繁出现，数据安全已成为关系国家安全与经济社会发展的重大问题，数据安全防护越加重要、紧迫、意义重大。

何谓数据？2021 年 9 月 1 日起施行的《中华人民共和国数据安全法》给出的定义是："数据是指任何以电子或其他方式对信息的记录。"也就是说，数据是信息的记录，记录形式多样，如电子版的、纸质版的。何谓数据安全？同样，上述法律文件给出："数据安全是指通过采取必要措施，确保数据处于有效保护和合法利用的状态，以及具备保障持续安全状态的能力。"

从定义中可以看出，数据安全首先是有效保护，其次是合法利用，最后是保障持续安全状态。在此之前，信息安全领域也提出数据安全 CIA 三原则，即机密性（Confidentiality）、完整性（Integrity）和可用性（Availability）。

### 1．机密性

机密性又称为保密性或秘密性，是指数据不被未经授权的第三方获知，即数据只被合法拥有者或被授权者使用。数据安全中的机密性保护要通过密码技术来实现，如对数据加密后，非法者即使得到加密后的数据，也无法对其解密来获知原始信息。所以，密码学的发展直接决定数据机密性防护安全级别。

除数据自身外，系统的访问控制权限的安全管理也涉及机密性，非法访问或控制设备同样能够获取来自设备的数据，此时设备为数据源。例如，物联网系统中的传感器、智能设备、存储设备、转发设备、网关、办公设备等，这些设备上存储着大量个人信息及数据，需要利用安全保护技术来保护数据的机密性，以防止重要数据在传输过程中被泄露。系统中对权限的管理同样涉及密码学，如认证、数字签名等；并且，无论使用计算机，还是访问互联网，甚至管理物联网，在管理制度上往往都会有保密规定，数据防护软件也会记录系统的重要事件或日志。

### 2．完整性

数据的完整性是指在信息在传输、存储的过程中没有被篡改、删除，即数据不会被未授权的第三方改变原来数据或文件的内容、存储形式、数据格式及来源。例如，某企业的生产数据以专用格式来存储，某位管理人员会为了方便阅读将其转换成 Excel 文档并保存在系统中。尽管该管理人员具备访问数据的权限，但文件格式已经发生改变，所以数据的完整性发生了变化。另外，大多数物联网终端设备相对大型设备而言，计算能力较弱，安全防护措施不强，在数据收集及传输过程中可能受到异常操作或攻击，导致数据的完整性被破坏。为解决数据的完整性问题，人们通常使用数字签名或安全哈希算法实现数据保护。

### 3．可用性

数据的可用性是指在突发事件（如意外断电、自然灾害、网络攻击等）发生的情况下，系统依然能够正常运行并提供各种数据访问等服务的能力。可用性与系统可靠性密切相关，要求系统无论在任何时候、任何情况下依然能正常提供资源。例如，黑客对服务器进行拒绝服务攻击，导致合法用户无法访问服务器。

在物联网的应用领域中，由于大量的节点或设备可能被部署到无人环境中，这些节点或设备极有可能因恶劣环境而遭到破坏，使节点、设备、网络、电源等出现故障，最终导致物联网应用系统无法提供正常服务。因此，需要采取一定措施来保障设备的可用性。

上述 3 个因素属于传统经典的信息安全方面。但针对物联网，系统的真实性和实时性更能体现物联网应用系统的独特之处。

### 4．真实性

在物联网系统中，数据在收集后被传输到数据中心，用于物联网的智能决策及控制。尽管机密性、完整性、可用性都没问题，但其中的错误数据往往会影响决策及控制，所以要保护好物联网数据的真实性。

### 5. 实时性

在不同的物联网应用领域，数据在传输过程中的时间可能具有一定的要求。例如，化工厂为防止有毒气体泄漏需要进行实时检测；高温高压生产环境中的湿度与压力值实时检测等。

这些数据对传输的实时性要求非常高，如果不能在第一时间检测有毒气体、高压值等数据，则极有可能引发事故，或者无法根据有效数据及时做出响应（如关闭气体阀门、打开压力阀门、打开降温设备开关等），从而导致生产安全事故。因此，数据的实时性对于某些物联网系统而言，其重要性具有特殊性。

除上述特征外，物联网数据安全还可以从静态存储、动态交互等方面进行分析，提高了物联网数据安全防护技术水平。

## 7.1.2  数据安全威胁

目前，物联网设备数量剧增，物联网将成为人们生活中不可缺少的一部分。然而，传统安全问题在物联网系统中依然需要面对，物联网现有安全机制及防护技术显然无法应对日益增长的安全威胁，节点设备时刻受到安全威胁，甚至被黑客控制。例如，大量已被控制的网络在线摄像头信息一旦流入黑色产业链，则极有可能引发安全事故。物联网安全威胁随着黑客技术发展日益严重。本节仅从数据安全角度分析物联网系统面对的威胁。

### 1. 存储安全

海量物联网设备经过日积月累产生 PB 级（甚至 ZB 级）数据并存储在云平台数据中心。云平台在对外提供服务的同时需要保护数据安全，加密存储数据自然成为常规技术手段。但是，在满足存取响应时间情况下，对 PB 级数据进行加密和解密本身就是一件极具挑战性的工作，面对的问题较多，如服务器的存储能力、数据接口的吞吐能力、CPU 计算能力、软件处理速度、加密与解密算法效率等。

不仅如此，物联网系统中的数据异构性强，文档格式差异性大，采用的数据库技术多样化，数据在不同设备、不同数据库、不同文件结构之间转换与处理将额外消耗许多计算资源与时间。在转换过程中，数据的完整性、机密性等可能遭到破坏。

物联网中分布在不同位置的大量信息采集设备作为数据源，所产生的数据的可靠性、真实性、实时性、机密性和完整性深受部署环境安全状况的影响，存在故意制造影响数据采集的假情况或假现场的可能。而这些看似被真实采集到的"假数据"被无差别对待传输到数据中心并参与智能决策，致使系统产生错误。

### 2. 传输安全

物联网系统涉及"人"与"万物"，协议复杂多样，数据格式不一，数据与指令并存于网络，数据流动性强。在传输与动态交互过程中，数据在不同区域时安全性也不同，如工业现场数据进入业务管理范围时数据需要加密并受权限控制、供应链数据无须进入工控网络等。攻击者可能通过特殊手段窃取在传输过程中的敏感数据、执行指令、个人隐私等。

### 3．隐私数据安全

除互联网外，隐私数据安全同样存在于物联网系统中，此时隐私数据概念范围由"人"扩展到"物"，即保证隐私数据能够被正常使用，同时防止非法人员、未授权人员获知，仅仅凭借加密、解密技术是无法完成的，需要研究物联网系统中的隐私保护机制，甚至达到隐私数据被正常使用而使用隐私数据人员却感受不到或无法知道具体隐私信息的理想情况。这样，无论隐私数据流动到何处，都能够保证其安全。

### 4．数据备份机制

定期备份重要数据是常规工作。但是，备份物联网大数据并不是经济手段，需要建立容灾备份或其他数据备份机制。

### 5．病毒的防范

病毒在感染或破坏系统时，还可能加密或删除数据。例如，勒索病毒利用各种加密算法对文件进行加密，被感染者一般通过支付费用拿到解密私钥才能解密文件。目前，该类病毒已出现几百种，典型如 WannaCry、WannaRen、NotPetya、坏兔子等。

物联网数据面临的安全威胁涉面广、威胁程度严重、识别难度大，是物联网安全领域的重点研究对象。除病毒等本身外，工作人员对数据管理与使用的不规范或不严肃导致数据滥用、数据泄露等也会严重威胁到物联网数据的安全，因此需要将管理方法与技术手段相结合，增强数据安全防护。

## 7.1.3　数据安全保障

物联网数据安全是物联网安全防护的核心任务之一。数据得不到安全保障，物联网应用也就失去了其真正意义，尤其是在涉及国家发展战略的领域（如工业互联网、网络空间安全等）。为了保障数据安全，相关技术、管理已经不再单纯以数据为中心，系统、平台、管理人员、产品供应商等都是安全保障因素，只要一个不符合规定或无相关资质的供应商提供的安全产品不符合安全等级，产品运营中的数据就很难得到安全保障，再如混乱的管理及不可靠的外聘安全管理人员可能直接泄露数据或成为泄露数据的"推手"等。

为提高网络安全（含有数据安全内容），我国于 2019 年 12 月 1 日起实施《信息安全技术　网络安全等级保护基本要求》（GB/T 22239—2019），被业界简称为"等保2.0"。该标准保护的是基础信息网络、云计算平台/系统、大数据应用/平台/资源、物联网（IoT）、工业控制系统和采用移动互联技术的系统等。

根据被保护对象在国家安全、经济建设、社会生活中的重要程度，以及遭到破坏后对国家安全、社会秩序、公共利益，以及公民、法人和其他组织的合法权益的危害程度等，安全保护由低到高被划分为 5 个等级，内容如下。

第一级安全保护能力：应能够防护免受来自个人的、拥有很少资源的威胁源发起的恶意攻击、一般的自然灾难，以及其他相当危害程度的威胁所造成的关键资源损害，在自身遭到损害后，能够恢复部分功能。

第二级安全保护能力：应能够防护免受来自外部小型组织的、拥有少量资源的威胁源发起的恶意攻击、一般的自然灾难，以及其他相当危害程度的威胁所造成的重要资源损害，能够发现重要的安全漏洞和处置安全事件，在自身遭到损害后，能够在一段时间内恢复部分功能。

第三级安全保护能力：应能够在统一安全策略下防护免受来自外部有组织的团体、拥有较为丰富资源的威胁源发起的恶意攻击、较为严重的自然灾难，以及其他相当危害程度的威胁所造成的主要资源损害，能够及时发现、监测攻击行为和处置安全事件，在自身遭到损害后，能够较快恢复绝大部分功能。

第四级安全保护能力：应能够在统一安全策略下防护免受来自国家级别的、敌对组织的、拥有丰富资源的威胁源发起的恶意攻击、严重的自然灾难，以及其他相当危害程度的威胁所造成的资源损害，能够及时发现、监测攻击行为和处置安全事件，在自身遭到损害后，能够迅速恢复所有功能。

第五级安全保护能力：略。

本节根据"等保 2.0"中"第四级安全保护能力"中安全通用要求来介绍保障技术，内容如下。

## 1. 安全物理环境

物理环境的安全是一切安全的基础。要求机房的物理位置选择在具有防震、防风、防雨等能力的建筑内，并且不要设在建筑物的顶层或地下室（除非有加强防水和防潮措施）内。物联网访问控制要求机房出入口设置电子门禁系统（重要区域应配置第二道电子门禁系统），可以控制、鉴别和记录进入人员。此外，安全物理环境还要求具备防盗窃、防破坏、防雷击、防火、防潮、防静电、温湿度控制、电力供应（提供应急供电设施）、电磁防护（关键区域实施电磁屏蔽）等功能，此处不再累述。

## 2. 安全通信网络

安全通信网络要求网络架构业务处理能力、带宽能够满足高峰期需要，网络区域根据重要性能够隔离、提供关键网络设施硬件冗余，并按照业务服务的重要程度分配带宽、优先保障重要业务。通信传输采用密码技术保证数据的完整性、保密性，在通信前基于密码技术对通信双方进行验证或认证，对重要通信过程进行基于硬件密码模块的密码运算和密钥管理。可信验证要求在程序执行环节进行动态可信验证，在检测到可信性受到破坏后能够报警、形成审计记录并发送至安全管理中心，进行动态关联感知。

## 3. 安全区域边界

要求安全企业能够提供边界保护（如检查接口、检查或限制内部网络行为、限制无线网络应用、阻断非授权设备接入、对设备进行可信验证）。访问控制要求设置访问控制规则、检测发送与接收数据的地址和接口等，能够通过协议或协议隔离方式进行数据交换。入侵检测要求在关键网络节点处检测、防止或限制从外部或内部发起的网络攻击行为，能够分析网络行为尤其是新型网络攻击行为，并对检测到的攻击行为记录攻击源 IP、攻击类型、攻击目标、攻击时间并在发生入侵事件时报警。恶意代码和垃圾邮件防范要求在关键网络节点进行检测和清除恶意代码，检测和防护垃圾邮件，并升级维护机制。安全审计要求在网络边界、重要网络节点进行安全审计，包括覆盖用户面、记录事件发生时间、事件类型、是否成功、维护审计记录等。可信验证要求基于可信根对边界设备的系统引导程序、系统程序、重要配置参数及边界防护应用程序进行可信验证，并在应用程序可执行环节进行动态可信验证，形成审计记录并送至安全管理中心，进行动态关联感知。

### 4．安全计算环境

身份鉴别包括采用口令、密码技术、生物技术等两种或两种以上组合的鉴别技术对用户进行身份鉴别，对登录的用户进行身份识别，对登录失败的用户限制其非法登录次数和连接超时退出。同样，需要访问控制、安全审计、入侵检测、恶意代码防范、可信验证、数据完整性、数据保密性、数据备份恢复、剩余信息保护（鉴别和保证信息在存储空间释放或重新分配前得到完全清除）、个人信息保护。

### 5．安全管理中心

安全管理中心主要包括系统管理、审计管理、安全管理、集中管控，在信息管控中重点要求系统范围内的时间由唯一确定的时钟产生，以保证各种数据的管理和分析在时间上的一致性。

### 6．安全管理制度

制定安全策略、建立管理制度、授权专门的部门或人员执行制度和发布安全管理制度工作、定期对安全管理制度进行评审和修订。

### 7．安全管理机制

成立指导和管理网络安全工作的委员会或领域小组，配备一定数据的系统管理员、审计管理员和安全管理员，并在关键事务岗位配备多人共同管理；明确授权审批、重要操作事宜，并定期审查审批事项；加强沟通和合作，审核和检查工作。

### 8．安全管理人员

人员录用（应从内部人员中选拔从事关键岗位的人员）、人员离岗、安全意识教育和培训、外部人员访问管理。

### 9．安全建设管理

要具备定级和备案制度，能够根据安全保护等级选择安全措施、设计安全方案、论证和审定方案，确保产品采购和使用符合国家标准，对重要部位产品委托专业测评单位进行专项测试；自动软件开发要规范、开发环境与实际运行环境要隔离，外包软件交付前应进行恶意代码、后门和隐藏信道检测，并要求开发单位提供设计文档及使用指南；此外，还包括工程实施、测试验收、系统交付、等级测评、服务供应商选择等。

### 10．安全运维管理

安全运维管理包括环境管理、资产管理、介质管理、设备维护管理、漏洞和风险管理、网络和系统安全管理、恶意代码防范管理、配置管理、密码管理（采用硬件密码模块实现密码运算和密钥管理）、变更管理、备份与恢复管理、安全事件处置、应急预案管理和外包运维管理。

"等保 2.0"的推出促进了网络安全常态化和标准化，为我国网络安全提供法律法规保障。

## 7.2　密码算法及其应用

### 7.2.1　密码学基本概念

密码学是一门主要研究通信安全和保密安全的科学，具有古老的历史，二战后密码学获得飞速发展。

**1. 密码学的发展史**

密码学的发展历史悠久，大致可以划分为如下 4 个阶段。

1）古典密码学时代

从古代到 19 世纪末为密码学发展的第一阶段，也叫作古典密码学时代。此阶段的密码学技术非常简单，主要通过替换和换位将明文变换成密文，此时与其说它是科学还不如说它是艺术。例如，古罗马时期《高卢战记》描述凯撒（Caesar）曾经使用一种方法来传递信息，该方法采用替代密码方式，通过将字母按顺序推后 3 位来实现加密功能，如将字母 A 换作字母 D，将字母 B 换作字母 E，以此类推。据说凯撒是率先使用加密技术的古代将领之一，因此后人将这种加密方法称为"凯撒密码（Caesar cipher）"。当然，凯撒密码算法的安全性非常低，可通过简单统计字符出现频率的方法就可以轻松破译，但它却为今天的"移位密码"创造了原型。

不仅如此，我国古代的藏头诗就是一种古老密码技术。藏头诗将要隐藏的明文信息暗藏于诗句之中，暗藏位置可能是诗句的首部、尾部、中间或中间某些位置，也可能是某些字的偏旁部首等。例如，《水浒传》"吴用智取玉麒麟"故事中的"芦花丛中一扁舟，俊杰俄从此地游。义士若能知此理，反躬难逃可无忧。"一诗，该诗暗藏"卢俊义反"四字。这样的例子很多，甚至有爱好者开发"藏头诗在线生成器"等软件来完成信息隐藏。

古典密码学历时较长，其安全性严重依赖算法的保密性，算法一旦被泄密则古典密码没有任何安全性可言。由于这个阶段加密和解密过程依靠手工方式来完成，因此该密码学阶段也被称为手工加密时代。

2）近代密码学时代

从 20 世纪初到 1949 年为密码学发展的第二阶段，也是近代密码学的发展阶段。由于机械工业得到快速发展，手工加密方式已被机械方式取代，机械密码机、机电密码机已经成为密码学的重要设备。但是，这些密码设备一旦被敌方获得并破译，则密码技术可能失去价值。此阶段的典型成果为二战期间德国的 enigma 密码机，如图 7-1 所示。

图 7-1　enigma 密码机

在密码学史中，enigma 密码机是用于加密与解密的密码机，也是二战期间德国系列转子机械加解密机器的统称词。enigma 密码机在经过不断改进后被德军认为牢不可破。然而，英国海军于 1941 年捕获了德军一艘潜艇并意外获得一台 enigma 密码机（后来以此事件为原型拍摄了电影《猎杀 U-571》），随后 enigma 密码机就被破译了，其中一位年轻成员即后来著名天才数学家艾伦·图灵，电影《模仿游戏》便是根据破解 enigma 密码机事件改编拍摄的。

3）现代密码学时代

1949 年至 1975 年是密码学发展的第三阶段，也称为现代密码学时代，主要是因为香农在 1949 年发表了文章 "A Mathematical Theory of Communication"。该文章提出了熵（Entropy）的概念，将密码学建立在坚实的数学基础之上，使研究人员能够根据信息熵来定量分析破解一个加密算法所需的最小信息量，该理论成果代表着密码学新时代的开始，从此以后密码学真正成为一门科学。当时密码学的特殊性决定它主要应用于政治、外交、军事、政府等方面，其研究工作也是秘密开展的，这就限制了密码学的研究进展，能够公开发表的密码学成果也很少。

与古典密码学相比，现代密码学不再对加解密算法保密，取而代之的是对密钥进行保密，只要密钥不泄露，现代密码算法的安全性就不会降低，这对加解密算法的设计提出了更高的要求。

4）公钥密码学时代

从 1976 年至今是密码学发展的第四阶段——公钥密码学时代，也是现代密码学重大变革的时代。从 20 世纪 70 年代开始，密码学的应用领域不断扩大。为了解决"密钥分配"和"数字签名"问题，Diffie 和 Hellman 于 1976 年在《密码学的新方向》一书中提出了基于公开密钥思想的密码编码学，该成果将密码学推进到了一个新阶段，使密码学发生革命性变革并进入公钥密码学时代。

公钥密码学不同于以往基于替换和置换，而是基于数学函数，它使用两个相关但又独立的密钥，同时算法符合两个要求：①在计算上无法根据密码算法和加密密钥来求得解密密钥；②两个密钥中一个用作加密密钥，而另一个用作解密密钥。

1977 年，数据加密标准（Data Encryption Standard，DES）的公布使密码学的研究得以公开，密码学得到了迅速发展。1994 年，美国联邦政府颁布的托管加密标准（Escrowed Encryption Standard，EES）、数字签名标准（Digital Signature Standard，DSS）和 2001 年颁布的高级加密标准（Advanced Encryption Standard，AES），都是密码学发展史上重要的里程碑，大大加快了密码学的研究进度。

## 2. 加密模型

在通常情况下，网络环境是不安全的，当用户 A 与用户 B 传输机密数据（如情报）时，网络中存在黑客之类的窃听者，他们采用窃听技术很容易取得机密数据。假设这些机密数据是没有经过任何保密处理的原始信息，黑客无须破解即可轻松获得机密数据，典型的通信模型如图 7-2 所示。

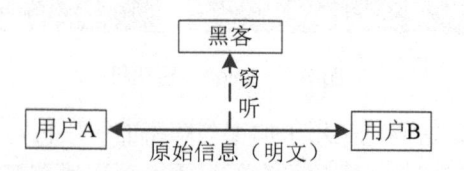

**图 7-2　典型的通信模型**

密码学的出现解决了上述安全通信问题，为便于阐述，此处先介绍一些基本概念。

（1）明文（Plaintext）：在进行保密之前的原始信息，一般具有可理解性，是加密算法的输入。

（2）密文（Ciphertext）：将明文变换成杂乱无章的信息，一般具有不可理解性，是加密算法的输出。

（3）加密（Encryption）：将明文变换成密文的执行过程。

（4）解密（Decryption）：将密文变换成明文的执行过程。

（5）加密算法（Encryption Algorithm）：加密过程中采用的代换或变换规则及算法。

（6）解密算法（Decryption Algorithm）：解密过程中采用的代换或变换规则及算法。

（7）密钥（Key）：加密和解密过程中必须用到的关键参数，该参数具有机密性，也是加密算法的输入。

密码学由密码编码学（Cryptography）和密码分析学（Cryptanalytics）两个分支组成。密码编码学是研究如何将明文变换成密文以保护消息在传输过程中不被敌方窃取、解读或利用，同时又可以将密文恢复成明文的一门科学，其主要目的是寻求高安全性的有效密码算法和协议，以满足对明文进行加密的要求；密码分析学则是在不知道任何密钥信息的情况下，从密文得到全部或部分明文的一门科学，其主要目的是通过破译密码或伪造认证信息来达到窃取机密信息的目的。密码编码学和密码分析学对立统一、相互依存，它们涉及数学、计算机、电子、通信、网络等领域，学科交叉性较强。

发送者利用加密算法和加密密钥对要发送的明文进行加密并生成密文，然后通过计算机网络将密文发送给接收者；接收者收到密文后，用解密算法和解密密钥对密文进行解密并恢复出明文。这样，发送者和接收者之间就达到了安全传输数据的目的。

有了密码学，发送方在发送前可以将明文加密成密文再发送，接收者收到密文后再将其解密成明文，即使在传输过程中被黑客窃取，只要黑客无法破解密文，机密数据就是安全的，数据加密传输模型如图 7-3 所示。

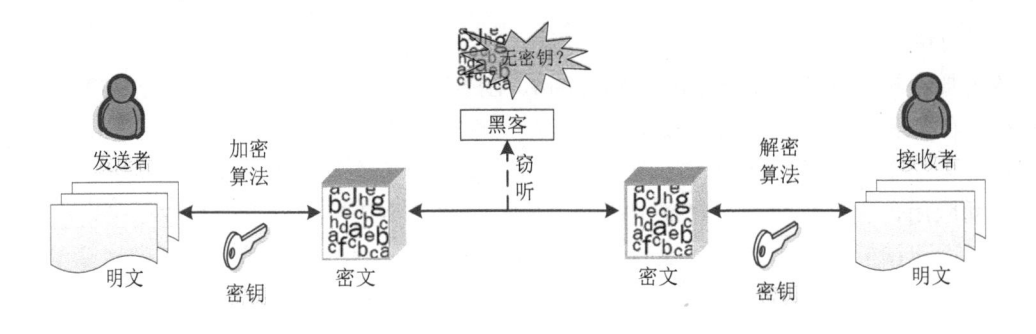

**图 7-3　数据加密传输模型**

以密文的方式传输机密信息，黑客如果想获知明文就必须进行解密。但解密时必须用到密钥，所以密钥的安全成为关键。密码学由原来对算法保密发展到对密钥保密是一革命性进步，密钥的安全性主要由密钥字符空间（由哪些字符组成）、密钥长度（有多少个字符或多少位二进制数）、密钥更新周期（多长时间换一次密钥）、密钥分发机制（如何将密钥安全可靠地发送给合法通信方）等。

## 7.2.2　密码算法

目前，人们根据是否基于数学来设计算法将密码学分为两类：基于数学的密码学和基于非数学的密码学。由于密码算法数量多，本节选择常用的、典型的密码算法进行简要介绍，感兴趣的读者可以参阅单独讲解密码学的书籍。

### 1．基于数学的密码学

密码学因建立在数学基础上而成为一门科学，目前相关算法及应用非常多，如公钥密码、分组密码、序列密码、认证码、数字签名、哈希函数、身份识别、密钥管理、PKI 技术、VPN 技术等。

根据密钥特点及功能可将密码算法分为 3 类：对称加密算法（也称为传统密码算法）、非对称加密算法（也称为公钥密码算法）和安全哈希算法。

1）对称加密算法

对称加密算法是指所用的加密密钥和解密密钥是相同的（也称为"对称密钥"），也可以理解为加密及解密时使用同一个密钥（此时称为"单密钥"），其加解密原理及过程见前面介绍的图 7-3。

因为加密密钥和解密密钥是相同的，所以在传输数据之前，需要在发送方和接收方之间协调密钥，如果双方中有任何一方泄露了密钥，那么接下来的数据传输将不再安全。因此，对称加密算法要求发送方与接收方都必须对密钥保密。但是，密钥的协调分发过程也是数据传输过程，该过程也需要安全传输，因此密钥自身的安全传输又成为一个重要问题。例如，我国建立的"墨子号"量子通信卫星首先被用于密钥分发。

尽管对称密钥加密机制具有密钥管理和分配困难等缺点，但也存在加解密速度快的优点，典型算法有 DES 算法、国际数据加密算法（IDEA）、AES、RC5、CAST-256、MARS 等。

（1）DES 算法。

数据加密标准（Data Encryption Standard，DES）是美国国家安全局于 1977 年公布的由 IBM 研制的加密算法，主要用于与国家安全无关的信息加密。

作为第一个重要的现代对称加密算法，DES 算法自公布后二十多年中在世界范围内得到了广泛的应用，也经受了各种密码分析和攻击，世界范围内的银行普遍将它用于资金转账安全保护，而我国的 POS、ATM、磁卡及智能卡、加油站、高速公路收费站等领域曾主要采用 DES 算法来实现关键数据的保密，表现出了令人满意的安全性。

DES算法采用分组加密方法，将需要加密的明文从每8字节为单位分成多个数据分组（每个明文分组为 64 位二进制数据），然后每组数据单独进行加密处理。在加密时，64 位明文经过初始转换后被分为左右 2 组（每组 32 位），右组 32 位与子密钥经过轮函数计算后得出的结果与左组32位进行计算，得出的结果与原右组32位进行左右位置颠倒，重复上述过程，经过16轮后得出 2 组 32 位数据，合并这 2 组数据并进行逆初始置换换算成密文。

由于 DES 算法在实际中使用 56 位密钥，因此密钥空间为 $2^{56} \approx 7.2 \times 10^{16}$（密钥的组合数），如果用一台每毫秒执行一次DES加密运算的计算机来破解，即使穷尽搜索一半密钥空间也需要 1000 年的时间。所以，在 DES 算法流行时，使用计算机对密钥进行穷举破解的方法显然是不可行的。

尽管如此，DES 算法的安全性一直受到质疑。根据摩尔定律，每隔 18 个月电子电路的集成度翻一番，CPU 的计算速度理论上也会提高一倍，如此发展下去，每毫秒执行一次 DES 加密运算的假设显然已经不成立了，制造超级计算机来穷举密钥空间已经成为可能。于是，美国科罗拉多州程序员在 1997 年利用互联网上 14 000 多台计算机用时 96 天成功破解了 DES 密钥，电子前哨基金会（Electronic Frontier Foundation，EFF）在 1998 年设计出 DES 密钥搜索机，并用 56h 成功破解一个 DES 密钥，该 DES 密钥搜索机的设计被公开后，计算机处理器速度的快速提升与硬件价格的下降使得人人拥有一台密钥搜索机成为可能，最终导致 DES 算法于 1998 年年底被停止使用，并于 1999 年启用新标准——3DES。

3DES 算法是三重 DES 算法，即使用 DES 算法进行三次加密，每次加密时密钥都不同。采用此方案是为了保护已经采用 DES 算法进行投资开发的软件和硬件，以减少经济损失。3DES算法对明文（$P$）采用第一个密钥（$K_1$）加密（$E$）生成密文，再对这个密文采用第二个密钥（$K_2$）进行解密（$D$）生成过渡性明文，再对过渡性明文使用密钥（$K_3$）进行加密，生成最终密文（$C$）。采用公式描述如下：

$$C = E\{K_3, D[K_2, E(K_1, P)]\}$$

通过该方法可以解决短密长度不足的问题，三密钥三重 DES 算法的密钥长度为 168 位（密钥空间为 $2^{168} \approx 3.7 \times 10^{50}$）。

（2）其他对称加密算法。

对称加密算法除 DES 算法外，还有 3DES 算法、AES 算法、IDEA、FEAL 等，如高级加密标准（Advanced Encryption Standard，AES）是一种常见的加密算法，目前被用于微信小程序的加密传输功能方面；再如国际数据加密算法（International Data Encryption Algorithm，IDEA）是一种分组（数据块）加密算法，其中密钥长度为 128 位，明密文都为 64 位，安全性比 DES 算法更高，容易利用软件或硬件实现，但受专利保护；快速数据加密算法（Fast Data

Encipherment Algorithm，FEAL）是一种与 DES 算法类似的分组加密算法，可以用软件设计，具有适用于安全性要求低（密钥没有校验位）、规模较小的系统。

2）非对称加密算法

在公钥密钥阶段，加密算法需要两个密钥：公开密钥（Public Key）和私有密钥（Private Key），分别简称为公钥和私钥。

加密密钥（公钥）可以公开，仅对解密密钥（私钥）保密，这是基于一些数学难题来建立的密码体制，使得攻击者从公钥推出私钥是非常困难的。这样，发送方和接收方可以在不安全网络环境下进行数据安全传输，这种方法称为"非对称加密算法"。

安全传输数据时，发送方用接收方的公钥进行加密并生成密文，接收方接收到密文后用自己的私钥进行解密得到明文，过程如图 7-4 所示。

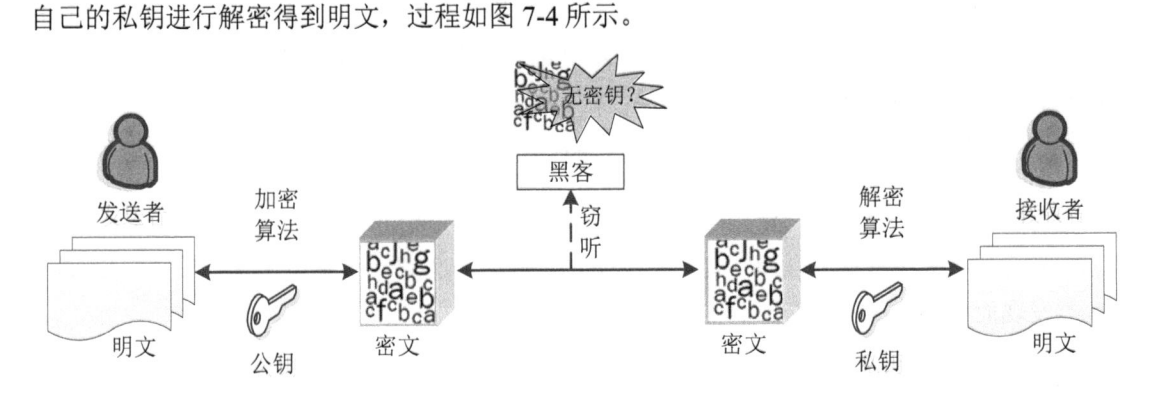

**图 7-4　非对称加解密过程**

反之，若用私钥加密要传输的数据，则解密时必须用与私钥对应的公钥来进行解密。因此，公钥和私钥是一对不同的密钥，公钥是公开的，私钥是保密的，通信之前也不需要同步密钥，非对称密钥可以用来实现保密、认证功能。

根据基于数学问题的不同，非对称加密算法又可以分为两类：一类是基于大整数因子分解问题的，典型算法有 RSA 算法；另一类是基于离散对数问题的，典型算法有 ElGamal 算法、椭圆曲线加密算法等。

（1）RSA 算法。

RSA 算法加密机制是由 R.Rivest、A.Shamir 和 L.Adleman 于 1977 年提出的一个非对称加密机制，也是迄今为止最为成熟的一种非对称加密机制。RAS 的名字就来自于这 3 位发明者的姓的第一个字母。

RSA 算法是基于"具有最大素数因子的合数，其因子分解是困难的"这一数学难题而设计的。其公钥与私钥选择一对大素数，而因子分解大素数时间会很长。例如，50 位十进制大素数因子分解需要运算 $1.4 \times 10^{10}$ 次，若每微秒计算一次，则大约需要 3.89h；而同样条件下，500 位十进制大素数因子分解需要运行 $1.3 \times 10^{39}$s，大概是 $4.12 \times 10^{31}$ 年，显然这个时间是无法等待的。

什么是素数？素数也称为质数，是指在一个大于 1 的自然数中，除了 1 和自身之外不再有其他因数的自然数。

① 选取两个不同的大素数 $p$ 和 $q$。注意，$p$ 和 $q$ 是保密的。

② 计算 $n=pq$，$\varphi(n)=(p-1)(q-1)$，其中 $\varphi(n)$ 是 $n$ 欧拉函数。

③ 随机选取整数 $e$，$1<e<\varphi(n)$ 作为公钥，要求满足 $(e,\varphi(n))=1$。

④ 采用欧几里得算法计算私钥 $d$，使得 $ed=1(\mathrm{mod}\varphi(n))$，即 $d=e^{-1}(\mathrm{mod}\varphi(n))$，则 $e$ 和 $n$ 是公钥，$d$ 是私钥。

注意，$e$ 和 $n$ 是公开的，当系统初始化成功后两个素数 $p$、$q$ 和 $\varphi(n)$ 可以销毁，但不能泄露。

若需要加密时，RSA 公钥密钥体制的加密函数为 $E(m)\equiv m^e(\mathrm{mod}\,n)$，$\forall m\in M$，$M$ 为明文空间，$M=\{m|m<0<n\}$，$c\equiv m^e(\mathrm{mod}\,n)$ 就是密文。

若需要解密时，接收方收到密文 $c$ 后，利用 RSA 公钥密钥体制的解密函数 $D(c)\equiv c^d(\mathrm{mod}\,n)$ 解密，即 $m\equiv c^d(\mathrm{mod}\,n)$。

RSA 算法中 $e$ 和 $n$ 是公开的，破解时需要由 $e$ 和 $n$ 求出私钥 $d$。若求出私钥 $d$ 则需要知道大素数 $p$ 和 $q$（$p$ 和 $q$ 是保密的），而且分解 $n$（$n=pq$）是一个业界公认的数据难题，迄今为止还没有人能够利用任何工具和方法来分解 $n$ 大到 1024 位时的大素数。因此，RSA 算法从提出以来一直被认为安全的。但在密码学领域中，破解工作从来就不会听从设计者的"破解思路"，有时需要独辟蹊径找到满足同样效果的方法。目前，尚没有从理论上证明破译 RSA 算法难度与大数分解难度是等价的，意味着可能存在破解 RSA 算法的某种"捷径"，只不过尚未被人类发现而已。

（2）椭圆曲线加密算法。

1985 年，华盛顿大学的 Neal Koblitz 和 IBM 的 Victor Miller 首次提出将椭圆曲线的数学理论用于密码学，产生了椭圆曲线加密（Elliptic Curve Cryptography，ECC）算法，该算法也是一种非对称加密算法。

与 RSA 算法相比，尽管 ECC 算法的密钥更短，但其安全性却高于 RSA 算法，利用它做数字签名时速度快。据有人研究，160 位密钥的 ECC 算法的安全性相当于 1024 位密钥的 RSA 算法的安全性，210 位密钥的 ECC 算法的安全性相当于 2048 位密钥的 RSA 算法的安全性。

ECC 算法的优势使其具有广泛的应用，如在智能终端、网络传输中，尤其是安全级别高的敏感数据，采用 ECC 算法安全性更高。

3）安全哈希算法

哈希函数（Hash Function）又叫作杂凑函数、单向散列函数，哈希函数值称为哈希值、杂凑值或散列值，常用于消息完整性认证、数字签名、报文摘要或消息摘要。

所谓哈希函数，就是将任意长度数字序列压缩成定长数字串的函数，一般用 $H$ 代表公开的哈希函数，即对于任意 $x$，其长度是任意的，$h$ 的长度是固定的，存在公开哈希函数 $H$ 使得 $h=H(x)$。哈希函数主要具备如下性质。

（1）单向性：对于任意 $x$，计算 $h=H(x)$ 是容易的，但给定 $h$ 求出 $x$ 值在计算上是不可行的。

（2）碰撞性：两条不同的消息产生了相同的哈希值，即对于任意 $x$ 和 $x^1$，有 $H(x)=H(x^1)$。

（3）强无碰撞性：对于任意 $x$ 和 $x^1$，有 $H(x)\neq H(x^1)$（唯一性）。

（4）弱无碰撞性：已知 $x$ 和 $h$，不存在 $x^1$ 使得 $h=H(x^1)$。

为完成哈希函数功能，构造哈希函数是一个重要任务。目前，常见的方法有直接定址法、相乘取整法、平方取中法、折叠法、除余法、随机数法等。但任何一个哈希函数不可避免地出现哈希冲突或哈希碰撞，解决该问题的常见方法有开放定址法、再哈希法、链地址法、建立公共溢区等。

典型的哈希函数有 MD5、SHA（SHA-1、SHA-224、SHA-256、SHA-384 和 SHA-512）等，应用领域广泛。下面以 MD5 为例进行介绍。

许多网站对下载的文件提供一个公开的 MD5 码校验。可以使用 MD5 工具对下载的文件进行计算得出一个 MD5 值，若这个数值不等于网站上公开的 MD5 值，则说明下载的文件被第三方修改了（可能被篡改、植入病毒等，即该文件已不再安全）。MD5 信息摘要算法（MD5 Message-Digest Algorithm）是 1992 年由美国知名密码学家、图灵奖得主罗纳德·李维斯特设计并公开的密码散列函数，该算法曾被认为用最快的巨型计算机也得需要 100 万年以上才能完全破解。

2004 年 8 月，我国王小云教授在美国加州圣巴巴拉召开的国际密码大会上宣读了自己和研究团队破解 MD4、MD5、HAVAL-128 和 RIPEMD 四个国际著名密码算法的破译结果，堪称密码学界的一场地震。

2005 年，王小云教授和国内其他专家设计了我国首个哈希函数算法标准 SM3，其安全性远高于 MD5 和 SHA-1，被广泛应用于银行卡、社保卡、ETC 等领域。从 2005 年起，我国开始制定密码规范。截止到 2020 年，我国先后公布了 116 个有关密码的行业标准，其中 SM2、SM4、SM9 和 ZUC 均已成为国际标准。

SM3 密码哈希算法是我国于 2010 年公布的国产算法，该算法于 2012 年成为国家行业标准（GM/T 0004—2012），于 2016 年成为国家标准（GB/T 32905—2016），于 2017 年通过国际标准决议，于 2018 年 10 月成为 ISO 正式发布的国际标准（ISO/IEC 10118-3）中专用哈希函数算法之一。

安全哈希算法（Security Hash Algorithm，SHA）是 NIST 和 NSA 联合开发的，由 SHA-1、SHA-256、SHA-384 和 SHA-512 构成 SHA 系列，结构相同，但分组大小、字长、消息摘要大小、迭代次数不尽相同，我国要求使用 SHA-256。

**2．基于非数学的密码学**

此类算法典型有生物特征识别、量子密码、信息隐藏等。

1）生物特征识别

生物特征是指人与生俱来且无法改变的生理特征或很难改变的行为特征。例如，生理特征代表性的有指纹、指静脉、掌纹、人脸、虹膜、DNA 等，一生无法改变。此外，行为特征代表性的有语音、手势、步态、动作、签名等行为方面特征，这些特征在一般情况下具有唯一性、易携带、不易遗忘或丢失、稳定性高、不容易改变等优点；而缺点则是需要专门硬件设备采集生物特征，成本较高。生物特征识别是指利用生物特征的唯一性（或准唯一性）自动识别人的身份。进行生物特征识别需要采集个人生物特征并录入数据库中，当需要识别时，现场采集识别对象的生物特征并与数据库中的存储数据进行对比，若对比结果相同，则可通过识别；否则不通过识别。生物特征识别作为身份识别的重要技术，已经被广泛应用于公安、司法、金融、信息安全、商业、电子政务、军事、政府管理等领域。

（1）指纹。

指纹的利用识别历史悠久，在古代中国和古叙利亚的法律上用指纹代替身份认证。指纹采集最初采用手工方式获取指纹按印并整理存档，认证时需要人工比对。20 世纪 60 年代之后，指纹识别采用设备扫描并转化成数字图像存储起来。

采集指纹时通常选用光学传感器，该类传感器利用光的全反射原理完成指纹图像采集。但是，如果指纹在采集时因手指压力不均导致图像畸变，则会影响指纹识别。为解决该问题，一般采用图像处理技术进行矫正。目前，指纹识别技术非常成熟，指纹库建设较完善，指纹图像存储量大，是目前应用非常广泛的识别技术。

（2）指静脉。

在医疗研究时，人们偶然发现，静脉血管中的脱氧血红蛋白具有很好吸收特定范围近红外线的特点。于是，利用这个特性发明了静脉识别技术。

指静脉识别是静脉识别技术的一种，人们利用近红外线照射手指后，再利用 CCD 摄像头采集手指静脉纹路影像并以数字图像形式存储在计算机系统中；然后采用滤波、图像二值化等技术手段对获取的指静脉数字图像进行预处理、分析、提取生物特征，并与事先注册时存储在主机中的手指静脉特征值进行对比，判断是否相等，从而对个人进行身份鉴定，确认身份，完成身份识别过程。

指静脉属于生物内部特征，这些特征是无法从外部看到的。与其他生物特征识别技术相比，指静脉识别生物内部特征时具有高防伪性、高稳定性、高可靠性、高抗干扰性、高准确率、速度快和唯一性等特点，同时不受外表温度、湿度、表皮粗糙、外表欺骗影响，更不会被遗忘和失窃。作为一种优秀的生物特征识别技术，指静脉识别技术可应用到许多认证设备上，如银行 ATM 机、门禁管理系统、保险箱管理、电子支付、PC 登录、汽车驾驶等。国内外有许多大学进行研究工作，许多企业也进行相关产品研究，如日立公司的 ATM 指静脉识别终端、中国的 USB 指静脉识别设备等。

（3）掌纹。

掌纹是指手掌表面上手腕与手指之间的各种纹线，如手掌主线、皱纹、细小纹理、脊末梢、分叉点等。掌纹识别是一种基于生物特征识别的身份认证技术，它最早提出于 19 世纪晚期，至今已经应用到许多领域。

掌纹被用于身份识别，主要因为掌纹像指纹一样由遗传基因控制，终生不变，即使手掌表皮剥落了，新生长出的掌纹纹线仍然与剥落前一样。不仅如此，每个人的掌纹纹线都不相同，孪生同胞的掌纹也不完全相同。

掌纹识别时，首先，看掌纹的纹线特征，其中最清晰的几条纹线基本上伴随人的一生不变，并且在低分辨率和低质量的图像中仍能被清晰识别。其次，看掌纹的点特征。掌纹的点特征需要在高分辨率和高质量的图像中获取，因此对图像质量要求较高。掌纹的点特征主要是指手掌上所具有的和指纹类似的皮肤表面特征，如掌纹乳突纹在局部形成的奇异点及纹形。再次，看掌纹的纹理特征，纹理是比纹线更短、更细的一些纹线，它们在手掌上的分布是毫无规律的。最后，看掌纹的几何特征，如手掌的宽度、长度、几何形状、不同区域分布等。

因为掌纹包含的信息量远远大于一枚指纹的信息量，利用掌纹的各种特征确定一个人的身份，理论层面上会更强于指纹识别。

掌纹识别流程基本分为掌纹采集、预处理、特征提取、识别。掌纹识别方法大致有 4 类：①基于纹理和掌线的方法，是把掌纹的纹理结构和掌线图像作为掌纹的基本特征，以此来对掌纹进行分类和识别。②基于子空间的方法，通常使用主成分分析法（Principal Component Analysis，PCA）、线性判别分析法（Linear Discriminant Analysis，LDA）等，对特征信息进行降维，变换后的特征向量往往具有更好的区分性特征，然后使用低维空间的特征对掌纹进行表示和匹配。③基于统计的方法，可以分为局部统计方法和全局统计方法。局部统计方法通常先把掌纹图像分块，分别计算每个局部图像的统计学信息，然后组合成为整个掌纹的统计信息；全局统计方法直接计算掌纹图像的全局统计量作为掌纹的特征参数进行特征匹配。④基于编码的方法，首先用特定滤波器对掌纹图像进行滤波，并将滤波后的信息以二进制的方法进行编码表示。

掌纹识别类似于指纹识别，对采集设备要求不高。

（4）人脸。

人脸识别技术是通过识别人脸面部特征来实现身份识别的技术，是继指纹识别之后又一种广泛应用的识别技术。

人脸识别技术目前也非常成熟。首先，通过图像或视频采集设备（通常为摄像头）采集图像或视频，然后检测图像或者视频中是否存在人脸，如果存在，则收集人脸信息（如大小、面部器官位置信息等），提取人脸信息特征，并通过图像或视频采集设备（通常为摄像头）对识别对象拍照。然后，通过图像处理技术、人脸识别算法进行识别，并与系统中人脸数据库数据进行对比，根据判断结果确定人员身份的合法性。人脸识别的技术研究最早开始于 1960 年，到 20 世纪 70 年代开发出全自动人脸识别系统，20 世纪 80 年代早期以两眼间距为主要特征的人脸识别方法被提出，接下来基于人工神经网络的识别技术成为热点，到 1986 年基于本征脸的识别技术出现后，对人脸识别技术研究产生显著影响。人脸识别技术主要有主成分分析、线性判别分析、神经网络、自适应增强算法、支持向量机、本征脸、FisherFace 方法和 LBP（Local Binary Pattern）方法等。

（5）虹膜。

虹膜是眼角膜和晶状体之间的一层环状区域，拥有复杂的结构和细微的特征，从外观上看呈现不规则的褶皱、斑点条纹。虹膜具有唯一性和稳定性的特征，所以虹膜识别成为一种较好的生物特征识别技术。

虹膜识别理论框架于 1993 年被提出，主要包括虹膜图像的定位、虹膜图像的归一化处理、特征提取和识别。

（6）DNA。

脱氧核糖核酸（DeoxyriboNucleic Acid，DNA）存储生物的全部遗传信息，而遗传基因只占 DNA 全长的 3%～10%，任意两人 DNA 图谱完全相同的概率仅为三千亿分之一，如此小的概率自然让人们联系到身份识别。1994 年，美国加州大学一名研究人员首次实现 DNA 计算，解决了一个复杂难解问题。根据 DNA 分子具有的高并行性和高存储密度等特点，DNA 计算能够解决传统困难数学问题，DNA 密码学出现，可用于实现加密、隐写、签名认证等功能。

（7）语音。

语音识别是指利用说话人语音的声纹特征来识别说话人，通常分为语音信号的采集、预处理、特征提取、语言识别与分类，应用于人工智能、身份认证等领域，目前在生活中应用也较多。

（8）手势。

手势识别是指通过数学算法来识别人类手势，识别部位不一定是手，可以是人体各部位姿势与动作，但大家谈论到手势识别时多数是指脸部和手的动作，更多的研究则关注由面部和手势识别所代表的情感识别。该技术被用于非接触式控制与设备交互方面，让计算机来理解人类的行为或指令，设备使用寿命长，其操作过程手势信息采集（一般为摄像头）、手势分割、手势分析及手势识别。

目前，市场上已经比较成熟的手势识别产品（如 LEAP MOTION 手势识别设备）与其他厂家模块如图 7-5 所示。

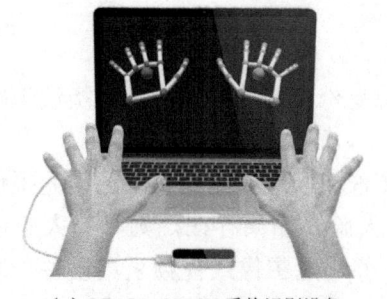

（a）LEAP MOTION 手势识别设备　　　　　（b）ATK-PAJ7620 手势识别模块

图 7-5　手势识别产品与其他厂家模块

（9）步态。

步态是指人们在行走时的姿势，它具有复杂的、难伪装的外部行为特征。步态识别是指利用计算机技术通过识别人的走路姿态及方式来实现身份认证的技术，它主要从相同走路行为姿态中寻找和提取个体之间的差异特征，达到身份识别的目的。尽管步态识别技术研究历史时间短，但人类对步态比较熟悉。例如，通过人的走路姿势就能识别出人员，甚至在远距离情况下根据经验就能辨别出熟悉的人。

步态识别具有非接触式、远距离、不容易伪装等优点，是众多研究者关注的生物认证新技术。英国南安普敦大学研究显示，每个人都有完全不同的走路姿势，判断依据较多，如走路时肌肉力量、肌腱和骨骼长度、骨骼密度、视觉的灵敏程度、协调能力、经历、体重、重心、肌肉或骨骼受损的程度、生理条件及个人走路的"风格"，都是步态识别要素。即使伪装了其中部分因素，但肌腱和骨骼长度、骨骼密度等内在因素是无法伪装的，尤其是在慌张情况下的步行、奔跑等都会毫无保留地暴露出特征，并被熟悉的人员认出。

步态识别一般以非接触、远距离方式采集人的行走视频，然后根据人体每个关节的运动来提取特征，由于视频数据量较大，并且步态识别算法复杂性高，所以其识别速度慢于指纹识别等算法。

（10）签名。

签名识别也叫作签名力学辨识，是指根据每个人独特书写风格进行生物特征识别的技术，目前有在线签名鉴定和离线签名鉴定两种方式。

在线签名鉴定又称为动态签名识别，即通过手写板或压力传感笔采集书写人的签名样本，这些样本被表示为与时间相关的信号，信号包含用户书写特征信息，如书写速度、加速度、压力、旋转角度、点坐标等。

离线签名鉴定又称为静态签名识别，是指利用扫描设备将纸上提前书写的签名扫描并转换为数字图像之后再对其进行识别。显然，离线签名鉴定容易被伪造，识别真伪难度也比较大；相反，在线签名鉴定采集的动态信息量大，不易被伪造，识别率高。

由于人们书写行为并非终生不变，有时随机性较强，会直接影响签名鉴定识别率，因此有时仅从字形上很难区分真伪签名。但是，随着增加采集信息量和改进识别算法，识别率完全可以满足实际需要。

生物特征识别自身具有许多独特的技术优势，应用领域广泛，如金融、电子商务、公安刑侦犯罪现场取证、医院、电子政务、出入境管理、在线支付等。

2）量子密码

量子是现代物理的重要概念，如果一个物理量存在最小的不可分割的基本单位，那么这个物理量是量子化的，这个最小单位就叫作量子。

量子密码是基于量子效应的密码学技术，1984 年，Bennett 和 Brassard 提出第一个量子密钥分发协议——BB84 协议，标志量子密码学的出现，量子密码被视为下一代信息安全的核心，成为信息安全领域的一个重要研究领域。

在传统计算中一个二进制数表示两种状态，并且这两种状态在某一时刻只能保持一种。但在量子计算中，这两种状态可以同时存在。因此，传统计算中 2 位二进制数共有 4 种组合，某一时刻只能存在一种状态，而在量子世界中这 4 种状态是同时存在的。由此可以想象，传统基于大整数分解和离散对数等数学难题的密码体制一旦被采用量子计算进行破解，原来可能需要几百年时间才破解而现在可能需要几秒时间。简言之，量子计算的出现造成传统密码学体系的轰然倒塌，传统上基于计算上的安全已经完全不成立了。所以，量子密码学成为信息安全领域新的挑战。

2016 年 8 月 16 日，我国在酒泉卫星发射中心成功发射"墨子号"量子科学实验卫星，建立量子卫星与地面远距离量子科学实验平台，开展科学研究并形成我国自主核心知识产权。

3）信息隐藏

信息隐藏是指将要隐藏的信息（机密信息）通过某些技术隐藏在大量信息（或载体）中，使其不被对手发现、消除或恢复原始信息。信息隐藏在网络中防止信息被破坏方面具有特殊作用，常见的信息隐藏技术有隐写术、数字水印、潜信道、隐匿协议等。隐写术就是将秘密信息隐藏在表面看上正常的载体中，如数字图像隐藏、数字音频隐藏等。数字水印就是将版权信息嵌入被保护的数字对象中。

## 7.2.3　密码学典型应用

密码学的应用非常广泛，不限于数据加密和解密，更多应用在网络安全领域，如数字签名、身份认证等。

## 1. 数字签名

在我们日常工作与生活中，手写签名是一种传统的确认方式，如文件签名、合同签名、法律文书签名、领取重要物品签名等。这些签名都具有法律效力，即使存在假冒现象，也可以通过申请签名鉴定来识别真伪，具有防假冒功能。

但是，生活中的签名方式显然无法在数字化世界中实施，存在诸多问题，如签名如何数字化、如何防止签名被伪造、如何防止签名被重复利用、签名者抵赖签名怎么办等。因此，人们需要一种数字签名技术，使数字化的签名功能完全等价于生活中的签名，在电子商务、金融等应用领域中，其安全性甚至要高于生活中的签名。

那么什么称为数字签名呢？所谓的数字签名也叫作电子签名，是数字化的鉴别技术，是传统文件手写签名的模拟，是用户对数字化存储信息的认证。

作为信息安全重要分支和密码学的重要应用，数字签名综合运用加解密算法、哈希算法及安全机制等技术，实现数字化文档的完整性、认证性和不可否认性等。

（1）传统签名中签名与被签名文件在物理上是一个整体，但数字签名与所签的文件属于"绑定"关系。

（2）无论传统签名还是数字签名，签名者都不能否认自己的签名，即防抵赖或防否认。

（3）传统签名不易伪造，无法复制或重用。但数字签名防止被伪造、被复制和被重用。

（4）传统签名容易验证，但数字签名可以自动验证，并且不限于任何人。

（5）传统签名无法验证签名的真正时间，数字签名要求必须能够验证签名时间。

（6）传统签名无法确定签名时的内容，数字签名要求必须能够认证签名时的内容。

（7）传统签名仲裁机构可能是官方机构，数字签名仲裁机构可以是任何合法的第三方。

为完成上述要求或功能，数字签名方案的设计作为核心内容必须满足如下几点。

（1）双方必须拥有唯一代表自己的私密信息。

（2）数字签名过程计算量可以接受。

（3）伪造数字签名是困难的。

（4）数字签名信息的存储是安全的。

因此，设计出的签名方案基本使用非对称加密算法和哈希算法，一个完整的通用数字签名方案主要组成如下。

（1）使用密钥生成算法随机生成一组密钥对。

（2）使用签名算法对消息进行签名。

（3）使用验证算法验证消息的完整性，输出验证结果

目前，数字签名算法很多，主要有 RSA 数字签名算法、El Gamal 数字签名算法、Fiat-Shamir 数字签名算法、Guillou-Quisquarter 数字签名算法、Schnorr 数字签名算法、Ong-Schnorr-Shamir 数字签名算法、美国的数字签名标准/算法（DSS/DSA）、椭圆曲线数字签名算法和有限自动机数字签名算法等。此外，还有盲签名、代理签名、群签名、不可否认签名、公平盲签名、门限签名、具有消息恢复功能的签名等。

由于数字签名已经涉及法律问题，一些国家已经制定了数字签名法，如美国、法国和德国，我国于 2005 年 4 月 1 日起施行《中华人民共和国电子签名法》，后于 2015 年、2019 年进

行重新修订。

总之，数字签名是由公钥密码发展而来的。在网络安全中，数字签名在数据完整性、不可否认性（不可抵赖性）及匿名性等方面有重要作用。

**2．身份认证**

认证就是对个体信息进行审核、辨认和鉴别，最终确定信息的真伪性。身份认证是指审核、鉴别或验证用户的真实身份与声称身份是否相符。网络通信过程中的身份认证是指一个实体确认与之通信的另一个实体身份的真实性与合法化的过程。身份认证技术涉及密码学、身份认证协议、认证服务器或终端设备，认证过程可能会出现泄密、窃听、拦截、内容分析、伪装、篡改、抵赖、重放攻击。比较常见的身份认证技术有以下几种。

1）口令认证

口令认证是目前常见的、历史悠久的认证方式，几乎通用于各种认证应用场景。口令认证一般分为静态口令和动态口令两种。静态口令组合简单、成本低、安全性很低（如弱口令），容易被泄露（被骗取、被监控窃取、木马盗取、嗅探等）或被破解（如字典攻击、暴力攻击等）。动态口令也叫作一次口令，克服了静态口令缺点，基于挑战-应答的认证方式就是一种实现动态口令的重要技术。

由于人们为了便于记忆或习惯使然，经常出现用自己的生日、吉祥数字、英文单词，或上述内容的简单组合等用作口令，实际上这些口令都属于典型的弱口令，很容易被猜中或破解；与弱口令相反的是强口令，它具有独特的典型特征，如口令长度必须大于 8 位、口令组合必须包括大小写英文字母、数字、特殊符号，同时口令不能与账号重复或部分重复。

2）基于数字证书的认证

数字证书是一串具有特殊作用的数字，它在网络环境中代表用户身份的合法性，具有唯一性。数字证书采用加解密技术，认证过程自动完成，具有安全性和便捷性。基于数字证书的认证机制以可信的第三方机构——证书授权中心（Certificate Authority，CA）为核心，认证双方都需要信任 CA，如果 CA 被攻破，则证书就不再可信了。在基于公钥基础设施（Public Key Infrastructure，PKI）的认证中，CA 通过认证中心将用户的身份标识与其公钥绑定到一起从而实现身份认证的功能。

PKI 技术和虚拟专用网（Virtual Private Network，VPN）技术是密码学典型应用。PKI 涉及范围广，如 CA、注册机构（RA）、证书库、密钥恢复服务器和终端用户等，许多网络应用已经使用 PKI 技术来保障网络认证安全、防抵赖、加解密技术、密钥管理等，国外许多厂商已经开始开发 PKI 产品，如 Baltimore、Entrust 等公司。尽管如此，PKI 技术仍存在更新的空间，被视为所有应用环境下计算基础结构的核心部分。

但是，数字证书的管理和交换会增加计算开销、占用存储空间。因此，在 PKI 的基础上有学者提出了不使用证书的基于标识的密码体系（Identity-Based Cryptograph，IBC），该体系是 PKI 密码体系的最新发展。

3）基于密钥的认证

基于密钥的认证方案可分为基于对称密钥的认证方案和基于非对称密钥的认证方案。前者也称为共享密钥认证协议，通信双方使用同一密钥，其优点是计算量小、加密速度快、加密效率高，缺点是密钥的管理和分发较为困难、不够安全。后者只知道对方的公钥（无法知道对方的私钥，即私钥仅为私人所有），其优点是安全性更高，缺点是加密和解密花费时间长、速度慢。

4）基于生物特征的认证

因为生物特征具有唯一性、易携带、不易丢失等优点，故被用作身份认证信息，如指纹、掌纹、虹膜、人脸、DNA、声音、手势、步态等。这些生物特征具有很多特点，如人人拥有、人人不同、有的终生不变、有的终身很难改变、有的可非接触或无侵害采集、有的可远距离采集、识别过程时间可接受等，在应用时甚至也可以采用多种生物特征融合识别技术来提高认证的准确率，如指纹与人脸同时认证。

5）多因素认证

每种认证方式都有其优点或缺点，如口令认证因过于简单导致其安全性较低，基于密钥的认证安全性较高，但计算量大，基于生物特征的认证因其唯一性而不容易被冒用，但需要用到单独的硬件设备。随着破解技术的发展，单一的认证技术很难满足高安全需求，为了提高认证的安全强度，研究人员根据实际高安全需求采用多种身份认证技术相结合的方法，取长补短来实现高安全强度的安全认证技术。

此外，人们结合各行业领域应用需求不断研究出新的认证技术及产品，如手机短信验证码、时间令牌、U盾等。

### 3. 区块链技术

区块链是密码学的一个典型应用，可简单理解为由多个存储信息的区块组成并可存储在所有相关服务器中的链条。区块链最初于2008年11月由一位自称中本聪的人提出来，他阐述了基于P2P（Peer-to-Peer）、加密及解密、时间戳、区块链等技术的电子现金系统架构。

电子现金是用加密序列数值来等价表示现实货币金额的一种数据流通形式的货币，也叫作虚拟货币。中本聪提出的虚拟货币就是比特币，除比特币外，其他虚拟货币有很多，如以太币、瑞波币、泰达币、比特现金、比特币SV、莱特币、狗币、币安币、柚子币等。

一般而言，一个区块链系统主要由数据层、网络层、共识层、激励层、合约层和应用层组成。其中，数据层包括底层数据区块、加密算法、时间戳等，网络层包括分布式组网、数据传播和数据验证机制等，共识层主要包括各类共识算法，激励层包括经济激励的发行和分配机制等，合约层包括各类脚本、算法和智能合约等区块链编程基础，应用层包括各种应用场景和案例。

区块链中涉及的服务器提供存储空间和算力支持，称为区块链节点。若修改一个节点信息，则必须经过半数以上其他节点的同意，且修改时要同时更新所有节点相关信息，保持各节点关于该信息是一致的。

1）区块链的特点

（1）防伪造、防篡改。

为防止信息被非法用户恶意修改，区块链综合运用时间戳、非对称加密算法、哈希算法、共识机制等技术，使数据具有防伪造、防解密、防抵赖、防篡改和认可性。

（2）去中心化。

传统网络及信息的管理总有一个数据中心或可信任的第三方管理机构。但在区块链中，某个数据中心或第三方管理机构被取消，整个系统没有中心管制功能，主要因为区块链的底层融合采用了 P2P 网络技术，而 P2P 网络本身就是一个对等的、无中心的、可信任的分布式结构。区块链在继承 P2P 网络特点后，任何一个节点都可以临时成为一个中心，之后丧失中心资格。相关数据信息以分布式方式存储在各个节点上，各节点通过征询意见方式实现认证、信息传递和管理。去中心化是区块链最重要的本质特征。

（3）开放性。

区块链是开源软件，其数据也是开放的，但交易各方的私有信息是保密的。

（4）独立性。

区块链不依赖于第三方，所有的认证、数据交换都是自动安全地完成的，不需要他人干预。

（5）安全性。

在节点修改数据时，该节点需要征询全部节点的半数以上同意才可以（一般将实现类似功能的算法称为共识算法）。但是，各个节点通常被不同主体管理，而各主体间是不完全信任的，当节点数越来越多时，某个节点很难甚至无法掌控区块链全部节点的 51%以上，因此篡改区块链节点上的信息实际上是极其困难的。

共识算法是区块链的基础，它是指在多方协同环境下使所有参与方对任务执行结果达成一致性认可的算法，即交易过程中的规则。比较典型的区块链共识算法有工作量证明、权益证明、空间证明、权威证明、拜占庭共识算法等。

（6）匿名性。

由于各节点自身可以完成认证、数据传输，因此从技术角度上没有必要公开节点身份信息，从而实现了系统的匿名性。

2）区块链的分类

从数据链的建立方式上，可将区块链分为狭义区块链和广义区块链两种。前者以时间为顺序建立链式数据结构，后者以块链式建立链式数据结构。

从区块链的用途上，可将区块链分为私有区块链、行业区块链和公有区块链。

（1）私有区块链。

私有区块链（Private Block Chains）简称私有链，个体或个人独享该区块链的写入权限，采用总账技术进行记账，交换速度快、隐私保护更好、交易成本更低。

（2）行业区块链。

行业区块链（Consortium Block Chains）简称联盟链，由内部选定的几个节点充当记账人，其他节点可以参与交易但不过问记账，存在一定风险。

（3）公有区块链。

公有区块链（Public Block Chains）简称公有链，所有节点都可以参与交易、记账和共识过程，是应用最广泛的区块链，也是目前许多虚拟货币使用的类别。

区块链技术发展到今天，已经得到高度重视和应用，由于其可溯源、可监管、高安全性等特性被人们应用到金融、商业等行业中，是目前热门技术之一。

## 7.3 物联网数据安全

数据的价值是无可限量的，数据安全问题非常重要。在数据的采集、录入、传输、存储、处理、统计、打印、复制等环节中，可能因为意外操作、断电、硬件故障、黑客攻击、干扰、篡改、程序漏洞、病毒等原因导致数据出现丢失、泄密、删除、恶意加密或锁死等现象。因此，尽管从各方面对数据进行安全防护，但数据安全问题依然无法彻底解决。

### 7.3.1 数据存储介质

物联网系统采集生成的大量数据必须存储起来，这样才能方便数据统计、计算和智能决策。如果数据得不到存储，就无法挖掘数据中潜在的价值。数据存储对历史数据尤为重要，因为它能够对事物发展的内在规律进行解释。例如，在播种、育苗、施肥、管理、上市过程中，不同花卉在不同生长时期对温度、湿度、水分、肥料元素等的需求是不同的，如果对花卉管理时间、上市时间、市场需求量及时间、花卉价格、花卉用途等进行历史数据收集和整理，对花卉的种植、品种、上市时间掌握更好，对需求及用途更加了解，可以大大提高花卉的经济价值。再如智慧医疗中的数据，可以根据一个人的多年体检记录情况预防疾病，为医生诊治疾病提供最佳参考。

数据最终保存在存储介质中，存储介质就是能够存储数据的物理载体。近年来，存储介质发展迅猛，人们已经根据不同的存储材料与技术研究出不同的存储介质，它们之间的差异也很大。存储介质有软盘、硬盘、光盘、U 盘、CF 卡、SD 卡、CD、DVD 记忆棒等。

目前流行的是基于闪存的存储介质，如 U 盘、SD 卡、MMC 卡、固态硬盘等。其中，人们常用的是 U 盘，其发展速度很快，容量由过去的几 MB 发展到目前的 2TB 或更大，接口规范也由过去的 UBS 1.0 发展到今天的 USB 4.0（接口传输速度可以达到 40Gbit/s）。由于受到多种因素影响，U 盘实际读取速度目前无法达到 USB 4.0 接口传输速度，比较流行的 USB 3.1 接口标准 U 盘读取速度可以达到 10Gbit/s。影响较大的还有固态硬盘，它也是一种以闪存为存储介质的存储设备，不仅容量大、读取速度快，而且无噪声，目前世界上最大的固态硬盘为 100TB。自从固态硬盘被安装在个人笔记本电脑上之后，不仅大大提高读取外存数据的速度，还大大减少个人笔记本电脑的厚度与重量，并且降低了功耗，抗震动，节约电池损耗，增加待机时长，是目前主流的存储设备。

磁盘阵列由许多独立磁盘块组合而成，容量巨大，相同数据可存储在多个磁盘块上的磁盘组。磁盘阵列如图 7-6 所示。

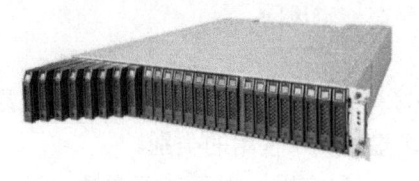 

（a）浪潮机架式存储主机磁盘阵列　　　　　（b）TOPAVID 影视非编共享剪辑磁盘阵列

**图 7-6　磁盘阵列**

由于数据存储在不同硬盘上，因此可以解决数据读写平衡问题，即使其中一块磁盘块出现故障，也可从其他磁盘块上读取正确的数据。

磁盘阵列概念最初于 1988 年由美国提出，当时 CPU 以每年 30%～50%的速度快速增长，但硬盘却只能以约 7%的速度存取，为解决 CPU 与外存之间速度不匹配及故障存储概率问题，磁盘阵列技术应运而生。现如今，闪存介质被应用于磁盘阵列中来极大提高产品性能。

但是，闪存作为存储介质并非没有缺点，它具有价格高、擦写次数受限制、数据丢失后恢复比机械硬盘困难或不能恢复等缺点。

当然，除上述介绍的存储设备及产品外，还有磁盘卡、磁盘机等。人们根据存储介质的不同特点应用于不同领域，如军事、航天、舰载、车辆、工控、监控、各类终端、医疗等。

## 7.3.2　物联网数据特点

数据存储安全是指数据存储在各种存储设备中的安全，数据存储的形式也有很多，如数据文件、数据库等。物联网中节点数量、每天产生的数据量是巨大的，并且数据特点也显著不同。同时，物联网数据的可靠性、真实性、实时性、机密性和完整性也深受物联网部署环境安全状况的影响。

### 1. 大数据数据量

物联网的应用涉及各行各业。以智慧交通为例，假设一个 130 万像素的监控摄像头每天产生 30GB（720P）视频数据，一个小城市假设有 1000 个监控摄像头，则每天产生 30TB 视频数据，一年大约产生 10PB 数据。如果保守估计，若全国目前可正常使用的监控摄像头有 1 亿个，则每天全国产生视频数据约 1YB。从直观上理解，这相当于 $10^{15}$ 部电影（每部电影约 1GB）。由此可知，物联网中产生的数据量大得惊人。

为了存储和处理物联网中的大数据，物联网数据中心、云计算等平台被建立起来，数据库技术也多以分布式存储为首选，分布式计算成为云计算中的主要技术之一。

### 2. 时间序列性特征显著

与互联网不同，物联网中数据与万物相关性更高，有些与设备相关的数据具有严格的时间序列性，如传感器采集时间、设备响应时间、控制设备执行动作先后次序等。一旦这些带有时间序列性的数据发生错乱，在物联网中可能引发事故或灾难，尤其是高危行业。因此，物联网中此类数据必须翔实记录发生的时间、设备节点或地点、紧急程度、事件快速响应时间等。

### 3. 数据异构化

物联网是互联网向"万物"方向的外延，是互联网的扩展。物联网中的数据在互联网原有数据基础上增加了许多设备或传感器产生的数据，这些数据类型有数据型、图像型，使得物联网系统中的数据异构性比较强，数据格式、文档格式差异性较大，采用的数据库技术也多样化（如关系数据库、非关系数据库等），数据在不同设备、不同数据库、不同文件结构之间转换与处理将额外消耗许多计算资源与时间。在转换过程中，数据的完整性、机密性等也可能遭到破坏。

#### 4．数据冗余性高

由于传感器在正常工作时间采集的数据有许多是重复的，这些数据在实际上表达的真实意义是相同的，对某些系统而言，此类数据具有冗余性，如智能家居中人员上班后的室内监控数据、智慧农业中常温情况下的温湿度数据等。但这些冗余数据可能来自不同传感器或室内监控设备，无法像传统计算机行业一样做数据冗余处理。

#### 5．数据原始性强

物联网设备产生的数据是由设备自动采集或产生的，与互联网相比，人为干预的情况很少，数据基本遵循原始采集。并且，数据类型、范围或内容具有独特性，多数与互联网中常见数据有很大不同。

#### 6．数据时效性强

物联网系统中采集的数据涉及物体状态、动作、外界环境等，数据的有效时间有长有短，短则几秒，长则一年甚至多年。例如，工厂生产过程中，如果检测到高危险数据（如压力数据），则数据需要立即接收并参与决策处理。而当危险事故被排除后，此数据在放进日志归档后就可以删除了。

#### 7．数据融合处理性大

数据融合是物联网中数据处理的重要技术，大量数据对于系统决策作用相同。为了减少传输时对带宽、存储空间、算力的额外开销，需要对这些数据进行融合处理。同时，为了保护物联网中的敏感数据，也需要对数据进行融合处理。

### 7.3.3　物联网数据安全保障

海量物联网设备经年累月产生 PB 级（甚至 ZB 级）数据并存储在云平台的数据中心上。云平台对外提供服务同时需要保护数据安全，加密存储数据因此成为常规技术手段。

但是，在满足存取响应时间情况下，对 PB 级数据进行加密和解密本身就是一件极具挑战性的工作，面临问题较多，如服务器存储能力、数据接口吞吐能力、CPU 计算能力、加密与解密执行速度、软件处理效率等。

#### 1．物联网数据安全保障技术

1）密码学技术

物联网的特殊性更加突出密码学技术的地位和作用。综合运用密码学技术可以解决数据在传输、存储中的安全问题，尤其是涉及隐私保护。物联网数据在传输过程中明显比互联网数据传输要复杂，中间存在泄露的环节也要多于互联网。因此，采用密码学技术可以防止泄密，提升防护能力。

2）系统安全防护技术

物联网系统的复杂性使安全防护工作复杂化，针对物联网系统的攻击已不再局限于互联网范畴。物联网的安全防护理论不仅包括物联网系统、云平台，还包括物联网中的系统软件、应用软件、数据库等。因此，系统安全防护是重中之重。相应的防护技术需要根据具体情况来选择，如系统访问控制安全技术、硬件安全防护等。

3）访问控制技术

访问控制是系统安全的重要技术，是安全控制和安全管理物联网系统中用户访问行为的系列规则，反映了系统对安全的需求，木桶原理（一只木桶盛水的多少取决于桶壁上最短的那块木板）在此体现显著，如访问控制需要遵循最小特权原则、最小泄露原则、多级安全策略原则等，具体应用表现在身份认证安全、组安全策略等方面。

4）通信安全技术

物联网系统采用的协议比较多，如 TCP/IP、MQTT、485、ZigBee 等，数据在传输过程需要通过密码学技术进行保护，如身份认证、数据加密传输等。

5）信息隐藏技术

信息隐藏是指将要隐藏的信息（机密信息）通过某些技术隐藏在大量信息（或载体）中，使其不被敌手发现、消除或恢复出原始信息。信息隐藏在网络安全传输中可防止信息被检测出来，具有特殊作用。常见的信息隐藏技术有隐写术、数字水印、潜信道等。隐写术就是将机密信息隐藏在表面看上去正常的载体中，如数字图像隐藏、数字音频隐藏等。数字水印就是将版权信息嵌入被保护的数字对象中。潜信道是指被普通人感觉不到但又确实存在的信道，它是信息隐藏的一个分支，主要应用于计算机通信系统，目前尚处于研究初期。

6）网络防护技术

网络中的黑客技术同样被应用于物联网系统中。黑客利用网络攻击技术或手段来攻击某些软/硬件系统或设备，通过控制系统实现窃取数据、破坏其他系统等目的。网络攻击是目前威胁网络安全的主要网络行为，常见攻击手段有 SQL 注入、密码爆破、DDoS 攻击、网络欺骗等。但是，有网络攻击就会有网络防护，犹如矛与盾的关系一样。网络安全防护人员针对网络攻击行为来检测系统自身安全性，如是否存在安全漏洞、是否存在可疑节点或设备等，同时加固系统安全防御功能，增强网络入侵检测效果，必要时安装蜜罐系统。

7）数据存储安全技术

物联网存在大量终端节点实际上并不安全，有的节点可靠性也不高，数据存储可以采用分布式数据存储或冗余存储等方案来实现数据保护，从而防止不可靠节点或终端因出现故障而导致数据丢失或泄密。尤其是采用云计算、区块链等分布式存储技术，会更加有利于物联网数据保护。

8）代码安全检测技术

程序的漏洞实际上都是人的逻辑思维漏洞。在软件编程中，算法的逻辑漏洞会给软件使用者留下潜在错误，有些代码本身可能为恶意代码。为了尽可能减少上述类似情况的发生，代码安全检测人员通过代码安全检测技术来排除上述情况，并将检测出的代码安全问题提供给开发人员用于修改代码，必要时需要专业安全人员介入来解决代码安全问题。

9）安全审计技术

安全管理部门或人员对系统中可能存在的网络攻击、侵权行为进行取证，取证数据主要为记录不安全、可疑行为、系统异常响应的日志文件。记录时，系统会根据事先设置的安全策略及规则来审核事件，并记录事件发生的时间、用户登录、系统异常、用户行为等信息。

10）信息安全评测技术

为衡量物联网系统的安全性，人们利用信息安全评测技术来测试、验证、评价和评估级别。目前我国已经围绕网络安全建立等级保护评测标准，即目前业界经常提到的"等保2.0"。

**2．等级保护中的物联网安全防护**

对于物联网中数据安全的防护，我国在《信息安全技术　网络安全等级保护基本要求》（GB/T 22239—2019）中对物联网数据安全进行了如下扩展。

1）安全物理环境

物理安全是所有安全技术的前提。感知节点设备物理防护要求感知节点设备所处的物理环境不应对感知节点设备造成物理破坏，如挤压、强振动；感知节点设备在工作状态所处的物理环境应能正确反映环境状态（如温湿度传感器不能安装在阳光直射区域）；感知节点设备在工作状态所处的物理环境不应对感知节点设备的正常工作造成影响，如强干扰、阻挡屏蔽等；关键感知节点设备应具有可供长时间工作的电力供应能力（关键网关节点设备应具有持久稳定的电力供应能力）。

2）安全区域边界

接入控制应保证只有授权的感知节点设备可以接入。

入侵防范要求应能够限制与感知节点设备通信的目标地址，以避免对陌生地址的攻击行为；应能够限制与网关节点设备通信的目标地址，以避免对陌生地址的攻击行为。

3）安全计算环境

感知节点设备安全要求应保证只有授权的用户可以对感知节点设备上的软件应用进行配置或变更；应具有对其连接的网关节点设备（包括读卡器）进行身份标识和鉴别的能力；应具有对其连接的其他感知节点设备（包括路由节点设备）进行身份标识和鉴别的能力。

网关节点设备安全要求应具备对合法连接设备（包括终端节点设备、路由节点设备等）进行身份标识和鉴别的能力；应具备过滤非法节点设备和伪造节点设备所发送的数据的能力；授权用户应能够在设备使用过程中对关键密钥和关键配置参数进行在线更新。

抗数据重放攻击要求应能够鉴别数据的新鲜性，避免历史数据的重放攻击；应能够鉴别历史数据的非法修改，避免数据的修改重放攻击。

数据融合处理要求应对来自传感网的数据进行融合处理，使不同种类的数据可以在同一个平台被使用；应对不同数据之间的依赖关系和制约关系进行智能处理，如一类数据达到某个门限时可以影响对另一类数据采集终端的管理指令。

4）安全运维管理

感知节点管理要求应指定人员定期巡视感知节点设备、网关节点设备的部署环境，对可能影响感知节点设备、网关节点设备正常工作的异常环境进行记录和维护；应对感知节点设备、网关节点设备的入库、存储、部署、携带、维修、丢失和报废等过程做出明确规定，并进行全程管理；应加强对感知节点设备、网关节点设备部署环境的保密性管理，包括负责检查和维护的人员调离工作岗位时应立即交还相关检查工具和检查维护记录等。

只要网络安全威胁存在，网络安全防护技术发展就永无休止之日，物联网数据安全保障技术成为一个持续发展的事物。

# 7.4　数据的备份与恢复

## 7.4.1　数据备份

数据备份是防止客户误操作、黑客攻击、系统故障等原因导致数据丢失、数据破坏的容灾手段，也是系统维护人员高度重视的工作。对于重要的系统（如存储银行客户数据的服务器系统、核电站管理系统、云计算中心数据管理系统等），定期备份重要数据是常规工作。

### 1．备份方式

传统数据备份方式使用磁带、磁盘、光盘等存储介质定期进行数据备份。在软件方面，尤其是数据库系统，往往都有数据备份功能，可以快速、简捷地完成数据备份任务。此外，在远程管理服务器时，可以采用远程镜像方式完成备份功能，该方法也被用于 PC 系统维护，如 ghost 软件。

数据备份不是最终目标，原样恢复数据并让客户正常使用才是目的。为保证客户能够快速、自动、可靠地完成数据备份与恢复工作，双机热备份、磁盘镜像、容错容灾系统、备份存储介质安全存放、存储或传输硬件设备冗余等预防措施被纳入备份方式中，以此来保证数据可在系统灾难发生后快速恢复，保障客户服务可以被正常提供。

### 2．备份机制

我国于 2019 年 12 月 1 日起实施的《信息安全技术　网络安全等级保护基本要求》（GB/T 22239—2019）中分级确立数据备份恢复要求条件，三级标准条件如下。

（1）应提供重要数据的本地数据备份与恢复功能。

（2）应提供异地实时备份功能，利用通信网络将重要数据实时备份至备份场地。

（3）应提供重要数据处理系统的热冗余，保证系统的高可用性。

云计算扩展要求中对数据备份方面的要求如下。

数据备份恢复要求云服务客户应在本地保存其业务数据的备份，能够查询云服务客户数据及备份存储位置，保证云服务客户数据存在若干可用的副本，且各副本之间的内容应保持一致，并为云服务客户将业务系统及数据迁移到其他云计算平台和本地系统提供技术手段，协助完成迁移过程。应保证虚拟机回收时完全清除曾使用的内存及存储空间，并在客户删除应用数据时保证同步删除云存储中的所有副本。

企业若达到任意一个等级保护级别，则势必要投入一定资金来完善必备的软/硬件条件、聘用业务水平达标的技术人员、建立完善的备份工作制度等。

## 7.4.2　数据恢复

数据恢复（Data Recovery）是指利用特殊方法及计算机技术将正常方法无法找回的数据找寻回来的技术或方法。在计算机的运行过程中数据丢失是难以避免的，产生的原因也比较多，如人为不小心彻底删除文件、格式化硬盘、意外故障导致数据损坏或丢失、数据存储介质本身发生损坏、黑客攻击故意删除或损毁数据等。

数据恢复能够使丢失的信息成功再生，但这种成功概率的高低取决于数据丢失的原因与破坏程度。尽管数据恢复技术可以恢复丢失的部分或全部数据，甚至还可以恢复物理磁道损伤的磁盘数据，但数据恢复只是一种补救措施，是最后不得已采用的手段，所以平时要做好防灾预防和数据备份工作。

### 1. 软件恢复

软件恢复是指恢复与系统软件和应用软件直接相关的文件或数据，基本属于逻辑性故障，物理存储介质或电路是完好的。例如，因感染病毒、误删除、误格式化等操作造成的数据丢失。一般来说，因为物理存储介质（如硬盘、U 盘、SD 卡等）发生实质性的损坏，一些专用数据恢复软件都能够恢复丢失的文件。常见的恢复软件工具有 WinHex、嗨格式数据恢复大师等，如图 7-7、图 7-8 所示。

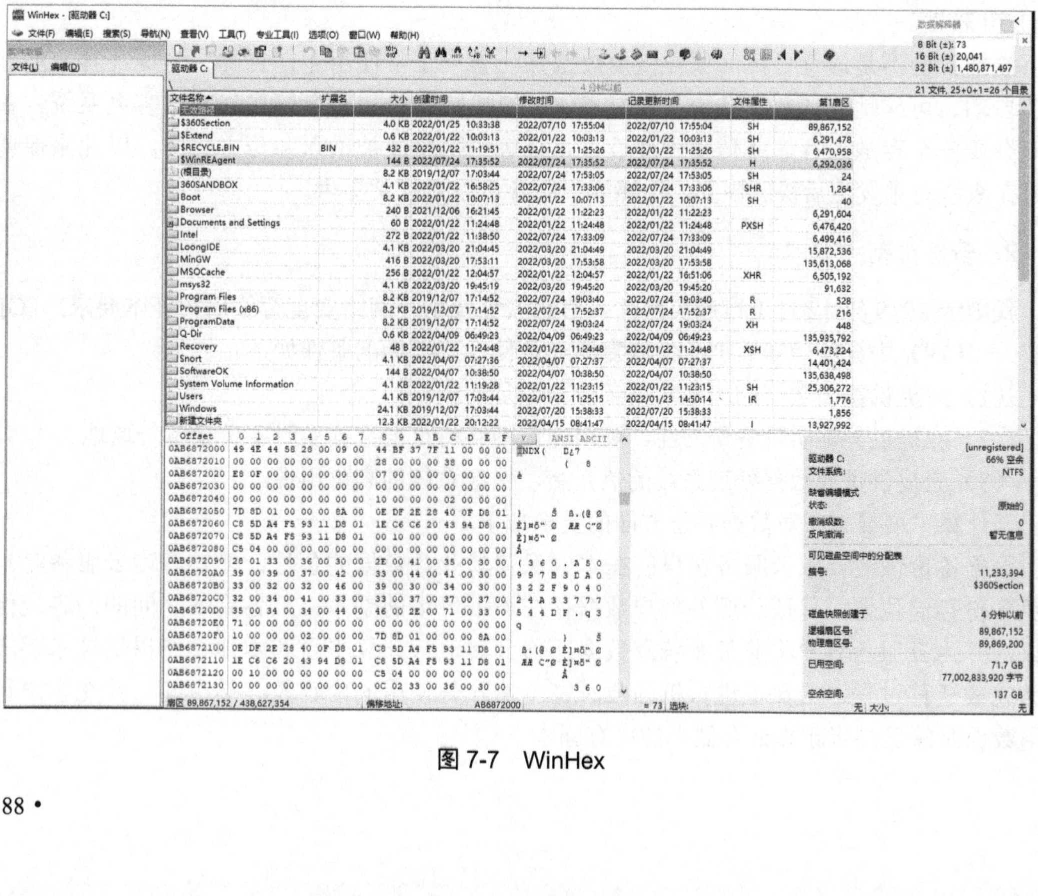

图 7-7　WinHex

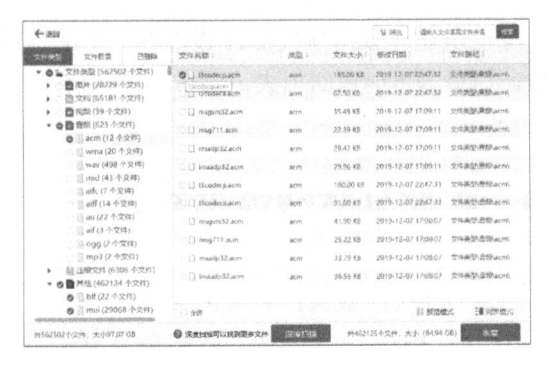

图 7-8　嗨格式数据恢复大师

## 2．硬恢复

软件恢复易学易操作。硬恢复是指恢复由硬件故障导致丢失或损坏的数据。事实上，硬件故障导致数据丢失的概率更高，计算机硬件发生意外故障是无法避免的，如硬盘电路板损坏、盘片损伤、马达烧坏、固件系统出错等。硬件故障出现后会经常导致操作系统无法识别盘符，甚至无法识别硬盘。这种情况下的数据恢复具有较大难度，需要专业技术员来完成。

为什么会有这些问题呢？主要是因为计算机的硬件在工作过程中，可能受到雷击、高温、高压等影响造成硬盘故障，也可能因为振动、碰撞等造成硬盘的机械故障、存储介质划伤，或者硬盘长时间在高温环境下工作造成各种器件老化，也可能因为使用时间过长或产品质量问题出现坏磁道或坏扇区等故障。恢复人员需要根据情况进行分析，确定数据恢复方案，一般来说是先维修硬件再做软件恢复。假如一块硬盘电路板损坏，可以先更换同型号无故障电路板，然后通过软件完成数据恢复操作。需要注意的是，无论选用哪种方案进行数据恢复，都必须严禁对要恢复的存储介质（如硬盘）进行二次写入，恢复出的数据可以写入其他完好的存储介质中。

## 3．嵌入式系统数据恢复

在物联网中，各类嵌入式系统或智能终端较多，它们也存储着各类数据。由于此类设备与计算机中通用设备相比比较特殊，存在许多不同，如文件系统、存储介质、数据格式等。尽管此种情况下的数据恢复复杂，但仍然需要根据具体情况来分析。在多数情况下，数据会被存储在 SD 卡之类的存储介质上，对 SD 卡的数据恢复与软件恢复相同；如果数据被存储在嵌入式系统中某些存储芯片上，则需将芯片小心拆下来，并根据该型号芯片各引脚功能设计最简单的读取芯片数据电路，然后读出数据即可。所以，需要专业技术人员帮助完成此种情况的数据恢复。

## 4．覆盖恢复

当恶性病毒或黑客为防止程序或文件被恢复过来，会采取覆盖原文件方式进行破坏。此时，对该文件进行恢复难度较大。这就涉及文件价值问题，如果文件的价值巨大，甚至涉及国家或军方机密，则该文件被恢复的价值与意义重大；否则，没必要恢复。

综上所述，数据恢复是计算机维护中的一项重要技术，它能够为意外导致数据损失进行补救，尽最大可能挽回损失。

# 7.5 工业互联网数据安全

信息技术在工业生产领域的应用，使许多工业传感器采集的数据突破了时间与空间的限制，结合云计算、人工智能技术实现了最大限度地挖掘数据潜力和数据价值，提高了工业生产效率，降低了工业生产成本，诞生了工业 4.0、工业互联网等新的概念。

## 7.5.1 工业大数据

工业大数据是工业传感器及设备在生产和监控管理过程中产生的海量级数据，这些数据包含生产过程环境、设备运转状态、原材料供应、能源消耗、产品数量、产品质量检测、销售情况、物流情况、下游企业等信息。尤其是传感器正向微型化、智能化、网络化方向发展，智能芯片成本也会降低并被应用到工业设备和产品中，整个工业生产流程及产品情况会被详细记录并上传到数据中心，研究人员及企业管理员会进一步对产品设计和运营管理进行优化，从而提升企业的综合竞争力。

### 1. 工业大数据来源

工业大数据来自工业企业内部的产品全生命周期、设备或传感器采集、经营管理、技术创新等。这些数据隐含着不为人知的巨大价值，如生产设备潜在的故障、产品创新、生产线优化、供应链优化、产品精准营销等，每个方面都可能为企业节约大量成本，提升企业综合实力。

1）产品全生命周期

产品全生命周期是指产品从需求、规划、设计、生产、经销、运行、使用、维修保养、直到回收再利用的整个过程。产品全生命周期管理以产品全生命周期为核心进行产品的并行设计、协同设计、敏捷制造、网络化协同制造等。挖掘和分析不同客户与工业企业之间的动态交互交易数据，可帮助企业加强需求分析和创新产品设计，为提高产品质量服务。

2）设备或传感器采集

工业互联网企业的生产线上安装着大量的、功能各异的、大小不一的各类传感器来探测各种数据，如温度、湿度、压力、振动、噪声、位置、光照、移动速度、转速、角度、高度等。为精准操作，工业系统会每隔几秒采集一次数据（有的传感器采集间隔时间更短，甚至有价值的数据产生在瞬间）。这些数据再通过工业总线或 5G 网络（低时延、高速率）传输到数据服务器上便于分析和处理，如设备诊断、耗能统计分析、产品质量监控等。

另外，设备健康监测数据也非常重要。企业生产设备和产品无疑是工业互联网企业的命脉，当一个工业生产线上的关键设备因受到严重的振动、冲击、破坏或长期缺少维护时，在无法及时维修的情况下设备的损坏必然影响企业的正常生产。如果在日常生产过程中能够提前预知某些零部件即将发生故障，那么维护人员会及时维修设备，避免生产设备故障的突然发生。因此，工业企业的设备故障分析及预测技术变得非常重要。

3）经营管理

经营管理是指企业根据社会需求、自身生存和发展等问题而进行有计划、有组织、有协调、有控制的经营活动。企业的经营管理能够有针对性地服务社会、服务客户群体，充分利用资源、能力和优势，最大限度地满足用户需求和取得合法经济利益或社会效益。

工业互联网企业在经营过程中有许多信息具有高度的机密性，甚至属于秘密或绝密（如涉及军工生产）。这些信息包括客户资源、产品设计与生产、内部管理机构、管理人员、经营预测和决策、经营计划、各类合同、销售管理、财务管理、收益和利润分析与分配、企业评价、经济效益分析、企业经营潜在问题分析等。利用工业互联网大数据技术进行数据分析，能够挖掘出潜在的数据价值，甚至有些结果超出企业的预料，这也是大数据技术的魅力之一。

4）技术创新

技术是生命，创新是灵魂。只有工业互联网企业对产品持续创新才能在市场中立足，这些产品的技术资料是企业的生命，核心技术和自主技术是保密的。一旦被竞争对手获取就有可能重创企业，甚至倒闭。所以，企业不断加强技术资料的保密，同时不断创新，提升技术实力，保持企业的竞争力。在工业互联网中，上述资料及数据的安全无疑是极其重要的。

5）内部人员操作

产品质量是生产型企业的声誉保障。当工业企业内部工作人员对设备进行操作、信息录入、调整参数等时，都会产生新的重要数据。如果在生产过程中，生产人员因为操作失误、参数错误等导致质量出现问题，甚至出现较大损失或者生产事故。这些数据尽管对工业互联网而言数据量不大，但却都是重要和关键的数据。

**2．工业大数据特点**

工业大数据具有体量、多样、快速、真实、价值等特点，内部蕴含巨大价值。

除上述特点外，工业大数据还具有如下特点。

（1）主要来自企业内部传感器及内部用户（或操作人员）的录入，来自外部数据相对较少。

（2）服务对象主要为本企业及合作企业，与互联网有较大区别。

（3）数据有环境性、生产性、经营性，属于企业生产经营范畴。

（4）可利用大数据分析技术挖掘潜在价值，这也是大数据技术的另一个用武之地。换句话说就是大数据技术使工业大数据充分发挥其价值。

（5）数据异构性加大了大数据分析和处理的难度。

（6）数据"孤岛"现象很严重。

许多工业系统单独成为一个系统，各个系统之间出现"孤岛"现象，信息相互之间互不流通，造成数据不一致、数据过时、误差过大，严重影响生产，如汽车、电子设备、高精端产品、服装等制造业。

充分利用大数据技术分析和利用工业大数据，可及时有效地发现问题并进行改进，稳生产，保质量。

## 7.5.2　工业大数据安全

工业互联网数据具有重要的经济价值、科学价值，甚至军事价值，其中还包括隐私数据。因此，工业互联网数据的安全性具有特殊的地位和作用。

除数据的加密和解密外，工业大数据的存储、传输、处理、分析、共享都必须具有保密措施，核心数据严禁使用明文。

### 1．数据安全域的划分

由于不同数据具有不同的作用范围，在工业互联网中这个特性表现存在显著不同。为安全起见，工业互联网系统设计时要提前分析敏感数据的作用范围，尽最大努力防止数据外泄，与本数据无关业务禁止使用该数据。

### 2．隐私数据保护

尽管限定了数据的使用范围，但有些敏感数据在特殊情况下必须提供外部访问权限，存在数据泄露风险。此时，需要对敏感数据进行隐私保护处理。举个编程常见的简单例子，某企业现有特种材料 A，其在不同工序阶段对温度要求非常苛刻，故温控数据是核心机密。但该企业转型为工业互联网后，合作的第三方系统需要实时了解 A 的温度控制是否正常。在此种情况下，如果传输实际温度数据给第三方系统，则存在泄露风险。采用隐私保护思想后，可在温度数据安全域内判断出温控高、正常、低三种状态（三种状态在不同的工序阶段代表不同的温度数据），再将此状态数据传输给第三方系统。这样，既满足了第三方系统需求，又解决了温度数据安全保密问题。

### 3．网络攻击

工业互联网是工业网络与互联网的互联、互通与融合。传统网络中的黑客通过网络入侵工业网络。如果网络安全防护做不好，工业互联网反而成为黑客攻击工业网络的跳板。所以，我国对工业互联网安全非常重视。

网络被黑客入侵成功后，重要数据就处于风险之中，诸如泄露、丢失、删除、破坏、存储介质被格式化等操作行为都有可能发生。一旦工业互联网数据被入侵，造成的损失是无法估量的。

### 4．环境干扰

在工业互联网环境中，工厂内部生产车间的电磁干扰、各类辐射都可能会造成某些器件精准度下降、数据错误、器件损坏，此时采集的数据极有可能成为脏数据或坏数据，严重情况下会出现产品不合格、生产线无法正常运转等事故。

除传统大数据安全防护技术外，工业大数据的安全防护更要注重它的产生环境、特点、特殊的工作条件、数据传输途径，以及数据的使用者和接触者，整体上需要从安全管理和安全技术双管齐下来治理。

## 7.6　本章小结

本章首先介绍了数据安全的基本概念、数据安全面临的威胁和数据安全保障技术；然后介绍了密码算法及其应用、数据存储介质、物联网数据特点、物联网数据安全保障、数据的备份与恢复；最后介绍了工业互联网数据安全。

本章在介绍过程中，注重概念的理解、国家标准及发展形势，能够帮助读者理解数据安全在计算机行业、物联网领域和工业互联网行业中的重要性，同时根据各行业实际需求理解数据安全的防护重点及手段。

7.1【实践】利用课后时间欣赏电影《猎杀 U-571》，并结合密码学、国家安全等撰写不少于 500 字的观后感。

7.2【实践】利用课后时间欣赏电影《模仿游戏》，并结合密码学、信息安全等撰写不少于 500 字的观后感。

7.3 下载并阅读文章"A Mathematical Theory of Communication"，复述文章的主要思想。

7.4 什么称为弱口令？常见的弱口令具有哪些特点？

7.5 什么称为强口令？常见的强口令具有哪些特点？如何设置容易记住的强口令？

# 第 8 章　Web 应用安全

★ 学习指导

> 📁 **学时建议**：理论 6 学时，实验/实践 6 学时，自学 4 学时（方案三的三种学时分别为 8 学时、8 学时、5 学时）。
>
> 📁 **教学目标**：使学生能够描述恶意代码的定义、危害和防范，以及渗透测试概念和漏洞检测过程；能够叙述 Web 漏洞扫描原理与实践、渗透测试关键步骤及作用；能够运用虚拟机软件、Kali Linux 系统、常用网络命令和 Linux 命令、渗透测试工具、信息搜集工具，分析信息搜集结构、扫描结构，判断漏洞、SQL 注入点，构建 SQL 注入攻击语句或表达式，树立没有网络安全就没有国家安全的重要理念。
>
> 📁 **主要内容**：Web 应用安全，恶意代码的定义和防范，渗透测试概念及基础知识，Kali Linux 系统安装与使用，渗透测试整体过程，漏洞扫描、信息搜索、渗透攻击、Namp 等常用命令或工具，SQL 注入攻击。
>
> 📁 **重点难点**：Web 应用安全，恶意代码的定义和防范，渗透测试过程，Kali Linux 系统安装与使用，漏洞扫描工具、信息搜索工具、渗透攻击工具的工作原理及简单使用方法等。

　　物联网应用层以行业应用为核心。感知层采集数据后，数据经过网络层被传输到应用层的云计算平台中，数据在这里被分析、处理和可视化。数据的可视化，能够利用数据统计和计算机技术将数据及其内在关系以直观和容易接受的方式呈现给用户。用户访问数据时，多数采用 Web 界面方式，这个过程涉及数据安全、用户身份认证、云安全、数据库安全、隐私保护等。

　　本章从 Web 应用安全角度介绍典型安全检测技术。由于信息收集、端口和漏洞扫描、SQL 注入、口令爆破等攻防类工具较多，本书无法一一详细介绍。书中所提工具软件也仅供网络安全评估、内部实验和学习使用，强烈建议读者自行建立靶机或漏洞演练平台来学习本章攻防类软件。

　　声明：凡因滥用本书介绍的工具软件而引起的任何法律问题或事件与本书一概无关。

# 8.1　Web 应用安全概述

浏览器是用户访问互联网的重要工具，目前常见的有 Microsoft Edge、IE、Firefox、360、Safari、Chrome、QQ 浏览器等。由于 Web 应用是搭建在 Web 服务器上的，浏览器与服务器之间采用 HTTP 协议进行请求/应答服务，交互过程中涉及数据库访问、传输数据等。

如果这个过程发生安全问题，用户账号密码、数据库中的数据、服务器中的内部文件、网站主页等都可能被窃取、篡改，甚至被植入恶意代码。近些年，针对 Web 进行的攻击数量已经远远高于网络层攻击数量。根据 Gartner 调查显示，信息安全攻击有 75% 都发生在 Web 应用层上（而不是网络层上），2/3 的 Web 站点都相当脆弱，易受攻击。

事实上，一些新型漏洞总是不断被黑客发现，几乎不存在没有任何漏洞的网站，只不过漏洞处于潜藏状态暂未被黑客发现而已。来自世界各地的黑客总能通过黑客技术获得网站的真实 IP 地址，并采用不同攻击手段对网站发动不同规模和不同复杂程度的攻击。

# 8.2　恶意代码

## 8.2.1　恶意代码定义

黑客通过各种攻击手段成功入侵某台设备后，往往会上传一些木马等恶意代码或程序，以便于进一步实现对入侵对象的控制。所谓恶意代码（Malicious Code），又名恶意软件（Malicious Software 或 Malware），是指人为编写的以威胁或侵犯网络、计算机系统和用户合法权益为目的计算机程序。一般情况下，恶意代码可能被嵌入一个正常程序中，并随着正常程序的运行一起被执行，然后开始感染其他计算机并悄悄地大面积传播自身代码。

## 8.2.2　恶意代码危害

恶意代码危害程度不同，轻则影响计算机的运行速度，重则丢失数据、系统被破坏或崩溃，导致无法对外提供服务或客户数据丢失等，如银行存款数据等。不过，更多黑客喜欢控制客户的计算机来攻击其他计算机。那么，恶意代码具体有哪些危害呢？不妨先看看恶意代码的特点。

① 恶意代码本身是一段计算机程序。恶意代码是人为编写的，编写人员可能是个人、团队或企业，甚至是知名黑客组织，很多著名的攻防软件就是由专业网络安全企业研发的。

② 恶意代码本质是恶意的。在未经用户授权的情况下，恶意代码能够复制自身，并实施感染、干扰、入侵、控制和破坏其他计算机等行为。

③ 恶意代码只有被执行时才能发挥破坏作用。如果一段恶意代码没有被执行，实际上它属于脏代码，破坏作用很小；但如果被执行，破坏作用很难估计。

④ 恶意代码攻击对象不确定。目前，在不同操作系统环境下都有恶意代码入侵和运行，

被入侵的设备种类多样，包括计算机、终端设备、网络、操作系统、应用软件、数据库、Web 网站、数据中心等。更可怕的是，当一台计算机（或终端设备）被恶意代码控制后，不仅自身系统可能被修改或破坏，还可能丢失或删除数据，甚至本台计算机成为攻击其他计算机的跳板。

由上述特点可以看出，恶意代码的概念范围是比较广泛的，但一般可以分为3类：计算机病毒、木马程序和蠕虫。

### 1．计算机病毒

"计算机病毒（Computer Virus）"概念最早由美国计算机专家弗雷德·科恩博士提出。计算机病毒是一个将自身隐藏在文档中，能够自身复制并具有破坏作用的计算机程序或指令集。计算机病毒一般具有隐藏性、传染性、潜伏性和破坏性的特点。随着计算机技术的发展，计算机病毒也不断"推陈出新"，甚至不再受技术、手段、概念和破坏程度的限制，有些计算机病毒还具备木马程序和蠕虫特征，具有多样性特征。

### 2．木马程序

特洛伊木马（Trojan Horse）也叫作木马程序（简称木马），它是一种通过将自身代码植入其他程序的方法来实现自身传播和运行目的的程序，该程序成功执行后往往会在目标主机上开设后门供攻击者使用。木马最终以盗取各种数据、个人信息及控制他人计算机等设备为目的。

根据木马原理，木马编写人员利用不同技术编写出危害程度、破坏程度、隐藏性和传播速度不同的木马。目前，木马直接的危害为盗取他人账号、密码、个人隐私信息（如身份、银行账号、亲人手机号等），远程控制他人计算机或终端设备（如手机等）。

### 3．蠕虫

蠕虫是一段独立的，能够自我复制并通过网络自动快速传播的恶意代码。而蠕虫一旦与病毒技术结合则变成蠕虫病毒，其传播和破坏能力更大。

在一般情况下，蠕虫病毒以被控制的计算机为宿主机来向其他计算机进行传播和感染，然后通过反复迭代执行来达到在短期时间内迅速感染大批量计算机的目的。蠕虫代码段自身是独立的，它利用系统或软件的各种漏洞实现主动攻击，像细胞分裂一样以普通病毒几百倍的速度实现自身代码快速传播和感染。与其他计算机病毒相比，蠕虫病毒的技术更先进、隐蔽性更强。

恶意代码只求效果，不问手段，甚至融合了上述各类技术，具有多种破坏作用。综合上述，恶意代码的破坏作用表现如下。

（1）盗窃、加密、篡改或删除数据或个人隐私，导致泄密、遭受勒索、损失财务或受到网络暴力。

（2）入侵、控制、破坏各类终端设备、计算机或网络系统，成为攻击其他目标的跳板，瘫痪网络或系统，妨碍正常工作或对外提供服务。

（3）恶意占用资源，降低系统性能和网络性能，影响服务质量。

对于需要保护的对象而言，其价值越大，一旦受损则损失越大，甚至成为一场灾难。

## 8.2.3　恶意代码防范

既然恶意代码破坏作用如此巨大，普通用户该如何防范恶意代码呢？可采取如下措施。

### 1．安装防病毒软件并更新病毒库

防病毒软件是保护计算机免受病毒侵害的有效工具。如果使用没有安装防病毒软件的计算机浏览各类网站，其受病毒侵害则是必然事件。防病毒软件比较多，根据软件功能、防杀病毒能力和速度、软件售后服务质量及是否国产化进行综合判断和选择。持续不断出现的新病毒技术也在督促防病毒软件企业及时更新防病毒软件及提高服务质量。

### 2．安装并启用防火墙软件

安装并启用防火墙软件是能够降低计算机风险，保护计算机正常工作的必备技术手段之一。如果没有启用防火墙软件，一些恶意流量可能会畅通无阻地进入我们的计算机，开始感染、干扰和破坏计算机。为避免防火墙软件之间的冲突，启用防火墙软件时只能启用一个。

### 3．阻止广告或弹窗类信息

广告是很多企业的主要收入来源。很多企业（包括知名软件企业）会在软件中植入广告，一旦用户启动软件，则这些广告会自动弹出。恶意代码利用此特点进行传播，所以在使用浏览器时要设置阻止弹出广告，间接阻止了恶意代码的侵入。

### 4．警惕不明邮件、链接及钓鱼网站

垃圾邮件、不明链接也是病毒传播的常见方式。恶意代码利用这些方式大面积发送垃圾邮件，邮件中包含恶意链接、不健康图片、附件等，并诱惑操作者单击上述内容从而执行隐藏其中的恶意代码。所以，对于来历不明的邮件、附件、链接要及时删除，尤其是防止钓鱼网站对信息安全造成的巨大损害。

### 5．合理控制账号权限

我们经常看到一些计算机用户使用 Windows 的管理员账号进行日常工作，这实际上是非常危险的。一旦计算机被感染，恶意代码将直接获得管理员权限。如果我们单独创建另一个用户账号，并根据将这个账号进行授权，即使感染病毒，受破坏的程度也在可控范围之内。所以，无论是本地操作，还是网络浏览，使用权限受限的账号是基本安全策略。

### 6．关闭自动运行程序功能

自动运行程序给操作带来很大便捷性。但自动运行也同样赋予恶意代码执行权。日常工作中要关闭自动运行、自动播放等可能执行恶意代码的功能，虽然牺牲了操作的便捷性，但却提高了系统的安全性，从而进一步减少恶意代码在我们计算机上执行的机会。

### 7. 设置高强度安全密码

用户口令是基本的安全保障，为了便于记忆，许多安全意识薄弱的人员将账号及密码设置成容易被记住的内容，如姓名、生日、吉祥数字、英语单词等。其实，这些都属于弱口令，是黑客最容易猜到或暴力破解的。一个安全的口令一般由大小写字母、数字、特殊字符组成，长度不小于8位，不能包含账号信息等。除口令方式外，人们又发明了验证码、挑战码来防止在线爆破密码。此外，像"一次一密"等安全技术也是常用的方法，一般根据实际环境需要及安全级别需求来选用不同方案。

### 8. 少用或禁用 Cookie

Cookie 原意是"小甜饼"，但在计算机中代表存储用户在某个网站上录入信息的文本型文件，它的优点在于用户下次登录该网站时可以省去重新录入的烦恼，网站会根据 Cookie 的"记忆"功能直接提供账号和密码给该网站，用户只需要简单操作即可。

黑客了解该技术原理后，采用 Cookie 捕获、Cookie 重放、恶意代码植入 Cookie、篡夺 Cookie 等技术方法实施攻击，尽管 Cookie 信息可以采用加密方式存储，但依然可以被解密。因此，平时使用计算机浏览器时，尽量少用或直接禁用 Cookie 功能。

### 9. 及时打补丁

软件测试可保证软件在发行前是可靠的、安全的、无漏洞的。但事实上，无论实施多少严格的测试标准，软件推到市场后就会发现有许多问题需要修复，此时运行补丁程序是成本最低、最可行的方式之一。随着软件应用时间的增长，软件中潜藏的问题不断被发现，软件生产商针对发现的问题不断推出新的补丁来解决问题。当补丁过多时，原有软件的性能、安全性有可能不升反降，所以软件生产商会不断推出产品的升级版本。

对于用户而言，为了避免性能下降而放弃打补丁并不是一个明智之举，毕竟数据及个人隐私等资源才是最宝贵的。所以，建议打补丁。

### 10. 养成及时备份重要资料的习惯

数据丢失的后果可能比系统崩溃更严重。对于工作、学习、生活中的重要数据，我们一定要养成及时备份数据的良好习惯，硬件自身的价值远远低于数据的价值。例如，竞标企业在竞标书提交截止时间的前几分钟发现竞标数据被损坏，此时意味着竞标企业极有可能丧失本次中标机会，事件的后果将直接降低企业的经济收入和社会影响力。

由上述可见，做好恶意代码防范工作不能仅依靠各防护软件，还要养成良好的安全使用计算机的习惯和行为。目前，许多软件集病毒查杀、系统防护、用户习惯于一身，用户安装相应软件后，该软件会及时提示用户进行安全防护，大大方便了用户安全使用计算机。

常见的防病毒软件有360安全卫士、360系统急救箱、腾讯电脑管家、2345安全卫士、金山毒霸、火绒安全软件、小红伞、瑞星杀毒软件 V17、金山卫士、Avast!杀毒软件、瑞星之剑、UVK Ultra Virus Killer、McAfee AVERT Stinger、NANO AntiVirus、卡巴斯基安全软件、微软电脑管家等。

# 8.3　渗透测试

黑客出现后，网络中的"进攻"和"防守"就日益常态化。网络攻防也叫作"网络对抗"，分为网络攻击与网络防护两方面。网络攻击是指综合利用网络攻击技术、目标主机或网络自身存在的漏洞、安全缺陷来攻击目标硬件、软件及其数据，造成被攻击目标被破坏、数据丢失、系统被控制等现象。网络防护是指综合利用网络防护技术、防守方主机或网络系统功能来保护己方硬件、软件免受破坏，使数据在存储和传输过程中依然是安全的。网络攻防犹如"矛"和"盾"的关系，进攻始终先于防守，每种新的攻击技术出现后，安全人员就会研究防护技术。为了便于学习渗透测试技术，本节先介绍必备的部分基础知识。

## 8.3.1　常用基础知识

### 1．虚拟机

尽管我们直接使用物理计算机作为攻击机，但计算机中安装的防火墙软件和防病毒软件会阻断渗透测试软件，导致许多渗透测试软件无法正常使用。

在此种情况下，虚拟机软件就大有用武之地了。虚拟机软件能够在物理计算机硬件资源的基础上采用虚拟技术产生一台计算机。这台计算机并非真正物理上的计算机，而是软件虚拟出来的，尽管它具有自己的存储空间、CPU、BIOS、网络等，只不过这些资源依然占用物理计算机的硬件资源。所以，从一台物理计算机中虚拟出来的虚拟机数量越多，每台虚拟机的平均配置越低。当然，虚拟机的配置是可以人为设置的，但要考虑运行虚拟机的物理计算机也是需要硬件资源保障的，否则运行速度极慢或死机。

另外，本章实验需要在自行建立的攻防靶机上练习。自行建立靶机时可以使用虚拟机来完成，只需再安装某些漏洞网站上提供的已经预先设置漏洞的系统或网站文件即可。

常见的虚拟机软件介绍如下。

1）VMware

VMware 是最常见的虚拟机软件，各方面表现都不错，其快照功能便捷，创建和恢复系统快照非常方便，十分实用。缺点是安装后会虚拟两块网卡，或自行设置增加更多网卡，多数情况下使用桥接（Bridge）方法使虚拟机接入互联网，调试上可能烦琐一些。

2）Virtual PC

Virtual PC 是 Microsoft 开发的虚拟机软件，具有占用内存小、启动快、联网方便等优点，有利于在 Windows 环境下用作 Windows 虚拟机，而且不受 Windows 操作系统版本限制。

3）VirtualBox

VirtualBox 是 Sun 公司开发的轻量级、开源虚拟机产品，安装包很小，功能相对简单。此外，还有 KVM（Kernel-based Virtual Machine）、Xen、OpenVZ、Lguest 等产品。

### 2．Kali Linux 操作系统

在渗透测试过程中，操作的选择非常重要，甚至经常在多个操作系统之间频繁切换，虚

拟机软件发挥了重要作用。

常用的 Windows 操作系统为大家所熟悉，此处不予介绍。而大多数安全人员更倾向于选择 Linux 操作系统。由于 Linux 开源操作系统版本过多，让人眼花缭乱，如 Fedora Core、Debian、Ubuntu、Red Hat Linux、SUSE、CentOS 等，同时各企业对 Linux 操作系统进行修改又产生许多特色鲜明的版本。对于渗透测试而言，最著名是的 Kali Linux 操作系统。

Kali Linux 操作系统是基于 Debian 的 Linux 发行版（其前身为 BackTrack），专用于数字取证，预装了许多渗透测试软件，如 Nmap 等超过 300 个渗透测试工具，可完成信息收集、脆弱性分析、开发工具、无线攻击、取证工具、Web 应用程序、压力测试、嗅探、欺骗、密码攻击、维护访问权限、硬件攻击、逆向工程等功能和任务，更为有趣的是，在 kali-undercover mode 下 Kali Linux 操作系统可以伪装成 Windows 10 界面。

作为渗透测试和安全审计专用的操作系统，Kali Linux 操作系统支持大量无线设备、可定制、永久免费，并且可以设置为从硬盘、USB 等设备启动模式，兼容 X86 指令集和 ARM 架构，可运行在树莓派等设备上，读者可自行到官网下载所需版本。

### 3．Windws 中常用的命令

Windows 大家都比较熟悉，其中一些交互命令在网络维护中经常用到，尽管这种交互方式没有窗口便捷，但在满足特殊需求情况下，这种交互方式变得非常重要。现介绍几个常用的命令，其他命令限于篇幅暂略。注意，有些命令及参数需要管理员权限才能成功执行。

1）ping 命令

ping 命令是 Windows 中自带的一个用于检查网络是否连通的命令，常用于分析网络故障，是网络维护中的重要命令。

ping 命令用法：

```
ping [-t] [-a] [-n count] [-l size] [-f] [-i TTL] [-v TOS]
[-r count] [-s count] [[-j host-list] | [-k host-list]]
[-w timeout] [-R] [-S srcaddr] [-c compartment] [-p] [-4] [-6]
target_name
```

ping 命令的参数如表 8-1 所示。

表 8-1　ping 命令的参数

| 序　号 | 参　数 | 功　能　说　明 |
|---|---|---|
| 1 | -t | ping 指定的主机，直到停止。若要查看统计信息并继续操作，则按 Ctrl+Break 快捷键或其他快捷键；若要中途退出，则按 Ctrl+C 快捷键 |
| 2 | -a | 将地址解析为主机名 |
| 3 | -n count | 要发送的回显请求数 |
| 4 | -l size | 发送缓冲区大小 |
| 5 | -f | 在数据包中设置"不分段"标记（仅适用于 IPv4） |
| 6 | -i TTL | 生存时间 |
| 7 | -v TOS | 服务类型（仅适用于 IPv4。该设置已被弃用，对 IP 标头中的服务类型字段没有任何影响） |
| 8 | -r count | 记录计数跃点的路由（仅适用于 IPv4） |
| 9 | -s count | 计数跃点的时间戳（仅适用于 IPv4） |

| 序　号 | 参　数 | 功 能 说 明 |
|---|---|---|
| 10 | -j host-list | 与主机列表一起使用的松散源路由（仅适用于 IPv4） |
| 11 | -k host-list | 与主机列表一起使用的严格源路由（仅适用于 IPv4） |
| 12 | -w timeout | 等待每次回复的超时时间（毫秒） |
| 13 | -R | 同样使用路由标头测试反向路由（仅适用于 IPv6）。根据 RFC 5095，已弃用此路由标头。如果使用此标头，某些系统可能丢弃回显请求 |
| 14 | -S srcaddr | 要使用的源地址 |
| 15 | -c compartment | 路由隔离舱标识符 |
| 16 | -p | ping Hyper-V 网络虚拟化提供的程序地址 |
| 17 | -4 | 强制使用 IPv4 |
| 18 | -6 | 强制使用 IPv6 |

例如，若测试 TCP/IP 协议是否正常，则输入"ping 127.0.0.1"，按回车键后结果如图 8-1 所示。

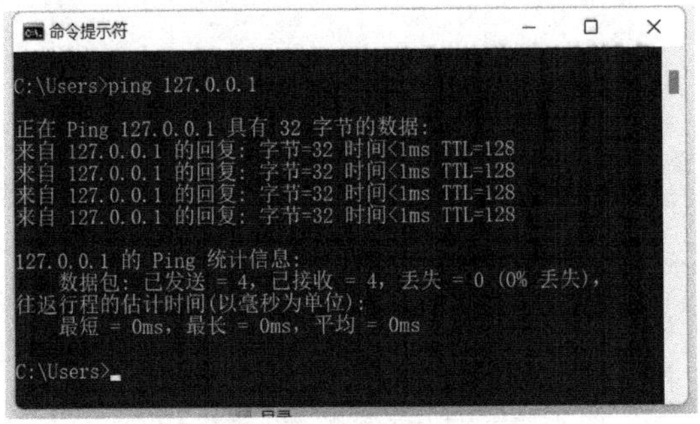

图 8-1　ping 命令执行结果

各行信息解释如下。

"127.0.0.1"是本地回环地址（Loopback Address），代表本机虚拟网口，该地址也可以用 localhot 代替。

"Ping 127.0.0.1"用于本地回环测试，检查本机 TCP/IP 协议、数据接口等是否正常。

"来自 127.0.0.1 的回复：字节=32 时间<1ms TTL=128"表示发送端向接收端发送出 32 字节的数据包后，收到接收端返回的数据包也是 32 字节的，说明没有"丢包"，时间小于 1ms，TTL 表示生存时间，发送的数据包每经过一个路由器时减少 1，ping 命令默认发送 4 个数据包。上述情况属于正常，并且网络状况非常好（实际虚拟网口并没有对外真正发送数据）。如果网络不通，则显示"请求超时"。再如：

```
ping -t www.163.com    //永远 ping 下去，直到按 Ctrl+C 快捷键才会停止
ping -4 www.163.com    //强制使用 IPv4
```

ping 命令的参数组合较多，可以根据需要进行组合。

Linux 环境下 ping 命令的部分参数略有不同，但功能基本是相同的。

2）ipconfig 命令

ipconfig 命令能够查看当前网卡信息，如 MAC 地址、IP 地址。

在命令窗口中输入"ipconfig"，按回车键执行，结果如图 8-2 所示。

无参数 ipconfig 命令可显示本机所有网络接口的简单情况，包括部分网卡的 IP 地址、子网掩码和默认网关值等信息。如果输入"ipconfig/all"，则显示的信息更多，如主机名、节点类型、DNS 服务器、DHCP 服务器、所有网卡的详细信息。

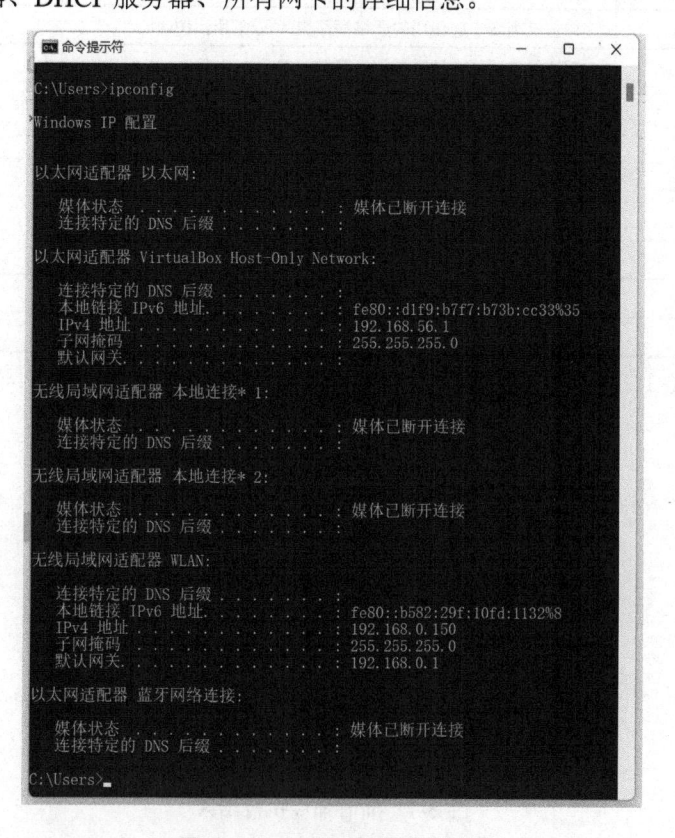

图 8-2　ipconfig 命令执行结果

3）netstat 命令

netstat 命令可显示协议统计信息和当前 TCP/IP 网络连接。

netstat 命令用法：

```
netstat [-a] [-b] [-e] [-f] [-i] [-n] [-o] [-p proto] [-q] [-r] [-s] [-t] [-x]
[-y] [interval]
```

在命令提示符状态下输入"netstat /?"，按回车键后可显示其帮助信息，netstat 命令的参数如表 8-2 所示。

表 8-2　netstat 命令的参数

| 序　号 | 参　数 | 功　能　说　明 |
| --- | --- | --- |
| 1 | -a | 显示所有连接和侦听端口 |
| 2 | -b | 显示在创建每个连接或侦听端口时涉及的可执行文件。在某些情况下，已知可执行文件托管多个独立的组件，此时会显示创建连接或侦听端口时涉及的组件序列。在此种情况下，可执行文件的名称位于底部 [] 中，它调用的组件位于顶部，直至达到 TCP/IP。注意，此选项可能很耗时，并且可能因为用户没有足够的权限而失败 |
| 3 | -e | 显示以太网统计信息。此选项可以与 -s 选项结合使用 |

| 序　号 | 参　数 | 功　能　说　明 |
|---|---|---|
| 4 | -f | 显示外部地址的完全限定域名（FQDN） |
| 5 | -i | 显示 TCP 连接在当前状态所花费的时间 |
| 6 | -n | 以数字形式显示地址和端口号 |
| 7 | -o | 显示拥有的与每个连接关联的进程 ID |
| 8 | -p proto | 显示 proto 指定的协议的连接；proto 可以是下列中任何一个：TCP、UDP、TCPv6、UDPv6。如果此选项与-s 选项一起用来显示每个协议的统计信息，proto 可以是下列中任何一个：IP、IPv6、ICMP、ICMPv6、TCP、TCPv6、UDP、UDPv6 |
| 9 | -q | 显示所有连接、侦听端口和绑定的非侦听 TCP 端口。绑定的非侦听 TCP 端口不一定与活动连接相关联 |
| 10 | -r | 显示路由表 |
| 11 | -s | 显示每个协议的统计信息。在默认情况下，显示 IP、IPv6、ICMP、ICMPv6、TCP、TCPv6、UDP 和 UDPv6 的统计信息；-p 选项可用于指定默认的子网 |
| 12 | -t | 显示当前连接卸载状态 |
| 13 | -x | 显示 NetworkDirect 连接、侦听器和共享终节点 |
| 14 | -y | 显示所有连接的 TCP 连接模板。此选项无法与其他选项结合使用 |
| 15 | interval | 重新显示选定的统计信息，设置各个显示之间暂停的间隔秒数。按 Ctrl+C 快捷键停止重新显示统计信息。如果省略，则 netstat 将打印当前的配置信息一次 |

示例：

netstat -a：列表显示本机所有有效连接信息，如建立的连接和监听到的端口。

netstat -b：列表显示本机每个连接或侦听端口的可执行文件。

执行后，部分信息显示如下：

```
    协议        本地地址              外部地址                状态
    TCP     127.0.0.1:49674        LLenovo:49675        ESTABLISHED
   [WUDFHost.exe]
```

说明 WUDFHost.exe 程序利用 TCP 协议从地址 127.0.0.1（实际为本机）的 49674 端口到主机 LLenovo（实际上依然是本机，因为采用了回环地址）的 49675 端口之间已经建立了连接（ESTABLISHED 表示已确立）。

其中，ESTABLISHED、LAST_ACK、CLOSE_WAIT 等状态值的变化，直接反映了协议在建立连接（需要三次握手）与释放连接（需要四次握手）时的不同状态。

此外，常见的网络命令还有 arp、net、tracert、route 等命令，这些命令多用于网络维护或信息查询。

### 4．Linux 中常用的命令

Linux 中常用的命令可分为文件管理、文档编辑、文件传输、磁盘管理、磁盘维护、网络通信、系统管理、系统设置、备份压缩、设备管理等类别。每个类别包括许多命令，每个命令又设计有许多参数，众多命令与参数组合完成的功能非常强大，国产操作系统几乎都以 Linux 为内核进行开发。

Linux 练习环境建议安装在虚拟机中，虚拟机和 Linux 选用适合自己的版本即可。为了支撑后面渗透测试工具的使用，本节直接选用 Kali Linux，因为它是目前非常流行的攻防平台。

Kali Linux 的命令极其丰富，渗透测试人员需要熟悉各种常用的命令或工具。理论上讲，渗透测试人员掌握的命令越多、操作水平越熟练、对相关技术原理理解得越透彻，对渗透测试工作而言就越有利。本节只针对 Kali Linux 中常用的命令进行简单介绍，不排除一些命令在名称、参数等方面与其他版本 Linux 中的命令不兼容。

1）系统命令

（1）clear 命令。clear 命令用于清除终端屏幕显示内容，快捷键为 Ctrl+K。

（2）ls 命令。ls 命令用于查看目录中的文件和子目录信息，与 dir 命令功能相同，但却更常用。

（3）pwd 命令。pwd 命令用于显示当前工作目录。

（4）cd 命令。cd 命令用于切换当前工作目录。

（5）mkdir 命令。mkdir 命令用于创建目录。

（6）mv 命令。mv 命令用于重新命名文件或目录，也可将文件或目录移动到其他位置。例如：

```
mv example1.txt example2.txt    //将文件 example1.txt 改名为 example2.txt
```

（7）rm 命令。rm 命令用于删除文件或文件夹。

（8）cp 命令。cp 命令用于复制文件。例如：

```
cp example.txt /root
```

（9）bzip2 命令。bzip2 命令可以实现.bz2 文件的压缩和解压缩功能，主要参数如下。

- -c 或--stdout：将执行结果输出到标准设备上。
- -d 或--decompress：执行解压缩。
- -f 或--force：在压缩或解压缩时，若输出文件遇到同名文件，则直接覆盖。
- -t 或--test：测试.bz2 压缩文件的完整性。
- -v 或--verbose：显示执行压缩或解压缩过程中的详细信息。
- -z 或--compress：强制执行压缩。

例如：

```
bzip2 -z example1.txt    //压缩文件
bzip2 -d example5.bz2    //解压缩文件
```

（10）cmp 命令。cmp 命令以字节为单位逐字节进行两个文件的比较。若找到差异，则报告第一个差异的字节和行号；否则，在默认情况下不返回任何信息。

例如：

```
cmp example1.txt example2.txt
```

（11）echo 命令。echo 命令将要显示的信息输出到屏幕上，通常用于 shell 脚本中显示消息或输出其他命令的执行结果。

（12）ethtool 命令。ethtool 命令可以显示网络使用情况的统计信息。

例如：

```
ethtool -S eth0
```

（13）arping 命令。arping 命令就像 ping 命令一样测试网络是否连通，只不过它发送的是

arp 请求数据包。

例如：

```
arping -i eth0 192.168.1.1
```

（14）whoami 命令。whoami 命令用于查看当前登录用户名称。

（15）free 命令。free 命令可以显示计算机当前内存信息。例如：

```
free -m
```

（16）history 命令。history 命令用于查看最近运行了哪些命令。

2）高级系统命令

在 Linux 操作过程中经常使用 su 命令来完成用户身份切换。但由普通用户切换到 root 管理员时，为安全起见，普通用户必须输入管理员密码来进行身份验证，因此，管理员密码可能会被泄露。为了解决这个安全隐患，同时保障当前普通用户在登录及身份不变情况下依然能够使用 root 权限，Kali Linux 提供 sudo 命令来完成此功能，也就是说，sudo 命令能够给普通用户提供 root 权限来执行某个功能。

语法格式：

```
sudo [参数] 命令名称
```

常用参数如下。

- -h：查看本命令的帮助信息。
- -l：查看当前用户可执行的命令。
- -u：查看用户名或用户 ID（UID）值，并以指定的用户身份来执行命令。
- -k：清除密码有效时间（或设置密码有效时间为 0），下次登录时需要重新输入密码。
- -b：以后台运行方式来执行指定的命令。
- -p：更改密码提示语。

（1）find 命令。

find 命令根据用户给定的表达式在 Linux 目录层次结构中搜索用户指定的文件。

例如：

```
find -name example1.txt
```

（2）apt-get 命令。

apt-get 是一个包管理器，可用于安装、更新和删除软件包，是 Linux 中的重要命令。

例如：

```
sudo apt-get install packagename    //用 root 身份安装指定名称的软件包
sudo apt-get update                 //用 root 身份更新软件包
sudo apt-get remove packagename     //用 root 身份删除指定名称的软件包
```

（3）dpkg 命令。

dpkg 命令在 Kali Linux 中用于安装 deb 文件。因为 dpkg 原来是 Debian Linux 系统用来安装、创建和管理软件包的工具，而且 Kali Linux 又是基于 Debian Linux 的操作系统，所以 dpkg 命令同样适用于 Kali Linux。

语法格式：

```
dpkg [参数]
```

常用参数如下。

- -i：安装软件包。
- -r：删除软件包。
- -l：查看已安装的软件包列表。
- -l：查看与软件包相关联的文件。
- -c：查看软件包内的文件列表。

例如：

```
sudo dpkg -i package.deb        //安装软件包
sudo dpkg -r package.deb        //删除软件包
sudo dpkg -l                    //列出当前已安装的软件包
sudo dpkg -c package.deb        //列出软件包的内容
```

（4）du 命令。

du 命令用于显示文件和目录占用的磁盘容量。

（5）adduser 命令。

adduser 命令用于在 Linux 中添加用户。

（6）passwd 命令。

passwd 命令用于修改密码。

（7）usermod 命令。

usermod 命令用于修改组中的用户。

（8）lsb_release 命令。

lsb_release 命令用于检查 Kali Linux 的版本。

例如：

```
lsb_release -a
```

（9）scp 命令。

scp 命令采用 SSH 协议将文件从一台设备安全地复制到另一台设备。

（10）ifconfig 命令。

ifconfig 命令用于查看和配置网络接口，本命令需要 root 权限。

例如：

```
ifconfig eth0 192.168.1.45 255.255.255.0        //给 eth0 设置 IP 地址及掩码
```

### 5. Vim 文本编辑器

Vim 文本编辑器用于编写、修改文档，功能非常强大，是 Linux 中编写文本、修改程序文件的主要编辑器，是专业人才的重要工具。

### 6. 常用语言

1）Python 语言

计算机编程语言是一项伟大发明，它的出现使机器能够按人的意图工作。目前，世界前 10 的编程语言走势如图 8-3 所示。

其中，Python 由过去默默无闻到今天尽人皆知，历时三十多年，目前流行度越来越高，Python 语言走势如图 8-4 所示。

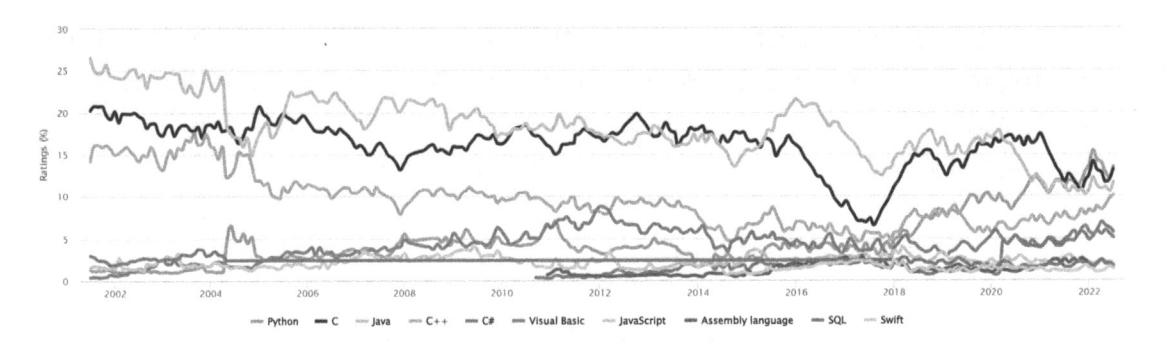

图 8-3　世界前 10 的编程语言走势

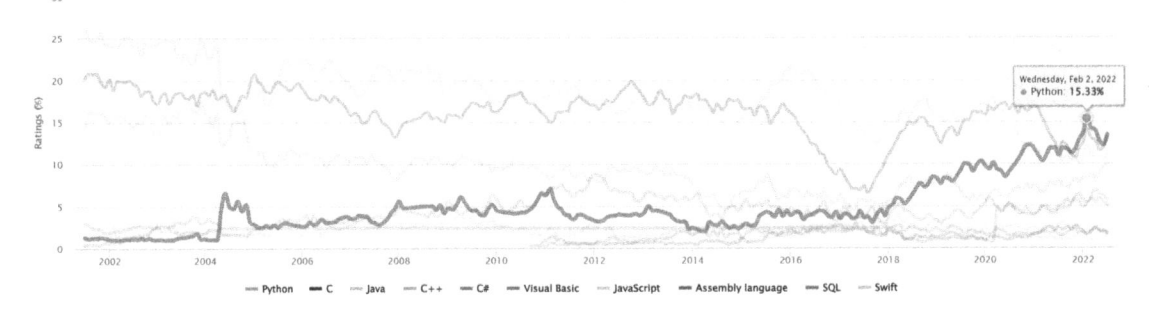

图 8-4　Python 语言走势

Python 语言的语法简单，Python 库非常丰富，可实现的功能极其强大，目前已应用于多个研究与应用领域，在 2022 年成为最流行的编程语言，如图 8-5 所示。

| Jul 2022 | Jul 2021 | Change | | Programming Language | Ratings | Change |
|---|---|---|---|---|---|---|
| 1 | 3 | ^ | | Python | 13.44% | +2.48% |
| 2 | 1 | v | | C | 13.13% | +1.50% |
| 3 | 2 | v | | Java | 11.59% | +0.40% |
| 4 | 4 | | | C++ | 10.00% | +1.98% |
| 5 | 5 | | | C# | 5.65% | +0.82% |
| 6 | 6 | | | Visual Basic | 4.97% | +0.47% |
| 7 | 7 | | | JavaScript | 1.78% | -0.93% |

图 8-5　2022 年流行的编程语言排行榜

目前，Python 成为渗透测试时必备的重要编程语言之一，Python 安装非常简单，可以到官网主页下载适合自己的版本，如果是 Linux 系统，多数情况下已经安装了 Python 的某个版本；也可以根据自己的爱好选择安装使用 Anaconda3、Pycharm、IDLE 或其他开发环境。

2）其他语言

网络渗透测试涉及的计算机语言比较多，各类网站、数据库等支持的语言也非常丰富，造成渗透测试人员不得不接触更多的编程语言。

目前，涉及的除 Python 语言外，还有 HTML 语言（一种标记语言，利用系列标签将互联网上各类资源连接并组织在一起的逻辑体）、JavaScript 语言（一种流行的、可用于 HTML 和 Web 的脚本编程语言）、SQL 语言（一种操作数据库的语言，如建立或删除数据库、追加或删除记录、查询或修改记录、增加或删除字段等）、PHP 语言、ASP 语言、Go 语言等。

## 8.3.2　渗透测试整体过程

Web 应用层网络攻击更倾向于目前流行的渗透测试（Penetration Testing）。

渗透测试就是通过实际的网络攻击来测试和评估系统安全性的方法。也就是说，它通过模拟黑客对需要测试的目标进行网络攻击，以取得访问控制权、窃取机密或以数据为依据完成安全测试和安全评估。

### 1．渗透测试分类

根据测试方法，渗透测试可以分为以下 3 类。

1）黑盒测试

黑盒测试也叫作外部测试，是渗透测试团队在不掌握目标系统的内部结构及详细情况下的测试。渗透测试团队通过利用攻击工具和技术、社会工程学和生活情报等来确定测试目标的一些信息（如真实 IP 地址、开放服务和端口、管理目标系统的人员情况等），当收集到足够信息时，渗透测试团队就开始逐步实施渗透测试。

2）白盒测试

白盒测试也叫作内部测试，是渗透测试团队在已经了解目标系统的内部结构及详细信息情况下的测试。与黑盒测试相比，白盒测试发现问题的时间要少得多，代价要小得多，但无法确切知道目标系统对外抵抗攻击能力，以及对抗风险的级别。

3）灰盒测试

灰盒测试是黑盒测试与白盒测试的混合使用，二者可以充分发挥各自优势，相互弥补各自的不足。

### 2．渗透测试流程

目前，渗透测试方法或标准体系主要有《NIST SP 800-42 网络安全测试指南》《Web 安全威胁分类标准》《PTES 渗透测试执行标准》等。其中，《PTES 渗透测试执行标准》是安全业界多家领军企业发起 PTES 标准项目的成果，该标准分为以下 7 个阶段。

1）前期需求阶段

该阶段是渗透测试团队和客户进行沟通、讨论和确认渗透测试需求的阶段。就像软件开发中的需求分析一样，本阶段的调查内容、沟通内容和渗透测试需求直接影响后续工作。

主要的沟通内容涉及具体的测试内容、测试范围、客户要求、时间情况、费用情况、具体的问题调研、测试任务规划等。

例如，对渗透目标调查问题示例如下。

（1）客户为什么要对该目标进行渗透测试？是否有必要对该目标进行渗透测试？

（2）客户希望什么时候执行渗透测试的活动？（在营业时、下班之后或在周末？）

（3）总共测试多少个 IP 地址？内部 IP 地址有多少个？外部 IP 地址有多少个？

（4）是否有防火墙、入侵检测/防御系统、Web 应用程序防火墙或负载平衡器等？

（5）系统在被渗透的情况下，渗透测试团队在受感染的计算机上执行本地漏洞评估，还是在受感染的计算机上获得最高权限？

2）情报收集阶段

在目标需求明确的情况下，渗透测试团队开始进行情报收集工作。这项工作是后期工作的基础，渗透测试团队可以充分利用各类信息源、搜索工具和收集技术，理论上收集的信息越多越详细，后继工作中使用的攻击方式或手段可能就越多。

在信息收集过程上，主要分为以下三级。

一级是满足规定要求，可通过自动化工具来获得。

二级是在一级标准基础上增加手动分析，主要满足长期安全策略需求。

三级是在一级、二级所有信息基础上增加大量手动分析，适合于军方项目需求。

在此阶段可利用各类信息查询工具、社会工程学、各类站点信息、微博、微信等获得目标的真实信息，如真实 IP 地址、运行的操作系统、已开放的服务与端口、管理者信息等。

3）威胁建模阶段

信息收集结束之后，渗透测试团队关注两个关键因素：资产（设备、数据等）和攻击者（或代理）。根据收集到的相关文档，分类识别主要资产和次要资产，分类识别目标组织内部结构及人员，分析目标内部组织、人员与主要资产和次要资产之间的关系。然后渗透测试团队根据这些信息分析攻击目标的安全情况，找出安全薄弱之处，充分调动团队成员的积极性，找出可能成功渗透的关键点及方案，并进一步深入分析每个方案细节，从中选择最佳方案。

4）漏洞分析阶段

渗透测试团队通过建模找出渗透攻击的最佳方案，然后根据具体情况分析攻击目标主机的关键之处，并找到解决方法，这也是漏洞分析的主要任务。

渗透测试团队根据上一阶段收集到的漏洞、端口、操作系统及版本、目标主机对应组织、资产情况等信息来分析已发现漏洞的利用原理、产生根源、重要性、可能的危害、风险等级，分析攻击着手点。

漏洞分析一般需要测试、验证和研究，结合手工、半自动和自动化测试工具软件来完成漏洞分析过程和漏洞验证，然后根据详细情况和团队经验进一步分析、研究。尤其是根据已经对外公开但有可能对目标系统有安全威胁的源代码、管理信息、升级或补丁发布公告，分析出解决问题的可行、有效、快速的渗透攻击路径。

5）渗透攻击阶段

漏洞分析完成后，各项准备工作基本完毕，渗透测试团队就可以开始渗透了。这个过程是整个渗透测试过程中的核心部分，也是与目标系统"短兵相接"的阶段。当漏洞被检测出来之后，多数渗透测试团队考虑如何利用该漏洞完成对计算机的控制。

如果漏洞分析正确，则应精心策划精确攻击方案，确定侵入组织内部的切入点，列出目标系统中高价值的目标资产清单。在测试过程中，要优先考虑和选用攻击成功概率最高的工具或手段。当新的漏洞被检测出来以后，渗透测试团队需要研究它的利用方法、精准打击策略和漏洞防护策略。

另外，有些漏洞如果是 0day 漏洞，则它的研究价值和利用价值可能更大。这里的 0day 漏洞是指已经被发现但尚未对外公开并且软件官方还没有公布相关补丁的漏洞，这样的漏洞极有可能已经被技术更先进的黑客早早发现了，有可能黑客已经悄悄地利用它了。

6）后渗透阶段

当目标系统已经被成功渗透之后（以拿到管理员权限、控制目标主机或取得敏感数据为判断依据），后渗透阶段已经开始了。在这个阶段中，渗透测试团队根据具体情况来分析目标系统涉及的业务、基础设施、安全防御特点与弱点等，并选用不被目标主机安全防护软件发现的模式来悄悄安装后门程序，以便于渗透测试团队后期控制和使用该目标主机；清除渗透痕迹，避免管理员发现后失去访问控制权限。

7）报告阶段

本阶段为渗透测试工作的总结阶段，也是向客户提交任务的阶段。由于各个团队对于渗透测试报告的内容、风格等要求不同，具体的渗透测试报告之间可能差异很大。但无论如何，至少应向客户说明测试前发现的问题、测试过程情况，以及测试后提升安全防御能力的策略和方法，必要时向客户以图表形式详细展示目标系统存在的风险，加强客户对目标主机的危机意识和安全保护意识。此外，应该向客户展示攻击途径和发现的漏洞，帮助客户理解、分析和修补系统，解决安全薄弱环节。

### 3. 漏洞库

渗透测试团队发现了漏洞后，根据漏洞的具体情况来评估漏洞的"价值"。例如，如果漏洞类型已经是公开的，则漏洞利用的原理及方法也是公开的。此时，目标主机上被发现的这个漏洞的价值取决于目标主机的价值，如存储在目标主机上的数据的价值、目标主机在网络系统中的地位及作用、可否日后作为"肉机"（入侵其他计算机的跳板）来使用等。如果漏洞类型是业界从未公开的并且官方也没有公布该漏洞的补丁，这种漏洞的价值很大，我们称之为 0day 漏洞。

漏洞被发现后，一般厂商会推出补丁程序，但被黑客卖到地下黑色产业的漏洞可能会被恶意利用换取经济价值。为了管理已经被发现的大量漏洞，现已出现多个漏洞管理平台，如 CNNVD（中国国家信息安全漏洞库）、CNVD（国家信息安全漏洞共享平台）、360 漏洞云漏洞众包响应平台等。

## 8.3.3 信息收集方法

在前期需求阶段准备完毕之后，渗透测试团队进入信息收集阶段。此阶段是后续工作的重要基础，相关信息收集得越全面、越关键、越详细，后期渗透工作效率越高。

### 1. whois 查询和备案查询

企业或个人在注册域名时被要求填入许多重要信息，通过 whois 能够查询到不限于注册时填写的更多信息。whois 有命令交互和线上查询两种方式，相比之下，线上查询方式操作更为容易。此外，网站相关信息要遵循国家法律法规向国家有关部门申请备案，可以通过线上网站来查询企业备案信息（如单位名称、备案编号、网站负责人、法人、联系方式等），常用的 whois 和备案查询网站如表 8-3 所示。

表 8-3　常用的 whois 和备案查询网站

| 序　号 | 类　型 | 名　称 |
| --- | --- | --- |
| 1 | whois | 腾讯云 |
| 2 | whois | 阿里云 |
| 3 | whois | 爱站网 |
| 4 | whois | 站长之家 |
| 5 | whois | 美橙互联 |
| 6 | whois | 中资源 |
| 7 | whois | 爱名网 |
| 8 | whois | 新网 |
| 9 | whois | 易名网 |
| 10 | whois | 西部数码 |
| 11 | whois | 纳网 |
| 12 | whois | 新网互联 |
| 13 | whois | 三五互联 |
| 14 | whois | who.is |
| 15 | 备案 | 爱站 |
| 16 | 备案 | 域名助手 |
| 17 | 备案 | 天眼查 |
| 18 | 备案 | 企查查 |

### 2．子域名收集

收集子域名可以了解主域名之下的扩展情况，每个子域名基本对应一个管理机构或部门。

1）"钟馗之眼"

ZoomEye（"钟馗之眼"）是知道创宇旗下 404 实验室驱动打造的中国第一款全球著名的网络空间测绘搜索引擎，通过分布在全球大量测绘节点 24h 探测的信息实现整体或局部地区的网络空间画像。全球探测信息统计情况如图 8-6 所示。

使用"钟馗之眼"来探测子域名，可以登录其官网，然后输入"xxx.cn"，单击"搜索"按钮即可，部分结果显示如图 8-7 所示。

"钟馗之眼"可为用户提供 API 和导出功能，帮助用户方便利用查询结果。

2）站长之家

登录站长之家官网，输入"xxx.cn"，单击"查看分析"按钮可以看到查询结果，如图 8-8 所示。

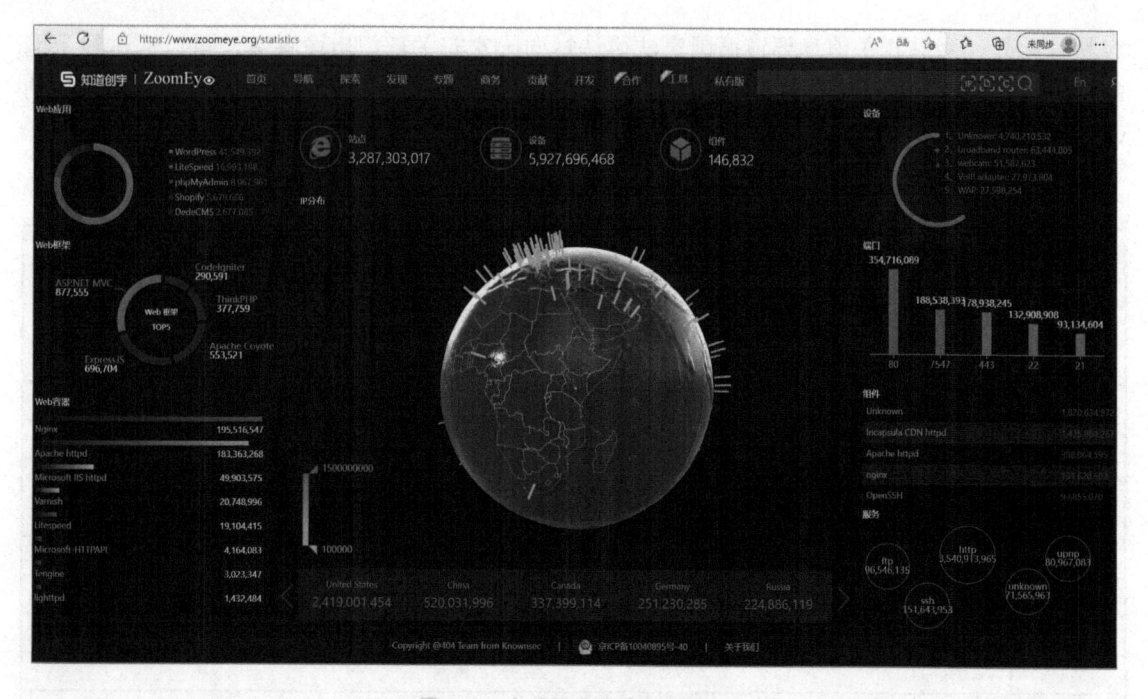

图 8-6　全球探测信息统计情况

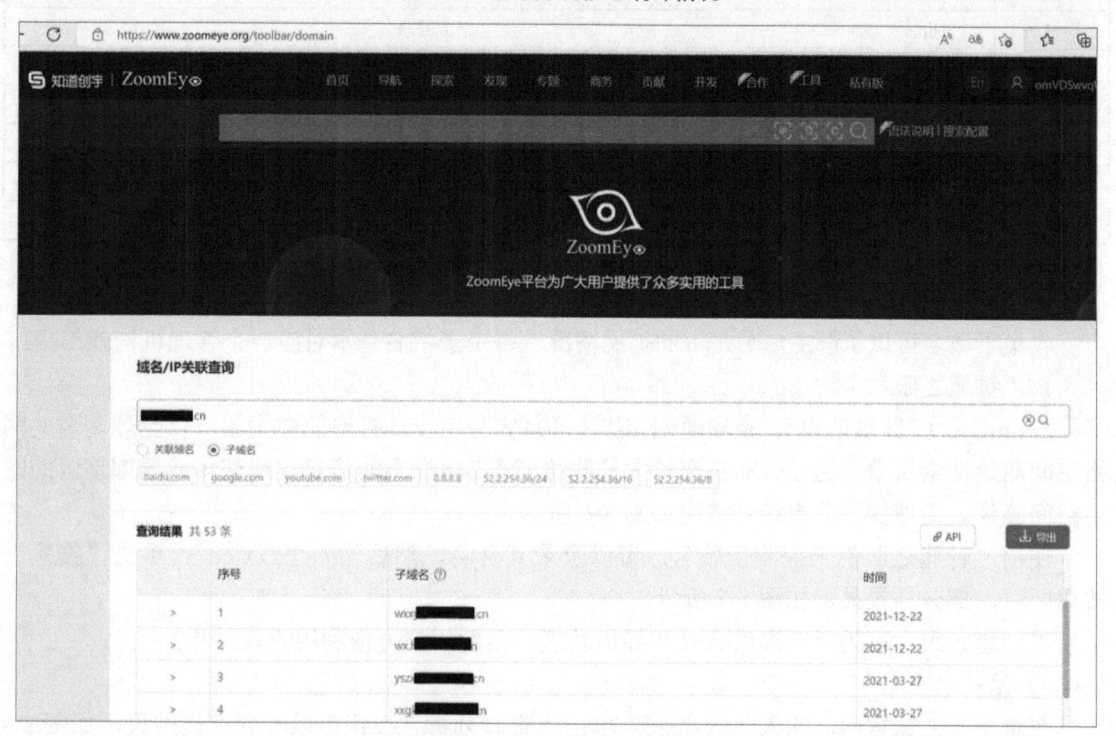

图 8-7　"钟馗之眼"查询子域名

图 8-8　子域名爆破

### 3. 端口扫描

服务器需要对外提供各类服务，每个服务都对应不同的端口号，范围为 0~65 535。其中，1~1024 是固定的，各端口用途已经规定好了；1025~65 535 端口可用来建立与其他主机连接或由用户自定义。

网络攻击人员可以通过扫描服务端口号来猜测和判断提供的服务。在基本确定目标主机 IP 地址段范围后，通过一些扫描工具探测该 IP 地址段范围内主机对外开放的端口号，可能有些服务端口号为默认值。常见的端口号及对应服务如表 8-4 所示。

表 8-4　常见的端口号及对应服务

| 序　号 | 端　口　号 | 服　　务 |
| --- | --- | --- |
| 1 | 21 | FTP 文件传输服务 |
| 2 | 22 | SSH 端口 |
| 3 | 23 | TELNET 终端仿真服务 |
| 4 | 25 | SMTP 简单邮件传输服务 |
| 5 | 53 | DNS 域名解析服务 |
| 6 | 69 | TFTP 简单文件传输协议 |
| 7 | 80 | HTTP 超文本传输服务 |

| 序　号 | 端　口　号 | 服　　务 |
|---|---|---|
| 8 | 110 | HTTP 超文本传输服务 |
| 9 | 135 | POP3 "邮局协议版本 3" 使用的端口 |
| 10 | 161 | 简单网络管理协议 |
| 11 | 443 | RPC 远程过程调用 |
| 12 | 445 | SNMP 简单网络管理协议 |
| 13 | 1433 | MS SQL Server 数据库默认端口号 |
| 14 | 1521 | Oracle 数据库服务 |
| 15 | 1863 | MSN Messenger 的文件传输功能所使用的端口 |
| 16 | 3128 | Squid 代理默认端口 |
| 17 | 3306 | MySQL 默认端口号 |
| 18 | 3389 | Microsoft RDP 微软远程桌面使用的端口 |
| 19 | 5631 | Symantec pcAnywhere 远程控制数据传输时使用的端口 |
| 20 | 5632 | Symantec pcAnywhere 主控端扫描被控端时使用的端口 |
| 21 | 5000 | MS SQL Server 使用的端口 |

1）Nmap

Nmap 能够扫描网络上开放连接的计算机信息。自从 1997 年推出以来，Nmap 采用 GPL 许可证，支持 Linux、Windows、Mac OS X、Solaris、BSD 等系统，曾是早期 dLinux 的网络扫描和嗅探工具，既是网络管理员和安全评估人员必备的工具软件之一，又是网络攻击者经常使用的工具软件。

在 Kali Linux 中，默认情况下 Nmap 已经安装完毕，可以直接使用。也可以登录 Nmap 官网下载，该网站提供 Windows、Linux 及 macOS 等版本的二进制安装文件。

本节下载 Windows 版本（文件为 nmap-7.92-setup），安装后重启计算机，单击桌面上新增的 "Nmap - Zenmap GUI" 图标运行 Nmap。扫描时在主界面 "目标" 栏中填写目标 IP 地址，配置扫描方式，"命令" 栏中会显示命令（也可直接修改），然后单击 "扫描" 按钮即可。

窗口操作中比较复杂的部分为 "命令" 栏中 Nmap 的参数组合使用，现以某网站 www.xxx.cn（202.118.xxx.26）为例介绍 Nmap 的使用。

Nmap 语法：

```
nmap [扫描类型(s)] [选项] {目标规格}
```

其中，目标规格可以是主机名（www.xxx.cn、www.xxx.cn/24）、IP 地址（202.118.xxx.26）、网段（202.118.xxx.1-254、202.118.xxx.1-202.118.xxx.254、202.118.xxx.0/24），这 6 种表示方法都是允许的。

扫描类型可以是主机发现、扫描技术、端口规格及扫描顺序、脚本扫描、操作系统检测、时间和性能、防火墙/入侵检测规避和欺骗、输出、其他杂项，每项中又含有许多参数。例如，在 "扫描技术" 类型中有如下参数。

- -sS：TCP SYN 扫描。用 root 权限扫描，目标主机一般不会记录。
- -sT：TCP Connect 扫描。目标主机会记录扫描记录。
- -sA：TCP ACK 扫描。经常用此方式绕过防火墙规则。

- -sW：TCP Window 扫描。
- -sM：TCP Maimon 扫描（Maimon 表示以 Maimon 名字命名的一种扫描算法）。
- -sU：UDP 扫描。
- -sN：TCP Null 扫描。
- -sF：TCP FIN 扫描。
- -sX：TCP Xmas 扫描。
- --scanflags <flags>：自定义 TCP 扫描标志。
- -sI:<zombie host[:probeport]>：Idle 扫描（Idle 是一种扫描算法）。
- -sY：SCTP INIT 扫描。补充说明：流控制传输协议（Stream Control Transmission Protocol，SCTP）是一个面向连接、全双工的流量和拥塞控制传输协议，SCTP 建立需要四次握手（TCP 需要三次），前两次为 INIT 过程，后两次为 COOKIE-ECHO 过程。通过 SCTP INIT/COOKIE-ECHO 可检测 SCTP 的端口开放状况。
- -/sZ：SCTP COOKIE-ECHO 扫描。补充说明同-sY 参数。
- -sO：IP 协议扫描。
- -b <FTP relay host>：FTP bounce scan（FTP 弹射扫描）。

除"扫描技术"外，其他扫描类型可设置不同的参数，现列举部分常用的参数。

- -iL：读取目标主机列表，如"-iL D:\SCANIP.TXT"。
- -T<0-5>：设置定时值，数值越大表示速度越快，如-T4、-T5。
- -F：快速模式，扫描的端口数量少于默认扫描情况的端口数量。
- -O：探测操作系统，存在误报。
- -A：全面开启操作系统检测、版本检测、脚本扫描和路由跟踪功能。
- -v：输出详细情况，使用-vv（或更多）能输出更加详细的信息。
- -p：指定端口扫描范围，如 1～65 535、80、443 等。
- -Pn：扫描前不 ping 目标主机，防止有些防火墙禁止 ping 命令。
- -sV：探测端口及版本服务信息。
- -sn：关闭端口扫描功能。
- -V：打印版本号。
- -oN：生成正常格式的报告文件。
- -oX：生成 XML 格式的报告文件。
- -oG：生成 grepable 格式的报告文件。
- -traceroute：显示本机到目标的跃点。

Nmap 具体如何使用呢？现以 IP 地址为 202.118.xxx.26 的主机举例。

例如：

```
nmap -T4 -A -v  202.118.xxx.26     //全面加速检测并显示详细过程
```

在 Nmap 界面的配置选项中，Nmap 提供了 10 种配置选择，如表 8-5 所示。

表 8-5　Nmap 的 10 种配置选择与实际命令对应关系

| 序　号 | 配 置 名 称 | 命 令 参 数 |
|---|---|---|
| 1 | Intense scan | nmap -T4 -A -v 202.118.xxx.26 |
| 2 | Intense scan plus UDP | nmap -sS -sU -T4 -A -v 202.118.xxx.26 |
| 3 | Intense scan,all TCP ports | nmap -p 1-65535 -T4 -A -v 202.118.xxx.26 |
| 4 | Intense scan,no ping | nmap -T4 -A -v -Pn 202.118.xxx.26 |
| 5 | Ping scan | nmap -sn 202.118.xxx.26 |
| 6 | Quick scan | nmap -T4 -F 202.118.xxx.26 |
| 7 | Quick scan plus | nmap -sV -T4 -O -F --version-light 202.118.xxx.26 |
| 8 | Quick traceroute | nmap -sn --traceroute 202.118.xxx.26 |
| 9 | Regular scan | nmap 202.118.xxx.26 |
| 10 | Slow comprehensive scan | nmap -sS -sU -T4 -A -v -PE -PP -PS80,443 -PA3389 -PU40125 -PY -g 53 --script "default or (discovery and safe)" 202.118.xxx.26 |

　　首先在 Nmap 界面"目标"栏中输入"202.118.xxx.0/24"，在"命令"栏中输入"nmap -T4 -A -v -v -Pn 202.118.xxx.0/24"，然后单击"扫描"按钮，最后扫描到 5 台主机，每台主机所开的端口数量不同，情况如图 8-9 所示。

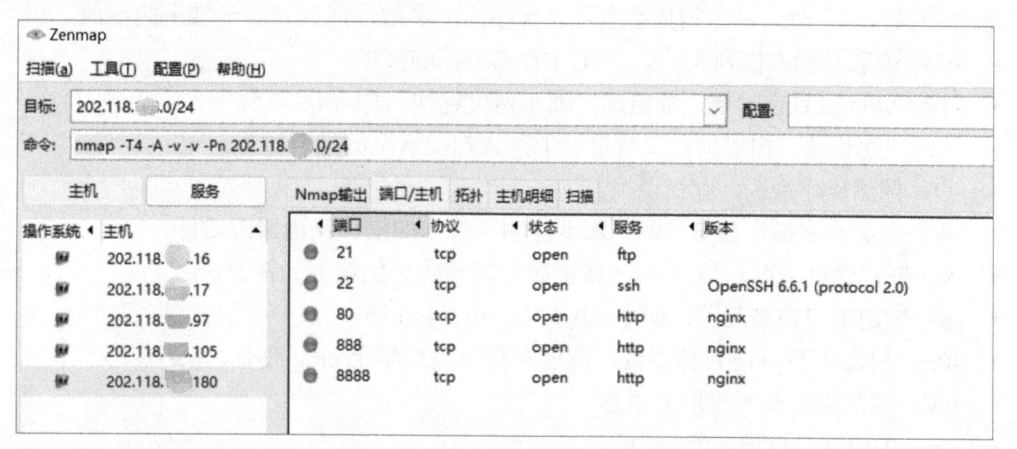

图 8-9　Nmap 命令执行结果示例

　　2）御剑高速端口扫描工具

　　御剑高速端口扫描工具是一款容易使用的网站后台扫描工具，它采用图形化界面，用户非常容易使用。使用时，只需填入想要扫描的 IP 地址段的开始 IP 地址和结束 IP 地址，以及端口号，单击"开始"按钮开始扫描即可。

　　3）在线端口扫描

　　在线端口扫描是端口扫描的另一种常见方式，以使用 coolaf 进行在线端口扫描为例，操作界面如图 8-10 所示。

　　4）BBScan

　　BBScan 是一款高并发、轻量级的扫描工具，能够在短时间内以最少规则来扫描数十万台目标主机，有利于渗透测试人员快速从大量主机中找到可能存在漏洞的目标，再使用半自动化测试或重量级扫描工具进一步测试。此外，BBScan 还可以作为轻量级插件集成到自动化扫描软件，具体方法读者可自行查找学习。

图 8-10　在线检测域名和端口

5）Masscan

Masscan 也是一款比较流行的端口扫描工具，允许用户自行定义扫描地址范围和端口范围，发包速度快，默认情况下为每秒 100 包（Windows 环境下可达每秒 30 万包，Linux 环境下可达每秒 160 万包），曾被认为最快的互联网端口扫描器，具体方法读者可自行查找学习。

以 Ubuntu 系统环境为例，执行如下操作。

```
sudo apt-get install git gcc make libpcap-dev
git clone https://github.com/robertdavidgraham/masscan
cd masscan
make
```

使用方法也很简单，例如：

```
masscan -p80,8080-8090 10.0.0.0/8 --rate=2000
```

演示结果图略。

**4．查找真实 IP 地址**

企业为了自己网站的安全性和访问速度往往采用 CDN 技术。所谓的 CDN，是指内容分发网络（Content Delivery Network），它以现有网络为基础，依靠不同地理位置的边缘服务器及中心平台实现负载均衡、内容分发等功能的智能虚拟网络，能够让用户以最近物理距离的策略来取得所需内容，达到降低网络拥塞程度和提高访问速度的目的。

企业用户采用了 CDN 技术之后，真实的服务器 IP 地址就被隐藏起来。对于黑客而言，如果找不到服务器的真正 IP 地址就无法实施网络攻击。

1）在线 CDN 发现者

登录 CDN Planet 官网，输入需要测试的目标网站域名或网址，运行"Run CDN Finder"即可。

2）多地 ping 目标主机

采用了 CDN 技术后，用户获取资源时会访问离自己最近的服务器。如果采用多地 ping 方法可以查看到不同响应时间，说明企业采用了 CDN 技术。

从支持 ping 服务的在线网站中选择一个，输入需要 ping 的目标网站域名或网站，选择全部（含有电信、多线、联通、移动、其他），单击"ping 检测"按钮，很快就看到不同的响应时间，说明测试的目标网站采用了 CDN 技术。

3）DNS 查访

通过查询目标网站的 DNS 也可以验证网站是否采用了 CDN 技术。具有 DNS 在线查询功能的网站较多，如 DNSDB 和 ViewDNS.info 等。

### 5. 探测旁站及 C 段

所谓旁站，是指和目标网站在同一台服务器上的其他网站。采用旁站方式是商业网站节约硬件资源的一种理想方式。C 段则是指和目标服务器 IP 地址中第三段（IPv4 地址中左侧开始第三字节）处于同一段的地址，它是行业的一个通俗说法。这些旁站及 C 段的服务器往往具有与目标网站相同的信息或服务，甚至是同一个组织内部的，所以收集此类网站信息对于获得目标主机信息具有很大的参考价值。

信息搜索方法多样，除上述手段外，还有社会工程学、CMS 识别、SSL/TLS 证书查询、资产识别等，相应的工具软件、在线网站非常丰富，限于篇幅无法一一介绍。

### 6. 漏洞扫描

漏洞是指目标系统存在的各种缺陷，漏洞扫描（或扫描漏洞）是指验证目标系统可能存在的缺陷。漏洞一旦被发现，黑客就可能利用漏洞来实施攻击。所以，漏洞扫描是实施渗透测试的一个重要步骤，也是收集目标系统信息的一种方法。

1）Nessus

Nessus 是常用的一款漏洞扫描与分析软件，需要用户注册激活使用，Kali Linux 中默认情况下没有安装此软件，需要用户到 Tenable 公司官网自行下载安装 Nessus，目前支持 Kali Linux 的最新版本文件为 Nessus-10.3.0-debian9_amd64.deb。

在 Kali Linux 中安装 Nessus，可执行如下命令：

```
dpkg -i Nessus-10.3.0-debian9_amd64.deb
```

通过该软件的界面操作提示进行设置即可，简单易用。

2）OpenVAS

OpenVAS 是一款开源的、基于 B/S 结构的漏洞扫描工具，作为 Nessus 项目的分支，OpenVAS 功能齐全，可大规模扫描各种级别互联网和工业协议，扫描后向用户提供扫描结果。

在 Kali Linux 中安装 OpenVAS 前应保证 Kali Linux 版本较新，因为 OpenVAS 是基于 Python 的，有些代码与 Kali Linux 有关系。

注意：安装时使用 root 权限，操作命令前不再单独说明。

（1）安装 OpenVAS。

在对 Kali Linux 升级之后，管理员输入以下命令安装 OpenVAS：

```
apt-get install openvas -y
```

按回车键执行后，Kali Linux 开始自动检测安装环境，下载软件包并自动安装。

（2）初始化 OpenVAS 库。

执行如下命令：

```
openvas-setup
```

Kali Linux 会下载并安装多个文件，依次启动各相关服务，最后自动生成默认账号和密码。默认账号为 admin，而密码则是随机生成的长串字符，不方便用户记忆。修改密码如下：

```
openvasmd -user=admin -new-password=xiaoxin
```

则密码修改为 xiaoxin。

有时为了避免没有发现系统在安装过程中发生的错误，可以使用如下命令来检查：

```
penvasmd -check-setup
```

（3）查看 OpenVAS 网络状态。

```
netstat -anptul
```

OpenVAS 服务启动后，可以看到使用的协议和已经打开的端口，显示为 TCP 协议，IP 地址 127.0.0.1 上开了 3 个端口：9390（openvasmd）、9392（gsad）、80（gsad）。

此时，可以允许内部访问 OpenVAS。如果想从外部访问则需要修改相应的配置文件，本节暂略。

（4）访问 OpenVAS。

在浏览器地址栏中输入"https://127.0.0.1:9392"，然后需要操作几步通过安全认证（包含账号和密码）后才可以访问。扫描过程与前面介绍窗口式信息收集软件大同小异。

3）Burp Suite

Burp Suite 是一款集成了多种攻击 Web 应用工具的自动化渗透测试软件，它通过多个接口连接多个集成的攻击工具来加快攻击进程，使得不熟悉攻击的人只要熟悉 Burp Suite 就能轻松、高效地完成渗透测试工作，实现跨站点脚本（XSS）、SQL 注入、跨站点请求伪造、XML 外部实体注入、目录遍历等功能，因此它成为专业渗透测试人员的常用工具之一。

Burp Suite 由 Java 语言编写，基于 Java 自身的跨平台性，需要手工配置一些参数，触发一些自动化流程，然后才会开始工作。Burp Suite 可执行程序是 Java 文件类型的 jar 文件，可以从官网下载。它提供两个版本：专业版和社区版，支持 JAR、Linux（64-bit）、macOS（ARM/M1）、macOS（Intel）、Windows（64-bit）操作系统。免费的社区版的 Burp Suite 会有许多限制，无法使用很多高级功能，如果想使用更多的高级功能，需要付费购买专业版。Burp Suite 主界面如图 8-11 所示。

此外，还有 Acunetix、W3AF、Wapiti、Wireshark、Wpscan、SQLmap、Lynis、Skipfish、网神漏洞扫描系统等软件都可以实现漏洞扫描功能。目前，该方面的软件工具向智能化、自动化方向发展，为网络安全保驾护航。

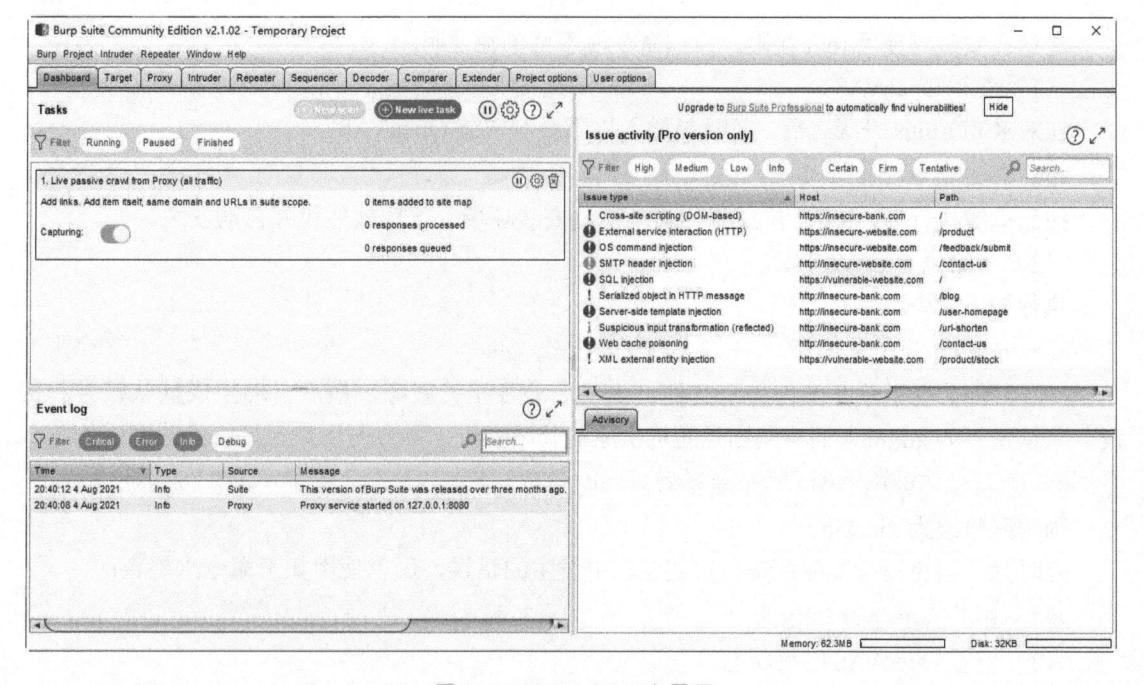

图 8-11　Burp Suite 主界面

## 8.3.4　威胁建模阶段

威胁建模阶段是渗透测试整体过程的一个宏观分析、战略性部署阶段，能够厘清渗透测试的总目标、渗透过程的关键节点。

总目标清晰之后，渗透测试团队应根据收集的信息、存在的安全问题、系统目前安全防御状况及技术水平等，通过识别、分析、量化、风险评估进行威胁建模，厘清渗透测试思路和宏观技术路线，平衡攻击有效性、攻击速度之间的关系，分析出目标系统可能存在的漏洞和可行渗透攻击路径。

### 1．概述

建立一个正确、可实施的渗透测试威胁模型有助于高质量、高效率地完成渗透测试工作。《PTES 渗透测试执行标准》虽然不要求使用特定模型，但要求所用模型在被重复应用到将来测试结果相同的项目上时，应该在威胁的表示形式、模型能力、被测试目标组织资格等方面的评测尺度是一致的。

"PTES"标准比较重视传统威胁建模的两个关键要素：资产和攻击者（威胁社区/代理），并且细分为业务资产、业务流程、威胁社区及其功能。

当从攻击者角度建模时，可以从威胁社区、功能、动机、组织执行影响 4 方面实施。

威胁社区可与公司业务 SWOT 分析关联，功能主要为技术方面，动机为攻击者的最初目的，组织执行影响是指目标系统组织单位自身社会影响力、敏感度、发展地位等，以便于更准确地预测可能的"价值"损失场景。

威胁建模阶段对渗透测试团队和组织都至关重要，如风险偏好、优先级的清晰度，同时能让渗透测试团队更加专注于模拟攻击者的工具、技术、功能、可访问性，包括普通情况下参与或组织测试的实际目标。

建立威胁模型时最好能够与被测试组织协调沟通，共同实施建模，即使在黑盒测试情况下建模也要尽可能考虑攻击者和组织的观点。

建立好的模型也应详细记录并作为测试报告的一部分提交给客户。

1）高级威胁建模过程

高级威胁建模过程包括收集相关文档、识别和分类主要资产和次要资产、识别威胁和威胁社区并对其进行分类、将威胁社区映射到主要资产和次要资产。

托管的应用软件系统、第三方平台、后台数据库中的客户信息都可以作为重要资产，因此有些信息是可以作为依据经过推理获得目标系统信息的，这些托管的应用软件系统、第三方平台可能成为黑客攻击目标系统的"跳板"或"垫脚石"。

2）高级建模工具

渗透测试攻击工具和建模工具比较多。侧重于业务资产（目标系统）的工具通常需要定量输入来描述每个潜在目标测试的重要性，输入的数据可能是定性的。以业务流程（描述对目标攻击的过程）为主的工具专注于业务流程、信息流和技术架构是如何识别潜在的攻击目标的，并考虑哪些部分最有可能被攻击者利用。

**2．业务资产分析**

对于建立的威胁模型需要反复模拟分析，尤其是以资产为核心审视业务资产和业务流程，渗透测试团队应能够识别出受攻击可能性最大的资产，以及它的价值所在和受损后的影响。所以，在业务资产分析方面，威胁模型建立时需要组织数据和识别人力资产。

1）组织数据

在组织数据时应关注内部政策、发展计划和程序（可用于确定组织中关键角色和重要业务流程）、相关产品信息（如专业、商业秘密、商业计划、源代码、研发数据、新产品信息等）、营销信息（如促销、新产品发布计划、合作伙伴、供应商、营销计划、公关数据、企业发展路线图等）、财务信息（如银行、信贷、股权账户等）、相关技术资料（如组织及组织所用的技术信息、基础架构设计信息、系统配置信息、用户账户凭据、特权用户账户凭据等，都是后期渗透工作极有可能用到的重要信息）、员工数据（如与员工有关的任何数据，不限于国家/地区标识号、个人身份信息、健康信息、财务信息等）、客户数据（国家识别号码、个人身份信息、健康信息、金融账户、供应商数据）、合作伙伴数据等。

2）识别人力资产

识别人力资产时应注意人力隶属关系。在渗透测试攻击中，人力资产更倾向于可以用来泄露信息、操纵或能够有利于攻击者的人。人力资产不一定职位高，一般是直接或间接与系统相关联的人，常见来源有执行管理层、行政助理、中层管理人员、技术/团队领导、工程师、技术人员、人力资源部门等。

**3．业务流程分析**

原材料、零部件、新产品都要通过流通来增加价值，各种类型企业会在流通环节中获利生存。所以，业务流程及维护这个流程的雇佣人员、技术和资金等都属于一个价值链。

渗透测试团队通过分析目标系统组织的业务流程可以快速发现隐藏的关键问题、业务运作过程、利润产生的关键，以及哪些环节容易受到威胁。

根据业务的关键性，可将业务流程分为关键业务流程和非关键业务流程，通过分配不同权重来表示其重要性。然后按相同逻辑进行分析，尤其是一些非关键业务流程可以组合成一个重要渗透测试场景，该场景可能是一个重要缺陷。

1）技术基础设施配套流程

渗透测试团队要清晰地识别和映射 IT 基础架构设施，如计算机网络、各计算机不同的使用场合等，将威胁模型向漏洞映射和利用进行转换。

2）信息资产支持过程

信息资产是组织中现有的知识库，它们往往与技术基础设施一起构成映射，起到参考或支持材料（决策、法律、营销等）作用。

3）人力资产支持流程

所有参与目标系统业务流程分析、业务流程中具体流程的人员都应该备案，渗透攻击人员可能通过社会工程学渗透此类人员。

4）第三方合作企业供应商

凡是与目标系统有业务往来的第三方企业、合作伙伴、供应商等，都应该记录在案。此范围比较广泛，不仅涉及往来技术人员、商务，还包括一些平台。

### 4. 威胁代理/社区分析

根据企业内部、企业外部，以及是否有助于特定代理来区别威胁代理和社区。一些威胁代理/社区分类可能来自企业内部的员工、中高级管理人员、网络管理员、系统管理员、服务器管理员、开发人员、工程师、技术人员、承包商及其外部用户、一般用户社区和远程技术支持等，也可能来自企业外部的商业伙伴、竞争对手、承包商、供应商、网络攻击者等。

1）员工

目标系统组织兼职或全职聘用的人员，可能受人唆使或胁迫、利益驱动或其他特殊原因而成为系统的威胁者或破坏者，尽管技能水平差异很大，但内部破坏性可能很大。

2）中高级管理人员

中高级管理人员在直接为公司工作时往往具有一定的权限，甚至可以访问特殊信息。因此，中高级管理人员的信息保密工作对于信息的安全防护来说十分重要。

### 5. 威胁能力分析

在确定了威胁来源后，还要进一步分析威胁来源的能力，以便构建一个更准确的威胁模型，该模型能够提高威胁人员成功破坏目标系统的实际概率。

1）分析使用中的工具

分析威胁来源可能使用的任何工具，包括额外获得其他先进工具的途径。

2）相关漏洞/有效负载的可用性

每个企业的目标系统都具有环境要求，根据威胁代理/社区曾经获取开发与此环境相关漏洞的能力来分析威胁代理/社区，同时包括可能存在通过第三方、业务合作伙伴来访问目标系统漏洞的可能性。

3）通信机制

根据威胁代理/社区能够使用的通信机制来评估针对目标系统实施攻击的复杂度。这些通信机制简单的可能是一些公开可用的技术（如加密），复杂的可能是专业工具和服务。

4）可及性

从目标系统的组织风险来判断威胁者对组织或相关特定资产的可访问性，并创建完成清晰的渗透测试方案。

### 6．动机建模

应注意威胁代理/社区的动机变化，以便进一步分析和预测。常见的动机有金钱、黑客行为、怨恨报复、声誉、渗透访问各类系统等。

### 7．关注类似组织曾受攻击的新闻

为提高威胁模型质量，需要提供同行业、垂直行业的比较，包括相关事件或新闻及面临的挑战。这种比较可用于验证威胁模型。

## 8.3.5　漏洞分析阶段

### 1．漏洞测试

漏洞测试也叫作漏洞扫描，它是发现主机系统、应用软件中可被攻击者利用的潜藏缺陷的过程。漏洞测试的过程会有些不同，但主要原则是相同的。在进行漏洞分析时，要求渗透测试团队应注意测试的深度和广度。测试的深度是指漏洞测试时，纵向深入系统的程度，渗透测试团队应量身定制测试来满足目标的深度要求，并始终验证测试的深度，以确保评估结果符合预期。除深度外，漏洞测试时还必须考虑广度。广度包括目标网络、网段、主机、应用软件等内容；同样，要求渗透测试团队应始终验证测试的广度，以确保测试符合测试范围。

### 2．主动测试

漏洞的主动测试是指渗透测试团队直接与被测目标系统交互，主动向被测系统发送特定的测试信息，同时检查测试的输出结果是否符合预期。在主动测试中，渗透测试团队必须花费大量时间来设计可执行的测试用例。

目前，我们绝大多数的测试都是主动测试，它主要采用自动和手动两种方法与目标进行交互。自动化测试是指利用软件与目标进行交互，检查响应，并根据这些响应确定是否存在漏洞。自动化流程有助于减少时间和劳动力需求。例如，端口扫描，网络中可能有 65 535 个端口，如果每个端口被手动执行扫描一次，则需要大量时间，人力成本非常高。但使用软件自动扫描后，所用时间与人力成本会减少很多。

常见的漏洞扫描一般分为端口扫描、服务扫描和标志提取。前两者容易理解。与端口扫描和服务扫描相同，标志提取也是一种收集端口、服务、操作系统等信息的方法，它用于识别网络目标主机正在运行的应用程序和操作系统的版本。

### 3．被动测试

漏洞的被动测试是指被测目标系统在真实正常的运行状态下，渗透测试团队不干预被测系统的运行，只是被动地接收目标系统的输入/输出信息，通过分析来判断程序运行是否正常。被动测试不需要事先设计测试用例，可以在没有人工干预情况下长时间进行测试，并且不影响测试流水线的执行和运行环境。在漏洞的被动测试中，渗透测试团队查看描述文件的数据，或对网络进行流量监控等，最后需要渗透测试团队对结果进行充分的分析和判断。

### 4．漏洞验证

漏洞验证是指通过一系列计算机技术或方法来检测并验证所提交或声明的漏洞是否真实存在。验证过程中会使用多种工具，关系到结果的需求可能也会变得复杂。

漏洞验证的方法很多，如根据回显的结果是否正确、系统延时、写数据、控制目标发送特定信息等。

### 5．研究

当目标系统中发现漏洞并经过验证之后，就有必要研究漏洞的潜在可利用性。目前，安全领域采用漏洞数据库来管理已经发现的、不同类型的大量漏洞，并对每个漏洞赋予唯一编号——CVE 标识符。研究者对每个新发现的漏洞进行研究，分析该漏洞的成因、补漏洞方法等。

## 8.3.6　渗透攻击阶段

渗透攻击是渗透测试过程中最重要的环节，手段和方法繁多，工具软件也极其丰富。常见的 Web 攻击方式有 SQL 注入、XSS 跨站脚本攻击、口令爆破、拒绝服务等。在此阶段，渗透测试团队根据前期的信息收集和漏洞扫描结果基本可以确定漏洞类型，此时就可以采取适当的方式利用找出的目标系统漏洞来部署攻击方案，如攻击的最佳时间、攻击切入口、攻击方法、攻击工具、提取管理员权限等。

### 1．社会工程攻击

社会工程攻击是指利用人与人之间的信任关系来进一步实现某种类型的恶意目标，一般通过沟通、谎言欺骗、身份假冒或其他交流方式千方百计地从合法用户处套取秘密或其他信息。通常社会工程师擅长收集和利用看似无用的信息来帮助渗透测试。客观点讲，社会工程学涉及的范围之广、应用领域之多令人很难防范。

社会工程攻击通常分为 4 个攻击媒介：基于电子邮件、基于语音/电话、基于文本和面对面，前面3种属于网络钓鱼类。社会工程攻击很常见，我们经常在邮件中见到许多网络钓鱼邮件，因为它的成本远远低于其他攻击技术。因此，提高客户信息安全意识、培训客户必备的安全技术和提高安全管理水平还是非常重要的。

现介绍一款 Kali Linux 集成的社会工程工具软件——SocialEngineer Toolkit（社会工程师工

具包），如图 8-12 所示。

SocialEngineer Toolkit 是一个开源的应用程序，可用于围绕社会工程开展的渗透测试，是利用社会工程类型环境下的高级技术攻击。使用时用 root 账号登录。

### 2. 口令爆破

破解密码、拿到权限永远是令黑客兴奋的事。Kali Linux 中集成多款口令爆破工具，互联网上也有在线密码爆破工具。

1）Hashcat

哈希猫（Hashcat）是开源的、号称世界最快的密码破解程序，目前具有支持 350 多种哈希类型算法破解、多平台（CPU、GPU、APU 等）、多操作系统（Linux、Windows 和 macOS）、多哈希（同时破解多个哈希）和分布式破解等功能。使用 GPU 运行该软件破解哈希时效果要高于 CPU，除 Kali Linux 集成安装外，也可到 Hashcat 官网下载。

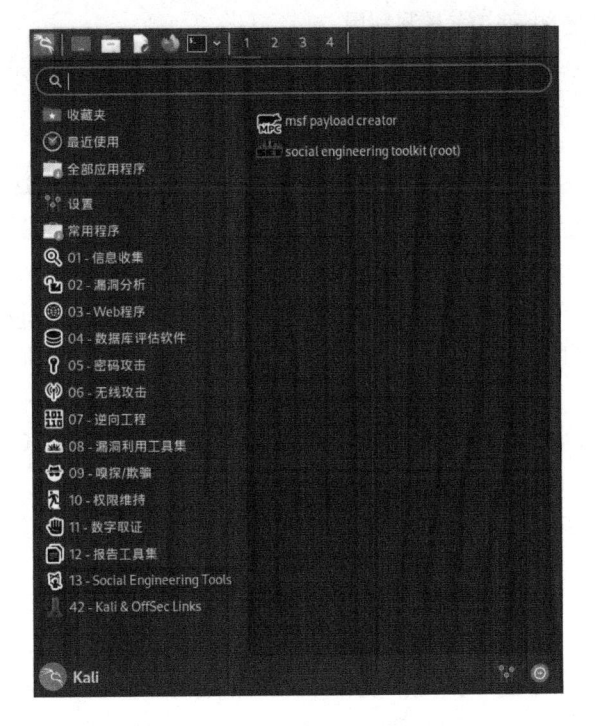

图 8-12 SocialEngineer Toolkit

2）Aircrack-ng

Aircrack-ng 是一套完整的 Wi-Fi 密钥破解工具，该软件专注于 Wi-Fi 安全的不同领域，如监控领域中数据包捕获及分析，攻击领域中数据包的注入重放攻击、身份验证攻击、假冒接入点攻击等，测试领域中检查 Wi-Fi 网卡和驱动程序功能（捕获和注入），破解领域中实现 WEP 和 WPA PSK（WPA 1 和 2）的破解。

Aircrack-ng 采用命令行方式操作，可运行于 Linux、Windows、macOS、FreeBSD、OpenBSD、NetBSD 等系统上（在操作前应检测无线网卡类型和驱动是否符合软件要求）。该软件的出现能够帮助一个普通用户在几分钟内破解 Wi-Fi 密码，这对于家庭 Wi-Fi 而言构成了严重威胁。此外，口令爆破工具还有 Hydra、eaver、Johnthe Rippe 及在线破解网站。

### 3. 漏洞利用

漏洞利用就是利用已经发现的硬件、软件或系统上的漏洞来获得系统控制权的过程。漏洞扫描软件对系统进行扫描后，发现一些漏洞，如弱口令、SQL 注入、IP 假冒、XSS 漏洞等。黑客在已经掌握这些漏洞的利用方法后，会利用各类工具软件或手工攻击目标主机并取得控制权。在渗透测试过程中，一旦测试人员取得系统控制权即表示攻击成功。

漏洞从硬件到软件、从内网到外网、从系统到应用、从语言到算法设计几乎无处不在，而且漏洞在类型、名称、危害程度、漏洞利用原理和难度、存在的操作系统、涉及的编程语言都各不相同，这就造成漏洞利用本身存在高复杂性、高难度，攻击者需要独特的思维来考虑如何实施漏洞利用。

Kali Linux 中提供了大量漏洞利用工具，如著名的 Metasploit 渗透测试框架等。

### 4. SQL 注入攻击

在网站中，多数数据支持 SQL，但有些网站存在 SQL 注入漏洞，网络攻击者一旦利用该漏洞进行 SQL 注入攻击就极大可能造成数据泄露或被破坏。

1）SQL 语句

结构化查询语言（Structured Query Language，SQL）是一种支持数据库操作和程序设计的编程语言，可对数据库完成建立、删除、查询、关联等操作，目前应用非常广泛。

SQL 语句主要有选择（SELECT）、插入（INSERT）、更新（UPDATE）、删除（DELETE）、建立数据库（CREATE DATABASE）、建立表（CREATE TABLE）等，函数功能丰富，在 SQL 注入攻击时，攻击者的目的是非法获取数据、增加数据库用户、修改密码等，非常注重 SELECT…FROM…语句、逻辑条件语句、函数等内容的应用。

（1）SELECT…FROM…语句。

SELECT…FROM…语句用于从数据库中选取数据，例如：

```
//从学校表（school_name）中查看所有学生名（stu_name）和教师名（tch_name）
SELECT stu_name,tch_name FROM school_name
SELECT * FROM school_name  //查看学校表（school_name）表中所有内容
```

说明：*为通配符，可用于替代字符串中的任何其他字符，此处*代表所有内容。

　　　%用于替代 0 个或多个字符。

　　　_用于替代一个字符。

（2）WHERE 子句。

WHERE 子句用于过滤记录，即条件。例如：

```
//从学校表（school_name）中查看年龄大于 22 岁的所有学生名（stu_name）
SELECT stu_name FROM school_name WHERE stu_age >22
SELECT tch_name FROM school_name WHERE country='CN'  //查看所有中国教师姓名
```

（3）逻辑条件语句。

NOT（非）、AND（与）、OR（或）3 种逻辑运算用于基于一个以上的条件对记录进行过滤。

例如：

```
SELECT * FROM school_name WHERE country='CN' AND age <35
```

此外，其他 SQL 语句根据需要再进行补充。

（4）函数。

SQL 函数非常丰富。在 SQL 注入攻击时，攻击者会巧妙利用函数设计和构造一些特殊的表达式从前端界面输入系统中，后台接收到特殊的表达式并执行，拼接成可执行的 SQL 语句，该语句可能造成数据泄露。由此可以看到，SQL 注入攻击核心就是构造巧妙的注入特殊字符串，而这个构造工作离不开函数，它可以起到前端正常无法录入意向语句的作用，常用的函数有 user()、mid()、substr()、char()、ascii()等。

2）SQL 注入

（1）SQL 注入概念。

SQL 注入（SQLInjection），也称为 SQL 注入漏洞攻击，是指由服务器漏洞导致错误执行前端恶意输入的特殊代码而产生的漏洞攻击行为。

正常情况下，在以 B/S（浏览器/服务器）结构为应用模式的 Web 应用中，前端与后台数据库进行交换与计算数据会用到 JSP、ASP、PHP 等动态交互性语言。由于前端浏览器受到功能限制无法像后台一样执行动态语言，所以关于和数据库打交道的语句被从前端传输到后台交由服务器来解释或执行，再由服务器将执行后的结果返回给前端浏览器并显示出来。

但是，如果用户在浏览器界面输入框中输入的内容并非常规数据（字符或数值等），而是 SQL 语句、逻辑公式、函数或特殊字符（如#号、单撇号等），此时对于没有过滤功能的浏览器而言在接收上述内容后并不理解其内涵，而是直接将接收的内容转交给后台服务器来解释或执行，服务器按照 SQL 规则将用户前端输入的内容理解为 SQL 语句来执行，并将执行后的结果返回给前端浏览器显示。如果这些语句是由黑客输入的特殊代码，服务器依然执行，则后台数据库中存储的数据被泄露成为必然事件。

（2）SQL 注入原理。

为便于说明 SQL 注入原理，现举一个简单的例子进行说明。

某重要管理系统需要用户录入正确账号及密码才能正常访问。现假设系统数据库中表名为 school，现有合法用户 admin，正确密码为 MN8@pq，暂不考虑信息加密及其他要求。

当合法用户访问该系统时，输入正确账号和密码，后台数据库处理的正确 SQL 语句为

select * from school where usr='admin' and pwd='MN8@pq'

后台执行后用户登录成功。但是，当有非法用户做出如下攻击时（说明：阴影部分为攻击者实际录入的内容）：

情况 1：攻击者知道合法账号但不知道密码。

攻击者输入账号 admin' or '1=1（注意各符号位置），密码则按密码组合要求随机输入（本例中为 XXyyZZ88）。

方法 1：SELECT * FROM school WHERE usr='admin' OR '1=1' AND pwd='XXyyZZ88'

根据逻辑运算规则，WHERE 后面的表达式 usr='admin' OR '1=1' AND pwd='XXyyZZ88'中只要usr='admin'的逻辑值为真，整个表达式值就为真，密码判断部分直接失效了。这样，攻击者只要猜对账号就可无密码登录。

情况 2：攻击者完全不知道合法账号和密码。

攻击者随意构造的账号和密码分别为 xxxxx 和 XXyyZZ88（只要符合网站要求即可）。现在攻击者输入账号 xxxxx，在输入密码时输入 XXyyZZ88' OR '1'='1（注意各符号位置）。

方法 2：SELECT * FROM school WHERE usr='xxxxx' AND pwd='XXyyZZ88' OR '1'='1

可以看到，无论用户输入什么信息，表达式 usr='xxxxx' AND pwd='XXyyZZ88' or '1'='1'的逻辑值都恒为真（因为'1'='1'永远为真），因此攻击者可以轻松绕过身份认证来查看数据。

除上述方法之外，还可以使用注释符号及截断指令方法。

方法 3：SELECT * FROM school WHERE usr='admin' -- ' AND pwd='XXyyZZ88'

方法 4：SELECT * FROM school WHERE usr='1=1'--' AND pwd='XXyyZZ88'

说明：SQL 的注释符号：--（两短线后面有一个空格）可将自身后面内容注释掉。支持注释绕过的符号还有#、%00 等。

所以方法3中的SQL语句SELECT * FROM school WHERE usr ='admin' -- 'AND pwd='XXyyZZ88'和语句 SELECT * FROM school WHERE usr ='admin'是等价的。同理，方法 4 的等价 SQL 语句为SELECT * FROM school WHERE usr ='1=1'。

细心的读者可能会发现有'1'='1' 和 '1=1' 两种形式，主要因为前者按字符表达式理解，后者按数值表达式理解。所以，在构造数字型注入或字符型注入时，要根据网站要求的录入数据类型来决定。

数字型注入要求输入数据为整型，如人的年龄、人数、个数等。测试时可使用：id=1 OR 1=1 和 id=1 AND 1=2，也可使用 id=1 AND sleep(5)。

字符型注入要求输入数据为字符型，如人的姓名、住址、工作等。测试时可使用：id=1' OR '1'='1 和 id=1' AND '1'='2，也可使用 id=1' AND sleep(5)。

根据前面例子的情况 2，不需要账号和密码即可访问数据库，万能密码成为常用技巧，如admin、admin'--、admin' OR 4=4-- 、admin' OR '1'='1'-- 等（注意符号"--"后面带空格），此处使用 admin 是一种行业习惯，理论上可以为任意合法字符。

上面例子为常见的 SQL 注入技术，此外还可以充分利用十六进制、函数、ASCII 码、逻辑运算符等绕过一些禁制，如绕过字符串、空格（使用/**/、/1/、%0a、%0d 替换）、逻辑比较（使用&&、||等）、等价替换、过滤函数等。

由上述内容可以看出，只要构造出精妙的特殊字符组合，后台就会理解为 SQL 语句来执行。这种漏洞成为许多网站的威胁。SQL 注入攻击能够绕过系统的身份认证并控制目标主机的数据库。因此，在开发软件功能时必须考虑代码安全问题和在构造特殊字符表达式时的用法。由于目前的网站开发非常注重 SQL 注入漏洞问题的解决，一些常见的构造方法需要根据实际情况进行灵活构造和使用。

3）SQL 注入攻击工具——sqlmap

在实施 SQL 注入攻击之前，需要扫描目标网站是否存在 SQL 注入漏洞。目前，具备 SQL注入功能的软件较多，如 sqlmap、burpsuite 等。其中，sqlmap 是一款开源的、基于 Python 语言编写的数据库自动渗透测试工具（见图 8-13），可以通过利用 SQL注入漏洞来获取数据库服务器的权限。sqlmap 支持的数据库管理系统非常丰富，如 MySQL、Oracle、PostgreSQL、Microsoft SQL Server、Microsoft Access、IBM DB2、SQLite、Firebird、Sybase、Informix 等。sqlmap 除 Kali Linux 中自带外，也可到 sqlmap 官网下载。

（1）SQL 注入攻击。

如果要进行 SQL 注入攻击，那么需要找到注入点，此处仅列出常用命令格式。

**第 1 步**：判断是否为注入点（--batch 不要求用户输入数据，此参数为选用）。

格式：

```
sqlmap.py -u "ip" --batch
```

例如：

```
Python sqlmap.py -u "http://192.168.1.1/a.php?id=1" --batch
```

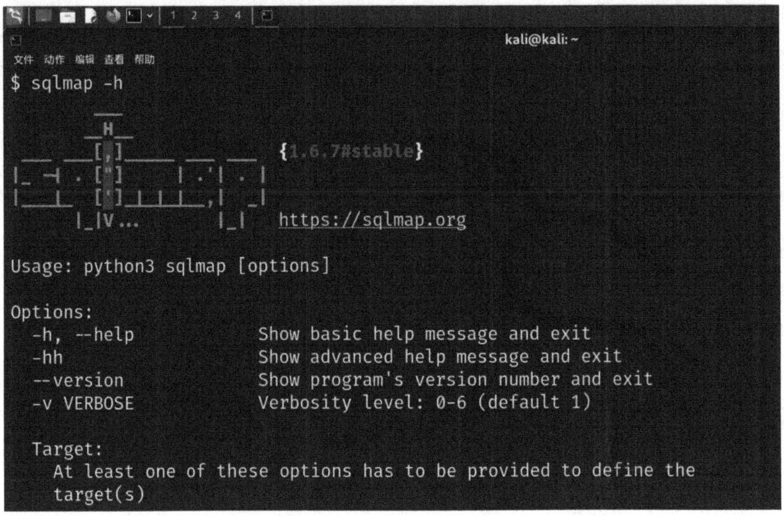

图 8-13　sqlmap 信息

执行结果：扫描后如果发现漏洞，则会报告漏洞类型、数据库类型、编程语言、注入点等信息。

**第 2 步**：读取数据库（--dbs 表示读取数据库）。

格式：

```
sqlmap.py -u "ip" --dbs --batch
```

例如：

```
Python sqlmap.py -u "http://192.168.1.1/a.php?id=1" --dbs --batch
```

执行结果：报告当前数据库（current database: 'XXXXXXXX'）。

**第 3 步**：查看当前数据库（--current-db 表示当前数据库）。

格式：

```
sqlmap.py -u "ip" --current-db
```

例如：

```
Python sqlmap.py -u "http://192.168.1.1/a.php?id=1" --current-db
```

**第 4 步**：查看指定数据库中的表（--table 表示数据库中的表，-D 后为指定的数据库名）。

格式：

```
sqlmap.py -u  "ip" -D 数据库名 --table
```

例如：

```
Python sqlmap.py -u "http://192.168.1.1/a.php?id=1" -D score --table
```

**第 5 步**：查看表中字段（--columns 表示字段）。

格式：

```
sqlmap.py -u  "ip"  -D 数据库名  -T 表名  --columns
```

例如：

```
Python sqlmap.py -u "http://192.168.1.1/a.php?id=1" -D score -T student --columns
```

**第 6 步**：查看字段内容（--dump 表示转存数据，-C 后为指定的字段名称，-T 后为指定的表名）。

格式：

```
sqlmap.py -u "ip" -D 数据库名 -T 表名 -C "username,password" --dump
```

例如：

```
Python sqlmap.py -u "http://192.168.1.1/a.php?id=1" -D score -T student -C "username, password" --dump
```

从第 3～6 步可以查看到数据表中的主要内容，尤其是从第 6 步可以看到账号、密码（可能为加密存储，需要单位爆破）。

（2）SQL "盲注"攻击。

在很多实施 SQL 注入攻击时，Web 服务器因为关闭了回显功能而导致客户端无法看到攻击反馈信息。为了解决此类问题，采用"盲注（Blind Injection）"技术。

所谓"盲注"，是指在服务器没有回显的情况下实施 SQL 注入攻击行为。当服务器有错误信息回显时，这些信息会直接或间接提示攻击者。

常见"盲注"攻击的方法是构造逻辑条件，根据服务器返回结果判断是否执行了 SQL 语句，如 http://192.168.1.100/index.php?id=2，转化后 SQL 语句条件变为 where id=2。

如果攻击者构造 http://192.168.1.100/index.php?id=2 and 1=2，则执行的 SQL 语句条件变为 where id=2 and 1=2，因为 1=2 的逻辑值恒为假，所以 where 后条件值永远为假。即使 SQL 语句被执行，但因为结果为假所以没有返回或返回为空。

如果攻击者构造 http://192.168.1.100/index.php?id=2 and 1=1，则执行的 SQL 语句条件变为 where id=2 and 1=1，因为 1=1 的逻辑值恒为真，所以 where 后条件的逻辑值真、假都有可能。

尽管服务器已经关闭了回显功能，但通过执行 http://192.168.1.100/index.php?id=2 and 1=1 依然可能有返回结果。当有结果回显时，说明"and 1=1"成功执行了，也间接证明在 id 参数处存在 SQL 注入漏洞。

"盲注"除上例基于布尔的"盲注"外，还有基于时间的注入、基于报错的注入、联合查询注入、堆查询注入等。

如何防御 SQL 注入攻击呢？这个问题其实比较难，解决方案还是从代码编写方面入手。例如，将要用到的 SQL 语句提前定义为一个字符串变量，如果变量太多，可以将每个 SQL 语句当成一条记录存储在一个数据表中（采用数据库技术来管理大量的 SQL 语句）；再者，采用检查和过滤用户输入数据、检查编码、用安全类函数替换非安全类函数等方式。

渗透攻击技术除 SQL 注入外，经常用到的还有文件上传（上传可执行脚本文件）、XSS 跨站脚本攻击（采用"HTML 注入"将恶意指令代码嵌入网页中）、跨站请求伪造（CSRF，引诱合法用户执行用户信任链接来完成非法操作）、嗅探攻击、拒绝服务攻击等。

## 8.3.7　后渗透阶段

后渗透阶段的主要目的是保持已被渗透的计算机依然在控制之内并供以后使用。但是，被渗透的计算机是否有必要保持这种控制取决于它的价值。此种情况下计算机的价值大小取决于计算机中的数据价值和计算机本身地位、作用、在破坏网络方面的可用性。

在此阶段，渗透测试团队与客户之间需要建立一些规则来确保不加大客户日常运营和数据的风险。例如，修改客户重要配置是为了演示、提升权限、访问特殊数据，或者有其他目的；再如，对客户系统的修改必须翔实记录，并在测试之后尽可能恢复等。另外，为了避免不必要的法律责任问题，在开始渗透之前，渗透测试团队与客户之间必须清楚了解各方角色和责任。

对于渗透过程中涉及的基础设施的网络配置、网络服务、数据库、敏感数据、用户隐私信息、高价值文件等，渗透测试团队要根据具体情况做好渗透对其影响的必要准备，如提前记录重要参数信息、采用替身思维做危险动作、让客户提前备份敏感数据等。

如果客户网络中存在受感染的系统，那么在做好重要数据及信息备份后，可以在这台计算机上执行一些操作，如上传工具、使用本地系统工具、ARP 扫描、平扫、内部网络的 DNS 枚举、目录服务枚举、暴力破解攻击、通过管理协议和泄露的凭据（WinRM、WMI、SMB、SNMP 等）、滥用泄露的凭据和密钥（网页、数据库等）、执行远程攻击，也可以通过该计算机进行端口转发、内部网络代理（SSH）、VPN 到内部网络、执行远程漏洞利用等。

渗透测试结束后，要做好及时的清理工作，包括在测试期间使用的所有账户、二进制文件等，卸载所有为了测试而安装的后门程序，删除中间建立的测试账号，安全删除测试所用的可执行文件、临时文件、测试脚本文件，消除日志中的痕迹等。

在 Kali Linux 中集成了一款免费的后渗透测试工具 WPScan WordPress，它们能够安全扫描包括博客在内的程序，完成安全审计。

## 8.3.8 报告阶段

渗透测试团队最终向客户提交的就是客户认为合格的渗透测试报告，报告会告诉客户渗透测试团队进行测试的目标、方法和结果。由于各企业报告格式之间有区别，但基础性、必要性和重要性较高的内容差异不是很大，主要由以下两部分组成。

### 1. 内容提要

内容提要主要包括背景（包括测试目的、专业术语、修改情况等）、整体情况（包括测试整体有效性、渗透测试团队达到预先目标的能力等）、风险等级情况（包括确定和解释总体风险排名、概况和评分等）、一般调查结果（包括在测试过程中发现的问题及主要情况，应提供有关图表、测试结果、测试流程、攻击场景、攻击成功率及其他趋势指标等）、建议摘要（包括解决已确定风险所需的任务、实施解决风险建议方案所需的成本代价等）、战略路线图（包括补救已发现危险项的优先计划、根据目标及潜在影响级别进行权衡等）。

### 2. 技术报告

技术报告包括测试范围、测试过程、技术细节、预先关键目标、测试信息、攻击路径、影响和补救建议等。

技术报告具体为介绍（这部分属于导言部分，主要包括渗透测试团队及客户情况、测试过程涉及的资产、测试目标、测试范围、测试强度、测试方法、威胁分级结构等）、信息收集

（包括间接或直接得到的各类情报和信息，涉及网络、客户企业组织结构、物理资产、人事情况等）、漏洞评估（可识别和确定发现的漏洞及威胁分类，包括漏洞分类级别、技术漏洞、逻辑漏洞和结果摘要等）、攻击/漏洞确认（触发已发现的漏洞，根据获得的访问权限级别来确认漏洞，具体包括利用时间线或时间表、选定可利用目标、开始定向攻击、间接攻击等）、漏洞利用后（这部分对测试客户影响很大，可以用屏幕截图、内容检索和实际特权访问来证明，包括权限提升路径、获取客户关键信息、各类信息价值、访问核心业务系统、访问受保护的数据集、访问其他信息与系统、测试持久力、测试能力、测试对策与效果等）、风险评估（评估事件频率、估计每次事故的损失程度、推导风险等）。

渗透测试涵盖了渗透测试相关内容，即从渗透测试背后的初始通信和推理，到渗透测试团队在幕后工作的情报收集和威胁建模阶段，以便对测试组织有更深刻的理解。

通过漏洞研究、开发和后期开发，渗透测试团队可以利用技术安全专业知识开展工作，并与自己对所负责的业务的理解相结合，将结果以对客户有意义并能够为其提供最大价值的方式来捕获整个过程的方式反馈给客户。

# 8.4 本章小结

本章简要介绍了 Web 应用安全、恶意代码及其防范，针对 Web 应用安全中的渗透测试介绍了基础知识、渗透测试整体过程、主要步骤（如漏洞扫描、信息搜索、渗透攻击等）、常用网络命令和 Linux 命令及其用法、渗透测试工具、信息收集工具，重点介绍了漏洞扫描、SQL注入攻击等的工作原理和常用工具的主要使用方法。

## 习题

8.1 什么称为恶意代码？

8.2 什么是漏洞？常见的漏洞扫描工具软件有哪些？

8.3 使用 SQL 中的注释符号"#"改写"select * from PA where usr='zs' and pwd='123' or '1'='1'"，使之能够实现 SQL 注入。

8.4 请阐述蠕虫病毒的特点。

8.5 如何防范恶意代码？

8.6 请分别列举三款国产和三款国外防病毒软件。

8.7 请简要解释渗透测试的概念。

8.8 ping 命令有哪些主要功能？

8.9【实践】ipconfig 命令有哪些主要功能？请查看自己计算机的 IP 地址及 MAC 地址。

8.10【实践】netstat 命令具有哪些重要参数？请查看自己计算机的网络连接状态。

8.11 渗透测试一般分为哪几个阶段？每个阶段的主要功能是什么？请简要概述。

8.12 如何进行域名查询？

8.13 请列举 3～5 个常用端口扫描工具。

8.14 Kali Linux 中口令爆破工具都有哪些？

8.15 什么称为 SQL 注入攻击？

8.16 使用 Nmap 进行 SQL 注入攻击时，如何检测注入点？

8.17 渗透测试报告主要包括哪些内容？

8.18 SQL 中通配符有哪些？各符号的含义是什么？

8.19 什么称为社会工程攻击？

8.20【实践】常见虚拟机软件有哪些？请自行选择安装一款虚拟机软件，撰写安装过程。

8.21【实践】练习 ping 命令常用的参数，并记录实验过程。

8.22【实践】请在虚拟机中安装 Kali Linux，并熟悉其界面，掌握 Linux 的常用命令。

8.23【实践】请安装 Nmap，并测试一个网站。

8.24【实践】请安装 Burp Suite 软件，并体验该软件功能。

8.25【实践】请安装 Nmap，并体验该软件功能。

# 第9章  我国自主知识产权 CPU

## ★ 学习指导

- 学时建议：理论1学时（方案三2学时），实验/实践0学时，自学1学时（方案三0学时）。
- 教学目标：使学生能够论述我国自主知识产权的重要性，说明目前国产化的紧迫性和国家安全性，解释 LoongArch 的特点。
- 主要内容：国产化形势、龙芯处理器产品的功能和应用、LoongArch 简介。
- 重点难点：自主知识产权国产化的重要性、LoongArch、龙芯处理器典型应用案例。

　　自中华人民共和国成立以来，我国在各领域的发展基础可以说是"一穷二白"。但不屈不挠、热爱和平、具有民族大智慧和大心胸的中国人在历经重重磨难后，逐步实现了民族独立、自强、自信和崛起，正向着中华民族伟大复兴的新征程迈进。实现中华民族伟大复兴，是中国十四亿人民共同的心愿，更是中国五千年文化的积淀在新时代的厚积薄发。

　　人类进入信息科技文明时代后，科技成为第一生产力。在中华民族伟大复兴的新征程上，科技已经成为国家安全防护的一柄"利剑"。我们更加注重科技的发展和提升，也更加注重知识产权的自主性和重要行业的国产化应用。

　　面对错综复杂的国际国内形势，我国必须走自主、可控、可信的科技发展之路，而世界百年未有之大变局和中华民族伟大复兴战略全局更是要求我们实现科技上的自立自强，领跑世界科技发展。此外，国家安全重于泰山，自主知识产权国产化时不我待，势在必行。本章以龙芯处理器及其典型应用为例，对我国目前具有自主知识产权的 CPU 的构成及现实应用进行介绍。

## 9.1  CPU 发展概述

　　CPU（Central Processing Unit）作为计算机的核心部件，代表着计算机的运行速度和计算能力，是计算机运行的核心。但是，过去长期以来，关于 CPU 的核心技术一直被西方国家垄断，设计和生产 CPU 的核心技术均不被我国独立掌握。但是，经过不懈赶超，我国目前已经拥有具有自主知识产权的 CPU，走上了属于自己的科技发展道路，同目前国际主流 CPU 在竞争中不断发展创新，不断取得新进展和新突破。

### 1. 国际主流处理器架构

1）X86 架构

1978 年 6 月，Intel 推出 X86 架构，它是一种计算机语言指令集，可以确定芯片的使用规范，如各引脚功能定义等。X86 从最初的 8086 经过历年发展，经历了 80186、80286、80386、80486、80586、奔腾系列及现在的多核技术阶段，因其使用同一种 CPU 架构，并且型号后两位数据为 86，故统称为 X86，其应用范围广泛，涉及台式计算机、笔记本电脑、服务器、超级计算机、便携设备等。

2）PowerPC 架构

PowerPC（简称 PPC）是 1991 年由 AIM 联盟（由 Apple、IBM 和 Motorola 联合成立）推出的微处理器架构。该架构使用增强精简指令集计算机（Reduced Instruction Set Computer，RISC），指令为定长 32 位，性能优异、功耗低、兼容性强，适用于嵌入式领域。

3）ARM 架构

ARM（Advanced RISC Machines）代表公司名字和其微处理器产品统称，支持 16 位/32 位双指令集，具有成本低、功耗低、众多全球合作伙伴等优势，可应用于智能手机、笔记本电脑、平板电脑和其他嵌入式设备等。

4）MIPS 架构

MIPS 是"无内部互锁流水级的微处理器"（Microprocessor without Interlocked Piped Stages）的缩写，是一种流行的 RISC 处理器或一种 RISC 指令集架构，在 20 世纪 80 年代初期由斯坦福大学 Hennessy 教授团队研制出来，其思想是尽量用软件的方法避免流水线中数据相关问题，但它与 X86 架构互不兼容，多用于各种工作站和计算机系统。

5）RISC-V 架构

RISC-V 是一种基于 RISC 原则设计的开源免费标准指令集架构，可应用于小型、快速、低功耗设备。

6）LoongArch 架构

龙芯自主指令集架构（Loongson Architecture，LoongArch）由龙芯中科于 2020 年 4 月 15 日正式推出，该架构 CPU 指令集拥有近 2000 条指令，并于 2021 年 4 月 15 日通过国内第三方知名知识产权评估机构的评估，随后正式对外发布我国第一个具有完全自主知识产权的 CPU 架构诞生。LoongArch 吸收了其他指令集先进技术，同时考虑兼容 X86、ARM 等架构，采用二进制翻译、模块化和指令槽扩展设计，具有完全自主性、先进性与兼容性。

### 2. 国产 CPU 发展的严峻趋势

芯片是信息数字化的基石，也是各国科技竞争的战略高地，更是全球各国之间博弈的重点。作为信息产业的核心技术，CPU 的重要性堪比人的大脑。但是，由于 CPU 开发技术门槛和水平要求较高、生产工艺难度大、生态环境构建艰难，因此 CPU 设计与生产在过去被视为高不可攀、难以解决的问题。

目前，国内现有 CPU 架构体系除了 X86、ARM 等国外产品外，还有如飞腾、鲲鹏、海光、龙芯、兆芯、申威等国产 CPU，但这些国产 CPU 在指令集或生产工艺方面仍然存在严重依赖国外技术或代工企业现象，造成目前国产不完全自主，芯片核心技术、专利、生产工艺、设备、关键技术没有完全掌握在我国手中的现状。

我国如果想要建立我们自己的安全可控信息技术体系和产业生态，那么走具有完全自主知识产权道路成为必然的选择。想要走出我国 CPU 发展困境，就必须解决以下两个关键问题。

1）指令系统架构

指令系统是底层技术，是所有软件最终要调用和执行的命令，也是承载 CPU 生态的基础（如 X86 承载了计算机生态、ARM 承载了智能手机生态等）。值得骄傲的是，我国已经拥有了完全自主知识产权的 CPU 指令系统——LoongArch，该架构包括基础架构、向量指令、虚拟化、二进制翻译等扩展部分。LoongArch 的诞生，改变了中国没有自主指令集的困境，充分体现了中国人的智慧。

2）生产工艺

CPU 设计出来后就要进行生产，光刻机是芯片生产中的核心设备。我国政府和广大科技人员汇集各方力量，努力攻克难关，尝试实现芯片生产自主化。另外，除生产设备外，芯片的生产材料是另一个关键。

随着我国"内循环"发展战略的不断推进，龙芯中科开展多方合作，推行龙芯国产化工作，根据各行业安全的重要性和紧迫性逐步替代非国产芯片，逐步建立国产化芯片的生态大环境，促进我国 CPU 快速发展。

# 9.2　自主 CPU——龙芯处理器

多年以来，龙芯中科自始坚持自主研发 CPU，自主设计芯片中所有功能（包括 CPU 核），所有源代码的定制模块均实现了自主研发。

为了确定知识产权的完全自主性，龙芯中科委托国内第三方知名知识产权评估机构对龙芯基础架构进行了深入细致的知识产权评估，将 LoongArch 与 ALPHA、ARM、MIPS、POWER、RISC-V、X86 等国际上主要指令系统的有关资料和几万件专利进行深入对比分析，该评估机构认为，被评估的 LoongArch 基础架构版本具有如下特征。

（1）自主设计了指令系统、指令格式、指令编码、寻址模式等。

（2）与上述国际主要指令系统相比，LoongArch 指令系统手册在章节结构、指令结构说明和指令内容表达方面存在明显区别。

（3）未发现 LoongArch 基础架构对上述国际主要指令系统中国专利的侵权风险。

## 9.2.1　龙芯发展历程

龙芯处理器的研究、设计、生产、产业化过程是艰辛的。自 2000 年起，龙芯研发团队开始芯片设计，经过艰苦日夜鏖战，首个由中国人自主设计的高性能 CPU 龙芯 1 号终于在 2002

年 8 月诞生。如今，龙芯中科已经取得了令人骄傲自豪的重大成绩，这些成绩离不开龙芯研发团队长期坚持自主研发的理念，更离不开党和政府的支持与关怀，以及业内生态伙伴的同舟共济。现列举龙芯发展历程中的里程碑事件，如表 9-1 所示。

表 9-1 龙芯发展重要事件

| 序 号 | 时 间 | 事 件 |
|---|---|---|
| 1 | 2001 年 5 月 | 在中国科学院计算技术研究所知识创新工程的支持下，龙芯课题组正式成立 |
| 2 | 2001 年 8 月 | 龙芯 1 号设计与验证系统成功启动 Linux 操作系统 |
| 3 | 2002 年 8 月 | 我国首款通用 CPU 龙芯 1 号（代号 X1A50）流片成功 |
| 4 | 2003 年 10 月 | 我国首款 64 位通用 CPU 龙芯 2B（代号 MZD110）流片成功 |
| 5 | 2004 年 9 月 | 龙芯 2C（代号 DXP100）流片成功 |
| 6 | 2004 年 11 月 | 中国国务院总理温家宝视察中科院计算所，听取龙芯研发情况汇报 |
| 7 | 2005 年 2 月 | 中国国家主席胡锦涛等党和国家领导人在参观中国科学院建院 55 周年展览时参观了龙芯处理器展览 |
| 8 | 2006 年 3 月 | 我国首款主频超过 1GHz 的通用 CPU 龙芯 2E（代号 CZ70）流片成功 |
| 9 | 2006 年 10 月 | 中法两国在北京签署了中国科学院与意法半导体公司关于龙芯处理器的战略合作协议，中国国家主席胡锦涛与法国总统希拉克共同出席了协议签字仪式 |
| 10 | 2007 年 7 月 | 龙芯 2F（代号 PLA80）流片成功，龙芯 2F 为龙芯第一款产品芯片 |
| 11 | 2008 年 3 月 | 北京龙芯中科技术服务中心有限公司正式成立，开始产业探索 |
| 12 | 2009 年 9 月 | 我国首款四核 CPU 龙芯 3A（代号 PRC60）流片成功 |
| 13 | 2010 年 4 月 | 由中国科学院和北京市共同成立龙芯中科技术有限公司（简称"龙芯中科"），龙芯开始产业化 |
| 14 | 2011 年年初 | 龙芯 1B 流片成功 |
| 15 | 2012 年 10 月 | 八核 32 纳米龙芯 3B1500 流片成功 |
| 16 | 2013 年 4 月 | 龙芯 1C 流片成功 |
| 17 | 2013 年 12 月 | 龙芯中科迁入位于北京海淀区中关村环保科技示范园龙芯产业园内 |
| 18 | 2014 年 3 月 | 龙芯 1D 量产版本（LS1D4）完成流片封装 |
| 19 | 2015 年 8 月 | 龙芯新一代高性能处理器架构 GS464E 发布 |
| 20 | 2015 年 11 月 | 龙芯第二代高性能处理器产品龙芯 3A2000/3B2000 实现量产并推广应用 |
| 21 | 2017 年 4 月 | 龙芯处理器产品龙芯 3A3000/3B3000 实现量产并推广应用 |
| 22 | 2017 年 10 月 | 龙芯 7A 桥片流片成功 |
| 23 | 2019 年 12 月 | 第三代处理器产品 28nm 工艺的四核龙芯 3A4000/3B4000 在北京发布 |
| 24 | 2020 年 3 月 | 龙芯中科与 360 公司联合宣布在芯片应用和网络安全开发等领域进行深入合作 |
| 25 | 2020 年 10 月 | 四核龙芯 3A5000/3B5000 研制成功，产品性能接近开发市场主流产品水平 |
| 26 | 2021 年 4 月 | 龙芯自主指令集架构（LoongArch）通过国内第三方知名知识产权评估机构的评估，并随后对外发布 |
| 27 | 2022 年 6 月 | 龙芯中科登陆科创板，成为"国产 CPU 第一股" |

## 1．龙芯第一代产品

龙芯第一代产品的研制目的是将中国科学院计算技术研究所的科研成果转化为产品，主要包括龙芯 3A1000、2F、3B、2H 等芯片。其中，龙芯 2F 是在 2008 年研制成功的，龙芯 3A 是在 2010 年研制成功的，龙芯 3B 和龙芯 2H 是在 2012 年年底研制成功的，于 2014 年完成了产品化过程。而龙芯 1A 及 1B 是龙芯 2H 的衍生产品，属于低端 SoC，于 2011 年研制成功，于 2012 年完成产品化。

### 2. 龙芯第二代产品

龙芯第二代产品的主要研制目的是大幅度提升处理器核性能，研制出的 64 位处理器核 GS464E 和 32 位处理器核 GS232E 的性能当时已经达到了世界先进水平。并且在此基础上分别使用 40nm 工艺和 28nm 工艺研制了龙芯 3A2000/3B2000 和龙芯 3A3000/3B3000 四核 CPU，又使用 40nm 工艺研制了 2K1000 SoC 处理器。

### 3. 龙芯第三代产品

龙芯第三代产品基本全面提升了各方面性能，尤其是在多核 CPU 方面。2019 年，龙芯中科发布了基于 28nm 工艺的四核 3A4000/3B4000，该 CPU 采用了 GS464V 处理器核，是在 GS464E 的基础上增加了 256 位的向量部件，升级调整了微结构，主频达到了 2GHz。对 2K1000 进行了升级，并提供了更加丰富、适合多行业应用的外设接口。

## 9.2.2　龙芯处理器

龙芯处理器产品比较丰富，除基础产品外，部分产品为衍生产品。龙芯处理器产品目前分为龙芯 1 号、龙芯 2 号、龙芯 3 号，已经能够满足各行业的需求了。但在智能手机市场方面，龙芯处理器尚存在一些不足。龙芯处理器家族如图 9-1 所示。

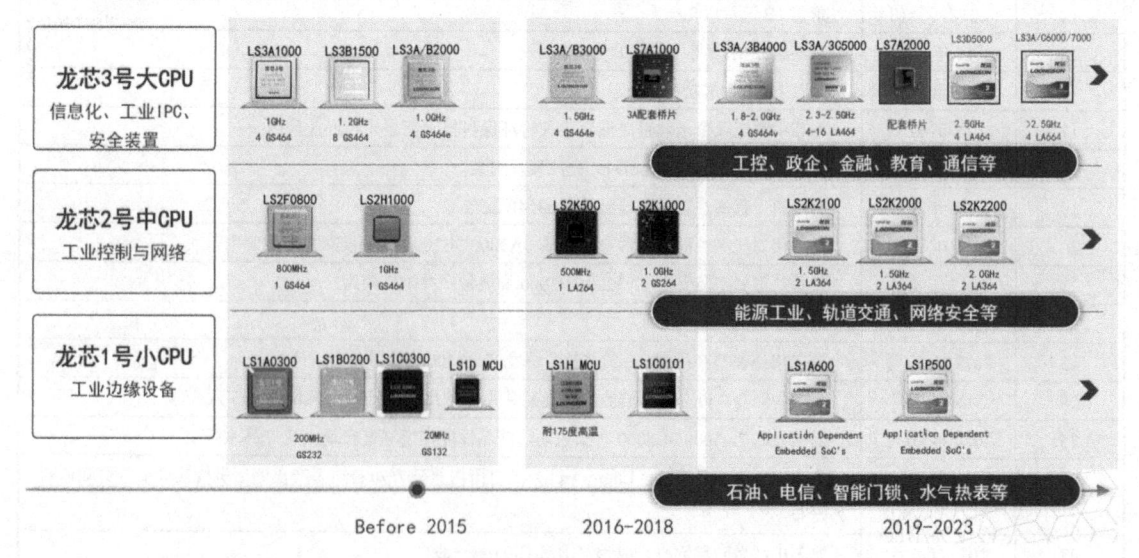

图 9-1　龙芯处理器家族（图片来自龙芯中科）

### 1. 龙芯 1 号

第一代系列处理器简称龙芯 1 号，属于 32 位芯片，具有低功耗、低成本特点，主要服务于低端嵌入式和专用应用领域，产品有龙芯 1B、1C、1C101、1D 和 1H，如图 9-2 所示。

1）龙芯 1B

龙芯 1B 以服务嵌入式和专用应用领域为目标，是轻量级 32 位的 SoC 芯片，其主频为 200MHz～256MHz，功耗低至 0.5W。其片内集成了 16/32 位 DDR2、高清显示、NAND、SPI、62 路 GPIO、USB、2 路 CAN、2 路 SPI、3 路 $I^2C$、12 路 UART、2 路 GMAC 等接口，内置 8KB 一级指令缓存和 8KB 一级数据缓存，能够满足绝大多数超低价位的云终端、工业数据采集和控制、网络设备等设计需求。

龙芯 1B　　　　龙芯 1C　　　　龙芯 1C101　　　　龙芯 1D　　　　龙芯 1H

**图 9-2　龙芯 1 号系列处理器**

2）龙芯 1C

龙芯 1C 是面向工业控制、物联网等领域的高性价比、单核 32 位的 SoC 芯片，其主频为 240MHz，功耗低至 0.5W，支持 64 位浮点单元，内存控制器支持 8/16 位 SDRAM，配备高容量 MLC NAND Flash。

龙芯 1C 提供了丰富的片上模块及外设接口，包括 Camera、$I^2S$/AC97、LCD 控制器，以及 SPI、UART、MAC、$I^2C$、PWM、CAN、SDIO、ADC、USB OTG、USB HOST 接口，内置 16KB 一级指令缓存和 16KB 一级数据缓存，提供了足够的计算能力和满足多种应用的连接能力，可应用于指纹等生物识别、物联网感知等领域。

3）龙芯 1C101

龙芯 1C101 是专门满足门锁应用而研发的单核 32 位单片机芯片，该芯片是在龙芯 1C100 的基础上进行优化设计而来的，主频为 8MHz，功耗为 16.5mW/16.5μW，片上存储 64KB Flash，内置 4KB 指令 SRAM 和 4KB 数据 SRAM。该芯片集成了 SPI、UART、$I^2C$、RTC、TSENSOR、VPWN、ADC 等 I/O 接口，在满足低功耗要求的同时，可以大幅减少板成本。

4）龙芯 1D

龙芯 1D 是低功耗、低成本专用单核 32 位处理器，是面向超声波热表、水表和气表测量领域研发的，其主频为 8MHz，功耗为 16.5mW/30μW，支持 32 位浮点单元，片上存储 128KB Flash 和 8KB SRAM，提供了 SPI、UART、$I^2C$、LCD、ADC 等功能。

该芯片内部集成超声波检测、温度检测、CPU、串口、红外收发器、段式 LCD 控制器、ADC 等功能部件，有助于简化超声波热表测量系统的软/硬件设计，缩短开发周期。

龙芯 1C、1D 都具有低成本、低功耗、功能丰富等特点。

5）龙芯 1H

龙芯 1H 是另一款专用芯片，是面向钻井应用的耐高温单核 32 位处理器，主频为 8MHz、在 175℃时峰值功耗小于 100mW，片上存储 256KB Flash、2KB EEPROM、16KB SRAM，提供了 $I^2C$、UART、SPI、CAN、ADC、CMP 接口，可在-40～200°C 稳定工作，可用于石油钻探领域。

## 2. 龙芯 2 号

龙芯 2 号系列为 64 位单核或双核处理器,具有低功耗特点,主要面向工控和终端等领域,如图 9-3 所示。

龙芯 2K0500 龙芯 2K1000LA

图 9-3 龙芯 2 号系列处理器

### 1)龙芯 2K0500

龙芯 2K0500 是一款 64 位高集成度的单核处理器,主频为 500MHz～800MHz,功耗为 1～3W(支持动态降频降压),主要面向工控互联网、打印终端等应用场景。

该处理器内集成了 64 位微体系结构双发射乱序执行 LA264 处理器核、32 位 DDR3 控制器、2D GPU、一级指令缓存 32KB、一级数据缓存 32KB、二级缓存共享 512KB、DVO 显示接口、2 路 PCIe2.0、两路 SATA2.0、4 路 USB2.0、1 路 USB3.0、2 路 GMAC、PCI 总线、彩色黑白打印接口、HDA 、NAND、SPI、LPC、LIO、$I^2C$、PRINT、AC97、UART、SDIO、CAN、PS/2、PWM、GPIO 接口。此外,芯片实现了 ACPI、DVFS/DPM 动态电源功耗管理等低功耗技术,支持多种电源级别和唤醒方式,用户编程时可根据具体应用场景对芯片部分功能和高速接口进行选用。

### 2)龙芯 2K1000LA

龙芯 2K1000LA 是面向工业控制与终端等领域的低功耗通用双核 64 位处理器,主频为 1GHz,功耗为 1～5W(支持动态降频降压),支持浮点单元 128 位向量单元,峰值运算速度为 8GFlops,内存控制器为 64 位 DDR2/3-1066。芯片外围接口包括 2 路 PCIE2.0、2 路 DVO、4 路 USB2.0,以及 SATA2.0、SPI、UART、GPIO、NAND、SDIO、$I^2S$、HDA、$I^2C$、GMAC接口,内置 32KB 一级指令缓存、32KB 一级数据缓存和 1MB 二级缓存共享。

## 3. 龙芯 3 号

龙芯 3 号系列为 64 位多核处理器,主要面向桌面计算机、服务器等领域。片内往往集成多个 GS464、GS464E 或 GS464V 高性能处理器核,面向桌面计算机、服务器、存储、高端嵌入式计算机等应用,如图 9-4 所示。

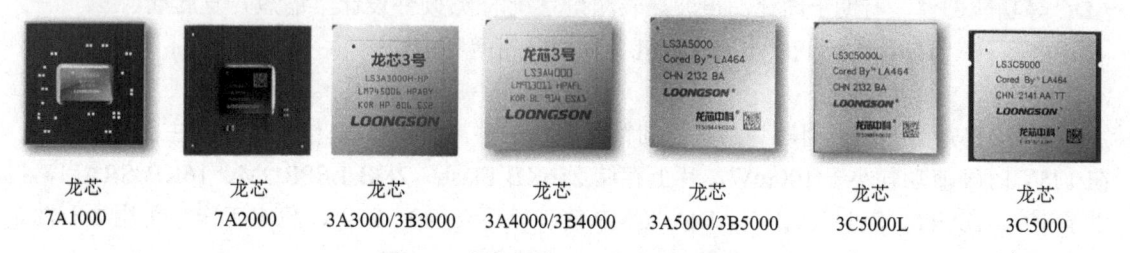

| 龙芯 7A1000 | 龙芯 7A2000 | 龙芯 3A3000/3B3000 | 龙芯 3A4000/3B4000 | 龙芯 3A5000/3B5000 | 龙芯 3C5000L | 龙芯 3C5000 |

图 9-4 龙芯桥片和 3 号系列处理器

1）龙芯 7A1000

龙芯 7A1000 是面向服务器及 PC 领域的龙芯 3 号系列处理器配套桥片，该桥片内部集成 GPU（支持 2D、3D），以及用于连接龙芯 3 号系列处理器的 1 路 HT3.0x163.2Gbit/s，功耗为 5～8W。

其他主要外围接口包括 3 路 x8PCIE2.0、2 路 x4PCIE2.0、3 路 SATA2.0、6 路 USB2.0、2 路 DVO、16 位 DDR3 显存接口，以及 SPI、UART×4、I²C×6、GPIO 接口，可以满足部分服务器及 PC 领域应用需求。

2）龙芯 7A2000

龙芯 7A2000 是面向服务器及 PC 领域的第二代龙芯 3 号系列处理器配套桥片，处理器接口 HT3.0x16 的速率为 3.2Gbit/s，显示接口为 2 路 HDMI 和 1 路 VGA，可直连显示器，内置一个网络 PHY，直接提供网络端口输出，片内首次集成了自研 GPU（支持 3D），采用统一渲染架构，搭配 32 位 DDR4 显存接口，最大支持 16GB 显存容量、8 路 USB2.0、4 路 USB3.0、4 路 SATA3.0，还有 PCIE（32 lane、Gen3）、SPI、LPC、I²C×6、CAN×4、UART、GPIO 等接口。

3）龙芯 3A3000/3B3000

龙芯 3A3000/3B3000 是面向 PC、服务器等信息化领域的四核通用处理器，处理器核与 MIPS64 兼容、四发射乱序执行、2 个定点单元、2 个浮点单元和 2 个访存单元，主频达到 1.35GHz～1.5GHz，峰值运算速度为 24GFlops@1.5GHz，功耗管理方面支持主要模块时钟动态关闭、主要时钟动态变频，功耗为 30W@1.5GHz，内存控制器支持 72 位 DDR2/3-1600×2 和 ECC，访存接口满足 DDR3-1600 规格，高速缓存提供了 64KB 私有一级指令缓存、64KB 私有一级数据缓存、256KB 私有二级缓存，共享 8MB 三级缓存，高速 I/O 提供了 2 个 16 位 HyperTransport3.0 控制器，支持多处理器数据一致性互连（CC-NUMA）和 2/4 路互连，以及 PCI、LPC、SPI、UART、GPIO 接口。

4）龙芯 3A4000/3B4000

龙芯 3A4000/3B4000 是面向 PC、服务器等信息化领域的四核通用处理器，峰值运算速度为 128GFlops@2.0GHz，处理器核与 MIPS64 兼容，支持 128/256 位向量指令、四发射乱序执行、4 个定点单元、2 个向量单元和 2 个访存单元，内存控制器为 2 个 72 位 DDR4-2400 控制器，支持 ECC 校验，高速 I/O 支持 2 个 16 位 HyperTransport3.0 控制器，支持多处理器数据一致性互连（CC-NUMA），支持 2/4/8 路互连，以及 SPI、UART、2 个 I²C、16 个 GPIO 接口。龙芯 3A4000/3B4000 首次在片内集成漏洞防范设计和硬件国密算法等，支持的虚拟机效率达到 95%，功耗管理在龙芯 3A3000/3B3000 基础上增加了支持主电压域动态调压，功耗在 1.5GHz、1.8GHz 和 2.0GHz 时分别小于 30W、40W 和 50W。

5）龙芯 3A5000/3B5000

龙芯 3A5000/3B5000 是面向 PC、服务器等信息化领域的四核通用处理器，基于 LoongArch 的 LA464 微结构，并进一步提升主频为 2.3GHz～2.5GHz，峰值运算速度为 160GFlops@2.5GHz，处理器核支持 LoongArch 指令系统、128/256 位向量指令、四发射乱序执行、4 个定点单元、2 个向量单元和 2 个访存单元，每个处理器核包含 64KB 私有一级指令缓存和 64KB 私有一级数据缓存，以及 256KB 私有二级缓存；所有处理器核共享 16MB 三级缓存，内存控制器为 2 个 72 位 DDR4-3200 控制器，支持 ECC 校验，提供 2 个 HyperTransport3.0 控制器，支持多处理器数据一致性互连（CC-NUMA），以及 SPI、UART、2 个 I²C、16 个 GPIO 接口，功耗管理支持主要模块时钟动态关闭、主要时钟域动态变频、主电压域动态调压，典型功耗为 35W@2.5GHz，采用 14nm 工艺。

6）龙芯 3C5000L

龙芯 3C5000L 是专门面向服务器领域的通用处理器，主频为 2.0GHz～2.2GHz，峰值运算速度为 560GFlops@2.2GHz。它基于龙芯 3A5000 处理器，片上集成 16 个高性能 LA464 处理器核，采用 LoongArch 指令系统，支持 128/256 位向量指令、四发射乱序执行，4 个定点单元、2 个向量单元和 2 个访存单元，在提高集成度的同时保持系统和软件能够与龙芯 3A5000 完全兼容。每个处理器核包含 64KB 私有一级指令缓存、64KB 私有一级数据缓存、256KB 私有二级缓存；每 4 个处理器核共享 16MB 三级缓存，共 64MB 三级缓存，内存控制器为 4 个 72 位 DDR4-3200 控制器，支持 ECC 校验，提供 4 个 HyperTransport3.0 控制器，支持多处理器数据一致性互连（CC-NUMA），以及 SPI、UART、3 个 I²C、16 个 GPIO 接口，功耗管理支持主要模块时钟动态关闭、主要时钟域动态变频、主电压域动态调压，典型功耗为 130W@2.2GHz。

7）龙芯 3C5000

龙芯 3C5000 是龙芯中科面向服务器领域的通用处理器，片上集成 16 个高性能 LA464 处理器核，采用 LoongArch 指令系统，在兼容龙芯 3C5000L 基础上调整和优化了封装形式，保持了系统和应用软件的兼容性。

龙芯 3C5000 主频达到 2.0GHz～2.2GHz，峰值运算速度为 560GFlops@2.2GHz，64 位超标量处理器核 LA464，支持 LoongArch 指令集、128/256 位向量指令、四发射乱序执行、4 个定点单元、2 个向量单元和 2 个访存单元，每个核包含 64KB 私有一级指令缓存和 64KB 私有一级数据缓存、256KB 私有二级缓存，共 32MB 三级缓存。

内存接口为 4 个 72 位 DDR4-3200，支持 ECC 校验，高速 I/O 接口为 1 个 HyperTransport 3.0 I/O 接口（HT0）和 3 个一致性互连高速接口（HT1、HT2、HT3），同时配置 SPI、UART、I²C、16 个 GPIO 接口；在功耗管理方面，支持主要模块时钟动态关闭、主要时钟域动态变频、主电压域动态调压，典型功耗为 150W@2.2GHz。

# 9.3　LoongArch 架构

## 1. LoongArch 架构

LoongArch 是龙芯中科基于二十年 CPU 研制成果和生态建设成绩推出的优秀创新成果。它是一种 RISC 风格的指令系统架构，具有 RISC 指令架构的典型特征。

龙芯架构分为 32 位和 64 位两个版本，分别称为 LA 架构和 LA64 架构。LA 架构应用级向下二进制兼容 LA32 架构。龙芯架构采用基础部分加扩展部分的组织形式，其中扩展部分包括二进制翻译扩展、虚拟化扩展、向量扩展和高级向量扩展，如图 9-5 所示。

图 9-5　LoongArch 架构（图片来自龙芯中科）

### 2．LoongArch 指令编码

LoongArch 架构中的所有指令均采用 32 位固定长度，且指令的地址都要求 4 字节边界对齐。当指令地址不对齐时将会触发地址错误异常。

绝大多数指令只有两个源操作数和一个目的操作数，采用 load/store 架构。指令编码的风格是所有寄存器操作数都从第 0bit 开始从低到高依次摆放，操作码都从第 31bit 开始从高到低依次摆放。如果指令中包含立即数操作数，那么立即数域位于寄存器域和操作码域之间，根据不同指令类型有不同的长度。具体来说，包含 9 种典型的指令编码格式，如图 9-6 所示。

| | | | | |
|---|---|---|---|---|
| 2R-type | opcode | | rj | rd |
| 3R-type | opcode | rk | rj | rd |
| 4R-type | opcode | ra | rk | rj | rd |
| 2RI8-type | opcode | I8 | rj | rd |
| 2RI12-type | opcode | I12 | rj | rd |
| 2RI14-type | opcode | I14 | rj | rd |
| 2RI16-type | opcode | I16 | rj | rd |
| 1RI21-type | opcode | I21[15:0] | rj | I21[20:16] |
| I26-type | opcode | I26[15:0] | I26[25:16] |

图 9-6　LoongArch 典型的指令编码格式

LoongArch 架构具有如下特点。

1）完全自主性

LoongArch 顶层规划和各部分功能定义都做到了自主设计，包括每条指令的编码、名称、含义等，具有完全自主性。

2）技术先进性

LoongArch 摒弃了传统指令系统中的陈旧内容，吸纳了近些年来指令系统设计领域诸多先进的技术，具有技术先进性。

3）生态兼容性

为提高兼容性，LoongArch不仅在硬件方面进行高性能、低功耗设计，而且在软件方面更易于编译优化，以及操作系统、虚拟机的开发。并且，充分考虑兼容龙芯生态需求，依托龙芯团队十余年的二进制翻译技术的积累和创新，不仅确保现有龙芯计算机应用迁移，而且实现多种国际主流指令系统的二进制高效翻译。

龙芯中科从2020年起研发的CPU均支持LoongArch架构，但LoongArch架构不包含MIPS指令系统。

# 9.4 龙芯处理器典型应用案例

龙芯中科坚持"为人民做龙芯"的根本宗旨，坚持自力更生、艰苦奋斗的工作作风，坚持实事求是的思想方法，积极拓展合作伙伴，龙芯处理器产品逐步在各行业得到广泛应用，如智慧农业、轨道交通、水电等。

## 1. 工控安全

在工控安全方面，龙芯中科开发了基于龙芯处理器的 RTU、PLC、DCS 控制器主板、工业核心控制器、工业边缘网关、工业机器人等设备，如图 9-7 所示。

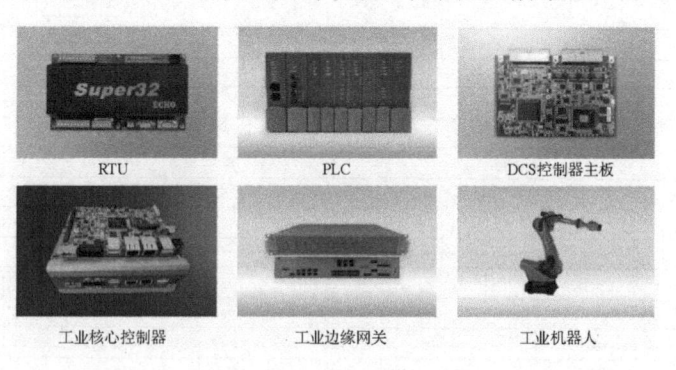

图 9-7 龙芯部分工业产品

## 2. 天然气管网控制管理

2021 年 6 月，龙芯中科首套自主可控 PLC 成品油管道正式在国家石油天然气管网集团有限公司华南分公司斗门站运行，如图 9-8 所示。

图 9-8 天然气输送管理

### 3. 轨道交通

龙芯中科在高铁、地铁、公路交通等领域已经逐步开展国产化替换工作，龙芯芯片在许多设备上得到了应用，如车载网关、车载安全主控板、机车远程监控与诊断系统等。例如，2021 年 11 月，首个应用中国通号深度自主化"DS6-100 型"计算机联锁系统在辽宁阜新矿业集团王营站顺利运行，代表我国在铁路信号安全控制领域达到自主可控，如图 9-9 所示。

图 9-9　轨道交通

### 4. 水利工程

2020 年 11 月 15 日，基于国产 CPU 和操作系统开发的新一代"华电睿信"水电智能监控系统被安装在华电贵州构皮滩水电站 600MW 机组，该系统的成功运行标志我国水电控制系统实现了自主可控，有助于加快工控系统产业链国产化进程。

### 5. 数字化转型

在数字经济方面，龙芯芯片已经应用于企业数字化转型，如基于龙芯处理器的数据采集设备、RTU、工业边缘网关、PLC、DCS 核心控制器、工业核心控制器、工业机器人、数控机床等产品，被应用于工控、能源、轨道交通、水利等行业。

除上述领域外，龙芯处理器还在火电、风电发电系统、输变电、配电、国防、航空、北斗卫星等领域得到了应用，保障了国家安全。

## 9.5　本章小结

本章首先主要介绍目前国产化发展情况、面临的形势，然后介绍了国产 CPU 的佼佼者——龙芯中科，包括龙芯发展历程、主要产品及其详细参数、LoongArch 及龙芯处理器典型应用案例。

## 习题

9.1【实践】查阅龙芯各处理器产品介绍中参数指标含义，理解并与自己的计算机 CPU 进行参数比较。

9.2【综合训练】设计一个基于龙芯处理器的物联网应用系统，要求具备感知层、网络层、应用层，应用领域不限。